中国书籍学术之光文库

浑沌学纵横论

苗东升 | 著

图书在版编目（CIP）数据

浑沌学纵横论 / 苗东升著 . -- 北京 : 中国书籍出版社 , 2020.1

ISBN 978-7-5068-7213-3

Ⅰ. ①浑… Ⅱ. ①苗… Ⅲ. ①混沌理论②模糊数学 Ⅳ. ① O415.5 ② O159

中国版本图书馆 CIP 数据核字（2019）第 001488 号

浑沌学纵横论

苗东升　著

责任编辑　李　新
责任印制　孙马飞　马　芝
封面设计　中联华文
出版发行　中国书籍出版社
地　　址　北京市丰台区三路居路 97 号（邮编：100073）
电　　话　（010）52257143（总编室）　（010）52257140（发行部）
电子邮箱　eo@chinabp.com.cn
经　　销　全国新华书店
印　　刷　三河市华东印刷有限公司
开　　本　710 毫米 ×1000 毫米
字　　数　280 千字
印　　张　18
版　　次　2020 年 1 月第 1 版　2020 年 1 月第 1 次印刷
书　　号　ISBN 978-7-5068-7213-3
定　　价　99.00 元

问：你认为我们是生活在一个概率性的宇宙中，还是在一个决定性的宇宙中？

答：哦，这是个非常重要的问题。我不知道怎样来直接回答你的问题，因为这涉及你怎样理解概率性和决定性。[①]

——杨振宁

① 杨振宁在香港大学的演讲（1989年1月3日）：《爱因斯坦和现代物理学》。见《杨振宁演讲集》，南开大学出版社1989年版，第398 ～ 399页。名词译法略有改动。

序

浑沌研究从20世纪70年代初逐渐进入高潮以来，20个年头过去了。20年来，浑沌研究的队伍日益强盛，成果累累，影响巨大。格莱克那本脍炙人口的报告文学《混沌：开创新科学》，使大批局外人也对浑沌发生兴趣。浑沌学是怎样孕育和产生的？它有什么特点？有什么意义？在现代科学中的地位如何？浑沌是科学革命吗？这类问题不但浑沌学家关心，也为读过格莱克书的广大读者所注目。有些学者的文章谈论过某些问题，但很不系统，许多提法我们认为不妥。本书的宗旨就是试图对这些问题作出系统的分析、评论和回答。本书不是关于浑沌学学科内容的著作，而是从科学史、科学学、方法论和哲学等不同角度考察浑沌学的论著，故取名为"浑沌学纵横论"。许多看法仅是作者的一家之言，但我们自信本书能为读者提供一些新思路、新观点。

我是1983年从钱学森先生的一篇讲演稿中首次接触"浑沌"的。1988年，在写《系统科学原理》一书第16章"浑沌理论与系统学"时认真读了一些有关浑沌的文献。虽然还很不深入，却被浑沌深深地吸引住了，产生了写本书的强烈冲动。1989年2月交出《系统科学原理》手稿后，便转入写本书的准备工作。从刘华杰同志准备考研究生起，我们就经常接触。他毕业前在北大听过黄永念教授为研究生开设的浑沌课程。来中国人民大学后，他的研究方向是系统科学与哲学。部分受我的影响，华杰也对浑沌发生了兴趣。为加快写作步伐，并给他一个锻炼机会，1990年6月我将写作计划告诉他，由此开始了我们的合作。华杰年轻，精力充沛，刻苦钻研，读了不少英文文献。许多文献是他向我介绍后，我再有选择地阅读，省了不少时间。没有他参与，本书不可能在现在这个时间写成现在这个样子。当然，本书是按我的思路写成的，难免限制了华杰发挥他的特长。本书存在的问题，自然也应由我负责。

本书文献分两类。一类与现代浑沌研究有关，放于全书末尾。正文引用处用[xPy]形式标明，x记文献序号，y记页数（有些引文无须指明页数）。不属于现代浑沌研究的文献，在引证的当页用脚注x的形式给出，x记脚注序号。

1987年以来，作者多次听过北京大学朱照宣教授有关浑沌的讲演。朱先生知识渊博，见解独到，使我们受益匪浅。本书第9章是由刘华杰的硕士论文改写的，论文写作中得到朱先生的热情指导。西安交大湛垦华教授（1986）、上海师大陈忠副教授（1986）、北大董镇喜教授（1987）、北师大胡岗教授（1988）的讲演也给作者以启示。北大黄永念、唐世敏等先生给我们提供过宝贵的原文资料。美国佐治亚工学院的J. 福特（Joseph Ford）教授热情地回答了我们的问题，并寄来他的最新论文。人大美学专业硕士陆玉林同志与作者讨论过1.4节的内容。这里谨向他们致以衷心的感谢。

本书讲浑沌，不讲混沌，理由如下，中文混字字义粗俗、混乱、发混均为贬义词，而浑圆、浑厚为褒义词。学科名称应用当用褒义词，故称为浑沌学。

苗东升

1991年7月于三烤斋

目　录

CONTENTS

第1章　浑沌概念的演变

有趣的是，西方科学沿着螺旋式轨道进化。它从早期希腊的神秘主义哲学出发，通过理性思想的显著发展而上升和展开，不断地离开它那神秘主义的起源，并发展了一种与东方尖锐对立的世界观。而在最近的阶段里，西方科学又最终克服了这种观念而返回到早期希腊与东方哲学上来。①

——F.卡普拉

不论在中国还是在西方，浑沌（chaos）概念古已有之。自人类从动物中分化出来时，就试图探寻世界的本原，描绘世界的正确图景。面对浩瀚无垠的宇宙、纷繁多彩的自然现象，缺乏科学知识的古代人类不得不凭借直觉进行猜测，做模糊的整体想象，形成了浑沌概念。在数千年文明发展史中，历代的思想家、哲学家、科学家和文学家以各自的方式谈论浑沌，借浑沌以阐述他们的自然观、社会观、文学观和人生观，留下许多机巧、精致、生动而又颇为深刻的见解。现代浑沌学所讲的浑沌是一个精确描述的科学概念，是现代科学成果的结晶，与古人讲的浑沌不可同日而语。但今天的浑沌概念是从古代的浑沌概念演变而来的，其间有千丝万缕的联系。考察古代的浑沌观及其演变，能给浑沌现象的现代研究提供多方面的启示。

① 灌耕编译:《现代物理学与东方神秘主义》，四川人民出版社1984年版，第7页。

§1.1 古代理解的浑沌

在汉语中，浑与混略同，浑沌与混沌同义，历来是并用的。《三五历》《庄子》《淮南子》等喜用浑沌，《易纬》《左传》《白虎通》等喜用混沌。相近的用词还有浑敦（《山海经》《左传》）、浑沦（《朱子语类》）、鸿蒙（《庄子》）等。写于17世纪的文学名著《红楼梦》就有“开辟鸿蒙，谁为情种？”的发问。《石涛画谱·絪缊章第七》中说：“笔与墨会，是为絪缊。絪缊不分，是为混沌，辟混沌者，舍一画而谁耶？”《周易·系辞下》中说：“天地絪缊，万物化醇。”孔颖达解释道：“絪缊，相附着之义。”浑沌与混茫、絪缊等词，也是近义。不同古籍讲的浑（混）沌是多义的或歧义的，但主要含义有以下三种。

1. 作为一种自然状态的浑沌

古人常用浑沌去描述从周围环境中某些复杂事物到茫茫宇宙的一种自然状态。易家认为，“元气未分，浑沌为一”（《论衡·谈天篇》）。他们把浑沌视为一种整体状态，即元气未分的统一体。《易纬·乾凿度》云：“混沌者，言万物相混成而未相离。”这可以看作是古人给浑沌下的一种定义，虽然表述不精确，但内涵相当丰富。浑沌不是无，而是“有物混成”，是一种实存的东西。浑沌的主要特点是统一体未经分化，古代学者都强调这一点。但在他们的理解中，浑沌不是纯一，不是绝对的同一，它内在地蕴含着万物，是万物相混成的整体，因而内部包含着种种差异。“万物相混”，极言差异之多样、丰厚。只要还处于浑沌状态，这些差异就没有分化，但有内秉地走向分化的可能性。引申而言，浑沌有混乱、无序的一面，但又内在地蕴含着规则、有序的因素，不能简单地等同于无序和混乱。看来，古人用浑（混）沌而不用混乱，表现出他们的认识是深刻的。

《老子》一书没有使用浑沌这个词，但它的根本概念“道”其实就是浑沌。老子把道描述为一种恍恍惚惚看不真切的状态，在恍惚中可以觉察有形象、事物、精微，但又尚未构成具体的形象、事物、精微，诚所谓“渺渺蒙蒙不分上下，昏昏沉沉不辨内外”。这种关于道的生动描述，正是古人心目中的浑沌形态。

古人还常用浑沌来刻画天神、怪兽、奇山的形象，创造出许多优美而深含哲理的寓言。最著名的是《庄子·应帝王》所讲的故事："南海之帝为倏，北海之帝为忽，中央之帝为浑沌。倏与忽时相与遇于浑沌之地，浑沌待之甚善。倏与忽谋报浑沌之德，曰：'人皆有七窍以视听食息，此独无有，尝试凿之。'日凿一窍，七日而浑沌死。"庄子借中央之帝塑造出来的面目未分、浑然一体的浑沌，仍然是一种自然状态，它的存在是有条件的、可以消除的。凿以七窍，使其内在的差异表现出来，浑沌便不复存在了。

汉字是象形文字。浑（混）与沌都从水旁，耐人寻味。按历来的注解，"浑浑"为波相随貌，"沌沌"为水势相随貌，都是一种动态图像，而且指的都是浩荡壮阔的大水。可以设想，古代人无数次地观察过横溢的江河，涛涛洪水之中，泥沙木石共下，万物混杂而为一体，波拥浪推，追逐而去。这样一种天然状态，在他们头脑中产生出一幅整体的、直感式的影像，就叫作浑沌。由此推开去，联想到传说中的上古洪荒年代，那种很少打上人类活动印记的自然状态，无疑也是一种浑沌。推而至极，用来比附茫茫宇宙大系统，其中包含各种可以观察到而又不理解的奇妙天文现象，把它设想为一种万物相混成而又无法分离的浑沌状态，也是顺理成章的。有些思想家（如庄子）厌恶越来越分化的、存在各种纷争矛盾的人类社会，向往真朴自然的原始社会，用浑沌来表述他们追求无为而治、返朴归真的社会理想和逍遥自然的处世哲学，很自然地赋予浑沌以一种理想的社会状态的含义。

西方文化中的浑沌概念起源于古希腊，称为卡俄斯（Xaos），指的是一种原始的、混乱的、不成形的自然状态，但又是一种可以从中生出秩序和规则的世界状态，与中国古代的理解大体相近。

2. 作为一种演化形态的浑沌

古代思想家已具有演化的观点，浑沌是他们关于世界起源的重要概念。古代中国人从鸡子孕育之类可以直接观察的演化过程中受到启发，设想整个世界生成之前的状态"浑沌如鸡子"（《三五历》），天地合一，阴阳未分。浑沌先于宇宙，浑沌孕育宇宙，浑沌生出宇宙。中国家喻户晓的传说认为，盘古生于浑沌之中，经过一万八千年的发育，奋而开天辟地，阳清上升为天，阴浊下凝为地，浑沌终于演化为宇宙。《西游记》一开头便用诗唱出这一传说：

混沌未分天地乱，茫茫渺渺无人见。
自从盘古破鸿蒙，开辟从兹清浊辨。

各种古籍一般都把浑沌作为世界生成之前的状态，但看法还有细微差别。《易纬·乾凿度》提出一种独到的看法，认为世界生成之前的状态也有一个演化过程，经历了不同阶段。“太易者，未见气也。太初者，气之始也。太始者，形之似也。太素者，质之始也。气似质具而未相离，谓之混沌。”照此看来，全部演化历程可示为：

太易→太初→太始→太素→浑（混）沌→天和地

提出浑沌不是天地开辟之前的唯一状态，浑沌也是一系列演化的结果，这个思想是相当深刻可贵的。

从现有的资料看，最早提出世界起源于浑沌这一观点的可能是古代埃及人。古希腊的演化思想已非常丰富。古希腊神话诗人赫西俄德（大约生活在公元前8世纪）在《神谱》中说：“万物之前先有浑沌，然后才产生宽胸的大地。”卡俄斯（浑沌）存在于创世之前的空间，卡俄斯生下该亚（地）、塔尔塔洛斯（地狱）和厄洛斯（爱情），该亚生乌利诺斯（天）和蓬托斯（海）。赫西俄德称这个卡俄斯为“原始浑沌”。俄耳甫斯教徒的说法有所不同，他们把浑沌理解为深渊，其中有夜和雾，后凝聚起来形成雾卵形，劈成两半，形成天和地，而浑沌则是永恒时间（克罗诺斯）的产物。除开细节之外，这些神话传说在基本思想上与中国古代的传说极为接近。这就是：世界是演化而来的，世界产生之前的自然状态为浑沌，万物借分离之力而从浑沌中产生出来。恩格斯很欣赏古希腊人浑沌观中的辩证思想，曾以赞赏的口吻评论道：“在希腊哲学家看来，世界在本质上是某种从混沌中产生出来的东西，是某种发展起来的东西、某种逐渐生成的东西。”[①] 黑格尔在《哲学全书》第一部中也提到希腊人的浑沌神话：“把物质当作本来就存在

① 《马克思恩格斯选集》第3卷，第448页。

着的并且自身没有形式的这个观点，是很古老的，在希腊人那里我们就碰到过，它最初是以浑沌的神话形式出现，而浑沌是被设想为现存世界的没有形式的基础的。”[1]

对西方文化起着重要影响的《圣经》也讲到浑沌。《旧约》开卷第一段第一句话就说：“起初神创造天地。地是空虚混沌，渊面黑暗；神的灵运行在水面上。神说：‘要有光’。就有了光。神看光是好的，就把光暗分开了。神称光为昼，称暗为夜。有晚上，有早晨，这是头一日。”[2] 虽然经过宗教三棱镜的折射，古人关于世界起源于浑沌的演化思想还是反映出来了。《以赛亚书》中也多次提到浑沌。

赫西俄德不但思考世界的起源，他还想象世界的归宿。他认为，上帝创造的世界虽然完善，但并非不发展的，它包含着灭亡的种子，最终将演化为一种极端混乱的浑沌状态。古代中国思想家似乎没有这种观点，至少是不明确。古希腊人的这种终极浑沌思想，对后来的科学思想不断发挥着影响，直到今天。

3. 作为一种思维方式的浑沌

浑沌既然被当作一种组成成分未分离的浑然整体，就不可能通过分析的、还原的方法去认识，只能靠直感去领悟，做整体的把握。庄子的中央之帝七窍不分，不能像人那样区分视觉、听觉、味觉等不同信息，但它作为中央之帝能与倏、忽相会，友善待人，必有认识功能。看来，庄子的这位天神就是靠直感去浑沌地认识和把握世界的。当然，老庄不主张认识世界：“智慧出，有大伪。”不过，中国古代思想家或多或少从积极的方面吸取了老庄的哲学，他们设法理解浑沌并把浑沌作为一种认识方式、思维方式。庄子极力推崇的所谓“窈窈冥冥”“昏昏默默”的至道，就是一种深远暗昧、静谧沉默、浑沌茫然的思维状态，一种思维中的浑沌。今天的哲学家称之为浑沌思维，认为这是人类思维发展中的重要环节，也是思维所必经和普遍的现象。[3]

古代哲学家有一种不甚自觉的“思维与存在同一性”的观点，把本

① 转引自恩格斯：《自然辩证法》，人民出版社1971年版，第221页。

② 《圣经·旧约全书·创世记》，新、马、汶圣经公会1989年和合本，第1页。

③ 参见张立文：《传统学引论》，中国人民大学出版社1989年版，第208页。

来是描述自然状态的浑沌概念引申为认识论概念，描述人类意识的某种状态。他们在谈论自然界的浑沌时，常常涉及人的感知和信息问题，发人深思。既然浑沌是和谐的宇宙产生之前的演化阶段或状态，从思维与存在同一性观点看，浑沌也应是人类条理分明的认识由之演化而来的先前阶段或状态。浑沌代表人类及其个体认识发展过程中早期的朦胧茫昧的状态。引申开来，浑沌常被理解为“不开通”“未开化”“糊涂”“无知无识”的状态，即所谓“愚人之心也哉！沌沌兮”。但这种状态并非永存，是可以转化的。像中央之帝那样，一旦开了窍，便进入非浑沌状态了。

所谓浑沌思维，或许在文学艺术活动中表现得更为突出。严羽在《沧浪诗话》中指出：“汉魏古诗，气象混沌，难以句摘。”在严羽看来，诗作若达到“气象混沌”的境界，便不能用寻章摘句的方法理解它，必须整体地把握。汉魏古诗单句看来朴实无华，没有“采菊东篱下，悠然见南山”那样的佳句，但总体上古诗却有不可分解的整体气势和连绵意境。杜甫的名句“篇终接混茫”①，倡导诗词应创造出一种扑朔迷离的氛围，给读者留下思索回味的广阔天地。陶渊明的佳句“此中有真意，欲辨已忘言”，表明他的文艺创作已达到情真意切、无法或不屑用语言表述的混茫状态。这些经验之谈道出了文学艺术的真谛：无论是文艺创造，还是文艺欣赏，追求的都不是那种逻辑清晰的状态，而是一种朦胧、模糊、浑沌的美学境界。

§1.2 近代理解的浑沌

近代科学以牛顿力学为旗帜。牛顿理论是关于运动的学说，而不是关于演化的理论。牛顿及其追随者们抛弃古希腊学者的朴素辩证思想，把浑沌与混乱无规等同起来，否认宇宙起源于浑沌的观点。在他们看来，宇宙创生之前唯一的存在是上帝，上帝是和谐、有序、规则和完善的化身，与浑沌毫不相干。从上帝施加第一推动力的时刻起，宇宙就被赋予秩序和规则，它们都已记录在牛顿理论之中。按照这种理论，宇宙万物乃至整个宇

① 出自《寄彭州高三十五使君适岑二十七长史参之十韵》。在《滟滪堆》中又有“天意存倾覆，神动接混茫”。

宙都是某种像钟表一样的动力学系统，它们处于确定的和谐有序的运动之中。正如苏联著名科学家阿诺德（V.I.Arnold）所说："过去表现为浑沌的宇宙，在《原理》之后似乎变成了某种调整好了的钟表。"[84]牛顿力学如此成功，以至强烈地限制了人们认识自然的方式和眼界，虽然生活在到处都有复杂混乱现象的现实世界，人们看到的却只是钟表式世界。在近代科学兴盛发展的整个时期中，浑沌被排除于宇宙之外，因而也就被排除于科学研究的对象范围之外。

但是，把宇宙描述为自动钟表的牛顿理论体系中隐含着一个危机：既然机械运动是最基本的运动形式，就有一个宇宙万物是否会永远运转下去的远景问题。牛顿是清醒的，他意识到如果仅有机械运动的"被动原理"，就可能引出宇宙运动将逐渐衰减直至停止不动的结论。这同牛顿头脑中的科学世界图景相抵触。牛顿是宇宙远景的乐观主义者。他在1721年写的《光学》一书的"疑问31"中，提出了"主动原理"，使宇宙具有活力和生机，足以避免因机械运动走向停止不动的可能性。古希腊关于宇宙未来将走向终极浑沌的思想也被抛弃了。总之，牛顿理论是古代浑沌观的彻底否定者，它在宇宙的过去、现在和未来中都没有给浑沌留下立足之地。

近代化学领域与近代力学领域情况差不多。近代一些最有才华的化学家都师承医药化学家帕腊塞尔苏斯（P.A.Paracelsus，1493—1541），帕氏用希腊词 chaos 称谓空气。赫耳蒙特（J.B.van Helmont，1577—1644）从帕氏的浑沌气一词首次引入"气体"（gas）这个术语。当伽利略的科学研究方法在科学界成为榜样之后，人们开始批评当时化学家中流行的错误和偏见。这项复杂的任务主要由玻义耳（R.Boyle，1627—1691）等人完成的，他也成了化学科学的真正奠基人。但在根本观念上，玻义耳仍非常严格地遵循机械论（或力学）的解释原则，他不相信现实世界存在浑沌。自然界这个时钟一旦开动起来，一切都会按照设计师（上帝）的最初设计进行下去。他说："世界的这个最能干的创造者和设计者没有抛弃与他如此相称的一件杰作，而是仍旧维护和保存它，并这样地调节这些巨大天球和其他硕大的尘世物质块团的极其迅速的运动，以致它们不会以任何明显的不规则性而扰乱宇宙这个宏大体系，使之陷于浑沌。”[①] 玻氏的观点实在与牛顿没有大的区别。

近代哲学家的主流都是以牛顿理论为科学依据进行哲学概括的。特别是形而上学唯物论者把牛顿理论（或力学方法）的机械论的一面推向极致，从哲学上彻底否定了浑沌的客观意义。最典型的是狄德罗（D.Diderot），这位18世纪法国唯物主义的伟大代表曾以不容置疑的口吻宣布：“在这一般的及抽象的意义之下，行星系统、宇宙也就只是一个弹性物体：混沌是不可能的；因为由于物质的原始性质，本质上就存在着一种秩序的。”[②] 在机械唯物论者看来，浑沌与有序是绝对对立的，承认牛顿理论，就必须彻底否定浑沌。应当说，长期以来人们之所以把牛顿理论与机械论等同起来，形而上学唯物论是负有一定责任的。

当然，这个时期的理论界也并非铁板一块，一些坚持辩证思维的学者并未全盘否定希腊人的浑沌观。莱布尼茨等人的著作涉及与浑沌有关的问题。最著名的要算康德。与牛顿一样，康德也企图用自然科学成果论证上帝的存在。但康德坚持古希腊哲学的演化观点，认为宇宙起源于原始浑沌。完全的浑沌是由于整个宇宙的物质都处于普遍的分散状态所造成的。康德试图把秩序与浑沌调和起来，认为大自然即使在浑沌中也只能有规则有秩序地进行活动。他宣称：“我在把宇宙追溯到最简单的浑沌状态以后，没有用别的力，而只用了引力和斥力这两种力来说明大自然的秩序和发展。”[③] 我们很容易从康德的论述中看到古代浑沌观对他的影响，同时也看到他试图利用当时的自然科学知识去丰富浑沌观。在某种意义上说，康德已经朦胧地觉察到浑沌与牛顿理论并非完全对立。恩格斯高度评价康德的星云假说，说它把“关于第一推动的问题取消了，地球和整个太阳系表现为某种在时间进程中逐渐生成的东西”，盛赞康德的工作是在形而上学“僵硬的自然观上打开的第一个缺口”[④]。

由于近代自然科学没有在中国出现，中国人的浑沌观并未受到来自

① 转引宣亚·沃尔夫：《十六、十七世纪科学、技术和哲学史》，商务印书馆1985年版，第751－752页。

② 《狄德罗哲学选集》，商务印书馆1959年版，第76页。

③ 康德：《宇宙发展史概论》，上海人民出版社1972年版，第24页。

④ 《马克思恩格斯选集》第3卷，第459页。

自然科学的挑战；但与古代学者相比，也没有什么新的丰富和发展。明清时代学术著作中的浑沌，仍然与老庄时代大体相同。不过，中国近代著名翻译家严复在翻译穆勒（J.S.Mtll）著作时，把“a chaos followed by another chaos”译为“纷纭胶葛，杂沓总至”，做到了“信、达、雅”，又颇有现代浑沌的韵味，令人钦佩。

19世纪是近代科学与现代科学之间的衔接转换时期。总的说来，19世纪仍然是牛顿理论占主导地位的时期。但同时，对这一局面的突破也在酝酿之中。拉普拉斯、赫舍尔等人对星云假说的科学论证，特别是达尔文和华莱士提出的进化论，有力地促使古希腊的演化思想重新为科学界所接受。这个世纪的另一项伟大进展是创立了热力学并发现了热力学第二定律。根据普利高津（I.Prigogine）的看法，热力学是物理学的第一个演化理论，热力学第二定律是一条物理学的演化定律。对热平衡态的深入研究，科学家们为古希腊学者关于原始浑沌的猜测提供了科学的论证。热力学第二定律的提出者开尔文和克劳修斯都在不同程度上依据这一定律来阐述宇宙的未来。特别是克劳修斯，他利用热力学的科学语言去论证古代学者关于宇宙走向终极浑沌的观点，提出了著名的热寂说。克劳修斯的结论是完全错误的。热力学第二定律是一条极为深刻而基本的自然定律，它的含义直到现在尚未被完全揭示出来，生活在19个世纪的学者们更难于准确全面地理解它。热寂说是先进的自然科学知识与某种顽固的形而上学哲学思想联姻所产生的怪胎，本身不足取。但它对机械论自然观否定演化思想的批判，对科学家探索第二定律真谛的推动，客观上有积极的作用。

众所周知，恩格斯对热寂说做过明确的批判。19世纪的科学尚未提供足够有力的证据否定热寂说。但恩格斯凭借对先进哲学思想的深刻把握，以及对自然科学发展深层规律的了解，提出著名的预言：“放射到太空中去的热一定有可能通过某种途径（指明这一途径将是以后自然科学的课题）转变为另一种运动形式，在这种运动形式中，它能够重新集结和活动起来。”[1] 现代科学提供了足够的根据否定热寂说，也就否定了热寂式的终极浑沌观点。

① 《马克思恩格斯选集》第3卷，第461页。

§1.3 现代理解的浑沌

19世纪末、20世纪初孕育起来的量子论和相对论，是现代科学的旗帜。量子论和相对论把我们的认识引向微观和宇观层次，在这些领域结束了牛顿理论的支配地位。以精确的观察、实验和逻辑论证为基本方法的传统科学研究，在进入人的感觉远远无法达到的现象领域之看，后遇到了前所未有的困难。因为在这些现象领域中，仅仅靠实验、抽象、逻辑推理来探索自然奥秘的做法行不通了，需要将理性与直觉结合起来。对于认识尺度过小或过大的对象，直觉的顿悟、整体的把握十分重要。科学发展的内在逻辑引导人们返回古代的自然观或宇宙观上来。伴随近代科学形成的机械观使经典的物理学和技术获得极为成功的发展，但是又给我们的文明带来了许多恶果。有趣的是从这种机械观产生出来的20世纪科学，现在又克服了它的局限性而回到古代希腊和东方哲学所表现出来的统一性。20世纪以来，从玻尔、海森堡到汤川秀树、普利高津等，现代科学的杰出代表人物纷纷回到古代思想家，特别是中国古代哲学家那里，去寻找解决他们所面对的重大理论课题的思想启迪。古代浑沌观就是颇受青睐的一个方面。

首先是基本粒子物理学。在否定了原子是构成物质的最小结构单元这一传统观点之后，物理学家深入原子内部，探寻更为基本的物质组分。到50年代，已经发现了30多种基本粒子。在欢呼新的基本粒子不断被发现的喜庆气氛中，物理学家们意识到自然界跟他们开了一个不小的玩笑：基本粒子看起来并不是基本的。这不能不引起物理学家们深刻的反思。诺贝尔奖得主、日本著名物理学家汤川秀树在回顾他当年的思索过程时说："每种基本粒子都带来某种谜一样的问题。当发生这种事情的时候，我们不得不深入一步考虑在这些粒子的背后到底有什么东西。我们想达到最基本的物质形式。但是，如果证明物质竟有30多种的不同形式，那就是很尴尬的；更加可能的是万物中最基本的东西并没有固定的形式，而且和我们今天所知的任何基本粒子都不对应。它可能是有着分化为一切基本粒子的可能性，但事实上还未分化的某种东西。"[①] 汤川秀树由此想到了中国古

① 汤川秀树:《创造力和直觉》，复旦大学出版社1987年版，第49-50页。

代思想家庄子的寓言，想到了庄子讲的浑沌。他提出一个大胆的物理学假说：万物中最基本的东西不是什么基本粒子，而是浑沌，这种浑沌没有固定的形式，却具有分化出一切基本粒子的可能性，但事实上还没有分离。当然，物理学的进展表明比基本粒子更基本的物质成分是层子或夸克，不是浑沌。但“夸克囚禁”的现象，关于物质可分性是否无限的争论，都提醒人们注意：汤川秀树的假说并非完全没有意义。

在上述思索之后又过了四五年，汤川秀树从庄子的寓言中得到新的领悟。他写道：“最近我又发现了庄子寓言的一种新的魅力。我通过把倏和忽看成某种类似基本粒子的东西而自得其乐。只要它们还在自由地到处乱窜，什么事情也不会发生——直到它们从南到北相遇于浑沌之地，这时就会发生像基本粒子碰撞那样的一个事件。按照这一蕴涵着某种二元论的方式来看，就可以把浑沌的无序状态看成把基本粒子包裹起来的时间和空间。”[①] 浑沌可能是把基本粒子包裹起来的时间和空间，这又是一个大胆的物理学假说。这段论述还有物理学之外的价值。以往的《庄子》注家大都不太注意这个寓言中的对立统一思想，只讲倏与忽的同一性“疾速”“有为”，不讲或少讲两者的差异性或对立性。但庄子的倏与忽既为居于南北两极的不同天神，似乎应有不同的特性。汤川秀树受现代物理学的启示，把倏与忽理解为对立的两极，把浑沌理解为两极相遇的统一体，颇为深刻。《庄子》的研究家或许可以从这里得到某种启迪。实际上《楚辞》中已有“倏而来兮忽而逝”的说法，能否据此认为倏与忽一个为速来，另一个为速去呢？果如此，庄子的聚散浑沌就当与现代非线性动力学的浑沌不谋而合了。

现代宇宙学的发展，也对浑沌概念的深化和科学解释作出了贡献。按照大爆炸理论，早期的宇宙是基本上处于热平衡态的高温高密度的“热粥”，即原始浑沌。但在这种均匀而单调的状态之中，在各种成分的混乱运动的表观之下，可能包含着某种隐蔽的秩序。从这种原始浑沌出发，一步一步演化出不同层次的复杂多样的结构，产生了现在的宇宙。现代宇宙学提出了这种演化的理论模型，赋予原始浑沌概念以现代的含义。另一方面，由于发现了引力的自组织作用，现代科学拥有充分的科学根据断言，

① 汤川秀树：《创造力和直觉》，第50页。

宇宙绝不会走向热寂式的终极浑沌状态。

最为出人意料，同时也是最为深刻的进展，发生在研究宏观世界的动力学中。长期被当作理所当然的一种观点认为，确定性系统的行为是确定的、可以预言的，只有随机系统才会产生不确定性行为。但近30年的研究成果表明，绝大多数确定性系统都会表现出古怪的、复杂的、随机的行为。随着对这类现象的深入了解，人们想起了古代的浑沌概念，把确定性系统所表现出来的这种复杂行为称为浑沌。这是因为从现代动力学研究的浑沌现象中，我们至少可以发现古代浑沌观的下述内容：浑沌是现实系统的一种自然状态，一种不确定性，它在表观上千头万绪、混乱无规，但内在地蕴含着丰富多样的规则性、有序性。对浑沌运动更深入地了解还会发现它与古代浑沌观的更精细的联系。例如，朱照宣教授指出，古人用“浑浑”“沌沌”来描述波相随貌，与现代学者对浑沌的频谱解释是相当吻合的。

如果说基本粒子物理学家对浑沌的阐述只是一种物理学假说，那么，动力系统理论所讲的浑沌已是一个有严格定义的、可用数学工具精确刻画的科学概念。在浑沌学家手里，浑沌这个在中外文化中源远流长的词已经成为一门新学科的名字，一个新的研究领域的象征。这就是本书要纵横讨论的浑沌学。我们所说的对浑沌的现代理解，指的主要是浑沌学家的理解。

浑沌学界懂得并珍视他们的工作与古代浑沌观之间的渊源关系。在浑沌学文献中较早引入浑沌（chaos）这个概念的论文的第一作者，是华人学者李天岩（当时他正在美国攻读数学博士），这大概与他的华人文化背景不无联系。该文的另一位作者美国数学家约克（J.Yorke）教授，他对浑沌概念有特别深刻的理解。在论文发表之前，同事们曾劝他选择一个更庄重的词取代浑沌，因为他们讨嫌这个有点神秘味道的术语。约克却坚持认为，浑沌一词“能代表正在成长的决定论无序整个事业”。[30P69]苏联著名的浑沌学家阿诺德，曾考察过从古代浑沌的宇宙观到近代的牛顿机械论宇宙观，再到现代浑沌研究的演变。中国浑沌研究的学术带头人郝柏林，在谈到浑沌概念的科学含义时，特别强调了浑沌不是简单的无序，他指出：“正因为这个缘故，我们才从古汉语中引用‘混沌’一词（‘气似质具而未相离，谓之混沌），避免‘混乱’‘紊乱’等等容易引起误解的说法。”[99]在一本汇集了浑沌学早期经典文献的论文集中，郝柏林在扉页上特别以中英文对照的形式引用了庄子的命题“中央之帝为浑沌”，也是为了强调这一点。浑沌学家以古代浑沌观在现代的合法继承人自居。在一般意义上说，这也是正确的。

勃兴于20世纪60年代的现代自组织理论也注意到了浑沌。从物理化学领域走向自组织研究的普利高津，为了回答自然界千姿百态的结构如何产生的问题，向中国古代思想家求教，期望最终能够把西方的传统（带着它对实验和定量表述的强调）与中国的传统（带着它那自发的、自组织的世界观）结合起来。普利高津吸取了古代的“原始浑沌”概念，把它解释为热平衡态，称为“平衡热浑沌”。他把平衡热浑沌作为自组织过程的起点，用“从混沌到有序”的命题概括自组织过程。协同学的创始人哈肯（H.Haken）持有类似的观点。他说：“从萌牙状态，或者甚至从混沌状态，自发形成具有充分组织性的结构，这是科学家面临的、极度吸引人的现象和最具有挑战性的问题之一。”[95P1]自组织理论给古代关于宇宙万物起源于浑沌的演化思想以现代科学的解释，并作为自己的理论的基本观点之一。但这里讲的浑沌还不是浑沌学的概念。自组织理论试图把浑沌学的成果吸收到自己的框架中，对浑沌学作出了两点重要贡献。第一，阐明浑沌学讲的浑沌是系统的一种远离平衡的状态，并称为非平衡浑沌。第二，指出浑沌运动是一种自组织过程。这两个观点都得到浑沌学的承认。自组织理论把非平衡浑沌作为从原始浑沌开始的演化过程的归宿，为古代的终极浑沌观念提供了一种现代科学的解释。

浑沌学作为一门现代科学，对浑沌概念做了严格的界定，使它成为精确的科学概念，但也大大限制了浑沌概念的适用范围。应当注意，当你接触有关浑沌学的著述或者评论有关浑沌学的问题时，必须区分古人讲的浑沌、今人日常生活用语中的浑沌与浑沌学讲的浑沌，力求科学地理解浑沌学，力戒用日常语言讲的浑沌去附会、评论浑沌学的问题。同时，也不应当按照浑沌学的标准去对待古人讲的和今人日常用语中的浑沌。虽然后者不精确、不科学，但内涵丰富深厚，有特殊的魅力。目前浑沌学的成就不会使古代浑沌观完全成为过时的东西。随着科学的进一步发展，人们还可能从古代浑沌观中发掘出新的宝藏来。其他学科对浑沌的解释也有存在的理由。文艺理论家们对浑沌的独特理解，富有美学意义，浑沌学同样不可取而代之。

§1.4 浑沌与中国神话传说

神话传说反映了人类童年时期朴素的原始宇宙发生观念和人与人之间关系的寓言说教。在中国，早在殷周之前各民族之间就广泛流传着诸多神话传说，其中浑沌创世神话有着重要意义，对后来中国哲学以及中国文化的发展产生了多方面的影响。由于中国神话有历史化的特点，人们往往不把神话人物说成虚构的神，而当作历史上实际存在的人物，致使哪些是神话人物、哪些是历史人物，实际上难以考证。在我们看来，早期的英雄人物大都是神话人物，是后人赋予其历史性的。

大约在母系氏族社会过渡到父系氏族社会时，我国古人就在思考整个宇宙的起源问题了。最初的宇宙被称为"盘古"，"盘古"本身就是"浑沌"。有关盘古神话的文字记载比较晚，因而一些人认为它是东汉中叶以后取道西南传入中国的印度神话。此事尚容慢慢研究。即使先秦时中国无盘古的说法，也不防碍浑沌神话的讨论，浑沌神话无疑不是输入的，《山海经》《左传》《庄子》都讲过浑敦或浑沌。在盘古那里，一切都是不可区分的。用现代科学的术语讲，盘古是无序状态，未发生任何对称破缺。不过，盘古神并不是永恒的神，它后来死去了。盘古之死就是所谓的天地开辟，即盘古发生破缺，自我否定。这样，整个世界也就由原始浑沌变得有点秩序了。这是中国神话中提到的第一次宇宙有序化运动。

天地分化后，盘古氏头化为东岳，腹化为中岳，左臂化为南岳，右臂化为北岳，足化为西岳。可以看出，盘古是仰面死在中原大地上的。

后来宇宙进一步发生破缺：四极废，九州裂，天不兼覆，地不周载，等等。于是出现了女娲炼五色石补天的神话。女娲补天使破缺了的宇宙重新得以在一定程度上恢复。这可称为与破缺过程相反的一次返朴运动。

然而，宇宙后来仍在不断破缺。这就引出了女娲补天神话的续篇。女娲补天之后，共工氏（炎帝的后裔）与颛项（北方部落的首领）争夺天下，不幸"怒而触不周之山，折天柱，绝地维，故天倾西北，日月星辰就焉，地不满东南，故百川水潦归焉"（《淮南子 · 览冥训》及《列子 · 汤问》）。至此，宇宙演化为接近现在的样子，即天地、左右、南北、上下等皆已分化的有序状态。

有序化过程对应于人类思维的理性化过程，浑沌破缺产生有序不应仅仅表现在自然观上，还应表现在社会历史观上。更可能的情况是自然观与历史观相互作用，后者更显得重要。据史料记载，实际上颛顼不但使自然宇宙有序化，也使宗教系统化并促使社会关系等级化。也就是说，颛顼也令人伦浑沌破缺了。在颛顼之前，神与人之间没有界限，神与神之间也无等级贵贱之分，社会上没有专业的神职人员，人人都可以降神。颛顼任部落首领后，首先排定天上诸神的等级，后排定地上众生的等级。同时，巫教被自然崇拜教所代替，部落首领成为最高祭司，垄断了祭天神的特权，进而导致社会分工的加剧和社会地位的分化。

在殷周之际，古人的思维方式和社会制度均发生了重大变革，奠定了中国文化的核心基础。周人灭殷后，对殷人的天神观念做了改造。实际上周人对神的信仰已没有殷人那么虔诚了。“殷人尊神，率民以事神，先鬼而后礼。”“周人尊礼尚施，事鬼敬神而远之，近人而忠焉。”（《礼记·表记》）也就是说，周人所关心的更多的是人事和人为，神是为人服务的。周人利用殷人的天神观念为宗法奴隶制作理论根据，创立了一个严密的从天子到诸侯以至卿大夫的井然有序的金字塔形等级结构，奴隶制的国家机构、政治制度和礼仪制度都逐渐完备起来。可见，人伦浑沌已大规模破缺了。周的社会制度和思想意识也不是永存的，在周之后，社会仍在变化发展，周礼破缺，才有春秋时孔子的“复礼”努力。

与孔子同时代的老子，不满于当时有序化的等级制度，提出了“道”的哲学范畴，让人们体会道，服从道。老子特别强调了以下制上、以弱制强、以柔克刚的反向作用，与其说这是智者的低吟，不如说是对贫苦百姓持同情态度的知识分子对上层社会的不满、蔑视。庄子继承并发展了老子的思想，庄子的“道”是百分之百的“浑沌”。老庄都主张返朴体道，这与孔子的反向要求“复礼”有重要差别，虽然都是时间反向的追寻。老庄向往的是上古人类无知无识、浑沌自然的社会状态，孔子向往的是周代等级森严、礼仪教化的社会状态。

另据考证，庄子在《应帝王》篇中塑造的中央之帝浑沌是有所指的，很可能指帝江。帝江又称帝鸿，而帝鸿即为人们熟悉的黄帝，因此可以说浑沌氏即黄帝。《山海经 · 西山经》曰:“有神鸟(或作焉),其状如黄囊,赤如丹火;六足四翼。浑敦无面目,是识歌舞,实惟帝江也。”《左传 · 文公十八年》说浑沌是黄帝(帝鸿)的儿子,乃历史化之缘故。黄帝和浑沌是一个人物这种说法似乎令人难以置信,但从庄子哲学来看,这一切却是自然的。黄帝被尊为中华民族的祖先,许多美好的东西都推为黄帝所创,挂上黄帝的名字。黄帝以“土”称,同少昊(金)、炎帝(火)、太昊(木)、颛顼(水)相比,为五帝之中央天帝。黄帝与“道”同在,黄帝时代的自然与社会在庄子看来是最理想的,庄子把黄帝当作浑沌(道)加以追求、隐喻是顺理成章的。所谓返朴归真,也即从有序化的社会、有为的人生回归到浑沌状态的社会、无为的人生。老庄的理想当然实现不了,但他们描写的道(浑沌)的境界却有着经久的意义。从文学上、美学上、哲学上讲,老庄的思想都是至关重要的,有人甚至说,直到老庄时代才真正有文学、美和哲学。

老庄主张无为返朴有一定的积极意义,但同时他们反对智慧、知识、理性,在这方面又是倒退的、消极的。按我们的看法,辩证思维才是真正的“道”的境界,而要达到这个大道,“得鱼而忘筌”是不行的,不同的鱼代表不同层次的道,不同的筌代表了不同水平的认识论工具,只有认识了必然才能获得自由。老庄哲学有一定的辩证思想,但很不彻底。在对待有序与无序关系上,他们最终追求的是超现实的原始浑沌,而不是现实的有序与无序对立统一的浑沌。

第2章　浑沌学的孕育和产生

当浑沌学的探索者们开始回顾这门新学科的家谱时，他们发现许多来自过去的知识轨迹。

——J. 格莱克

浑沌理论在20世纪60—70年代兴起，是科学发展的必然结果，但其历程远非一帆风顺。从19世纪末开始，几代人置身于热火朝天的科学主战场之外，甘于寂寞，潜心研究一些被科学界视为没有多大价值的艰难问题，逐步积累科学事实，锻造方法工具，改变着科学研究的文化氛围，终于迎来了这一领域鲜花盛开的春天。

§2.1　经典动力学发现不了浑沌①

浑沌是一类广泛存在的动力学现象。牛顿是动力学理论的创立者。但是，在牛顿力学两百年的发展中，发现浑沌是不可能的。

现代浑沌研究的一个重大理论贡献，是修正了长期以来形成的牛顿力学的“完完全全决定论形象”，展现出在牛顿理论的框架内可以容纳浑沌这种不确定性的本来面目，在科学界产生了震聋发聩的作用。由此引发了当代学者的纷纷议论：应当为牛顿力学“平反”，洗刷掉几百年来把牛顿

① 经典科学与现代科学的分界线并非截然分明。按通常的说法，二者是以19世纪末为分界线的。对于动力学，彭加勒的工作是经典发展阶段的终结、现代发展阶段的开始。

理论与机械论联系在一起的“不白之冤”。浑沌理论的确具有解放思想的作用，对牛顿理论也应当再认识。但进一步思索就会明白，牛顿本人没有也不可能意识到他的理论体系中可以包容浑沌。实际情形恰好相反，牛顿理论的基本假设（牛顿本人声称他不使用假设）是承认自然界“非常和谐自适”，把浑沌从自然界中赶走了。当他在“物理学，当心形而上学！”的呼号下从哲学上排除了古代朴素辩证思想的同时，也就为机械论的形而上学开了绿灯，从哲学高度否定了对浑沌现象进行科学考察的必要性。牛顿的科学活动主要是研究二体问题，二体问题不可能出现浑沌。牛顿没有接受他的同代人 D. 伯努利等所发展的概率演算，他的理论框架中没有概率的立脚之地，而接受概率观点是通向浑沌园地的一个必经的关口。任何看不到外在随机性的人都无法理解作为内在随机性的浑沌，即使在他的科学实践过程中浑沌现象一再擦肩而过，他也不可能捕捉住。牛顿时代还没有明确认识到动力学系统有可积与不可积之分，那时的学者都不自觉地以为所有系统都是可积的、系统行为是可以预测的。公正地说，牛顿本人是从机械决定论立场出发去理解和阐述他的理论体系的。如阿诺德所说，“《原理》一书所包含的一些最重要的物理学原理”之一，就是“决定性原理——世界上所有粒子的初始位置和速度，决定其未来和过去”。[84]对于近三百年来形成的把牛顿力学理解为决定论甚至是机械论的观点，牛顿本人关于他的理论的表述首先应负责任，不能完全归咎于后人的误解，更不能只责怪拉普拉斯。历史地看，牛顿理论代表科学发展的一个必经的阶段，不存在为其“平反昭雪”的问题。

牛顿之后经典力学的成就，主要表现在两方面。在理论上，确定性描述日臻完善，分析力学得以建立。在实践上，引力论得到一系列光辉的证实，如哈雷慧星的回归、天王星的发现等。但这些巨大成就只能进一步加强牛顿理论的决定论色彩，不会把人们引向发现浑沌的方向。浑沌是动力学系统的一类长期“定态”行为。所谓“长期行为不可预测”这一表述中的“长期“一词，是一个模糊用语，不同系统衡量的尺度大不一样。经典天体力学主要研究的是太阳系，关于太阳系行为的精确预测可以适用数千年。但对太阳系来说，数千年仍属于短期行为。经典理论家未曾认识到数万年后太阳系可能发生浑沌运动，这一点，今天的人们是可以理解的。

牛顿生前已经提出并研究过三体问题。拉格朗日、拉普拉斯等人都对解决三体问题有重要建树。但现在人们才知道，三体或多体问题视控制参数或初始条件的不同，有时表现为规则运动，有时又表现为浑沌运动。受科学实践和理论认识水平的限制，彭加勒（H.Poincare，在科学界也译为庞加莱）以前的人们基本上局限于三体问题的规则运动范围，浑沌现象不可避免地处于他们的科学视野之外。

拉普拉斯对天体力学作出过杰出贡献。他通过对行星引力相互作用的简化假设，得到一个关于太阳系稳定性的定理。他对概率论也作出了重要贡献。他的专著《关于概率的解析理论》，被公认为一个人所能作出的对这门数学的最大贡献。为什么拉普拉斯同样与发现浑沌无缘呢？从动力学方面看，他在关于太阳系稳定性的工作中所忽略掉的小项，正是能够产生浑沌的根源。并且，由于他的级数是发散的，有关定理不可能回答涉及无限时间（物理上讲为极长时间）过程的终态行为。就深层理论思维看，那个时代的学者都是从避免系统出现不稳定性的目的出发研究动态系统稳定性问题的。浑沌是一类不稳定性。把不稳定性作为一种纯客观现象来考察，不涉及它是否有利的价值观问题，也是通向浑沌园地的必经关隘之一。单纯为了消除不稳定性而研究稳定性的人，与发现浑沌无缘。在概率问题上，拉普拉斯把概率论仅仅当作一种工具手段，而不是涉及动力学系统的本性去理解。他写道："宇宙中仍有种种事件是我们不太确切了解的，它们是或多或少可能出现的，我们可以通过确定各种不同程度的可能性来弥补我们不能确切认识它们的这种缺陷。因此，可以认为，数学中最精致、最杰出的一门理论——概率论——正是由于人类智力的这一缺陷而产生的。"[102]不承认外在随机性的客观性，把概率规律误解为人类智力缺陷的反映，持这种观点的人不可能承认内在随机性。对概率论的杰出贡献只是数学技巧方面的事，丝毫也不会动摇拉普拉斯对决定论的笃信。这两方面的原因决定了拉普拉斯不可能发现浑沌。相反，这位勇敢地宣布牛顿所竭诚捍卫的上帝是科学不需要的"假设"的伟大学者，也把牛顿的决定论思想推向了顶峰。他骄傲地宣称，只要人们找到一个无所不包的宇宙方程，而且也知道宇宙的一切初始条件和边界条件，那么，宇宙无论过去或是将来，一切都会昭然若揭。后来的人们把这种观点称为"拉普拉斯决定论”。拉普拉斯这个命题充其量逻辑上真，物理上必假，或者说他的命题不是一个科学命题，根本无法证伪，它只表达了一种信念。今天，有些学者以拉普拉斯对概率论的贡献为根据，试图论证拉氏并非典型的“决定论者”，似乎是不能说服人的。

从牛顿到彭加勒之间二百年的数学，主要研究局部性、连续性、光滑性、有序性，没有提供描述全局性、间断性、浑沌性的必要工具。就连一维迭代映射这类无须高深数学工具即可研究的问题，也没有进展到足以发现浑沌的水平。从这种意义上讲，阿诺德的如下评论有一定道理：“从虎克和牛顿到黎曼和彭加勒这两百年的间隔，是数学的仅仅充斥着计算的荒芜时代。”[82]这个时期积累的数学知识，对于发现浑沌运动这种复杂现象是远远不够的。

§2.2 彭加勒对浑沌的早期探索

19世纪的自然科学取得空前伟大的发展，为突破牛顿理论、迎接20世纪初的伟大科学革命准备了雄厚的知识基础。从思维方式看，19世纪是恩格斯所说的理论自然科学向辩证思维复归这一历史性潮流开始涌现的时期。它为科学上的突破准备了锐利的认识论工具。浑沌学的萌发必须放在这个大背景下来考察。

进入19世纪，特别是拉普拉斯之后，经典天体力学没有原先那样强大的吸引力了。它的理论体系已相当完善，除三体和多体问题外，似乎已不存在重大问题有待解决。那时的学者虽然了解多体问题异常艰难，却未曾预料到正是围绕这个问题的探索，引导着他们及后继者缓慢而必然地走向经典力学尚未被人们涉足过的另一侧面，导致经典牛顿理论的革命性变革。

英国天文学家哈密顿（W.R.Hamilton）推进了拉格朗日用变分法研究牛顿力学的工作，把系统的能量表示为广义动量和广义坐标的函数。设系统有N个自由度，以N个广义动量和N个广义坐标张成的2N维空间，叫作系统的相空间。运动方程的解可以表示为相空间的一条曲线，称为轨道。经过这样处理，牛顿力学变成了相空间的几何学。相空间描述方法能给出系统运动特征的直观形象，几何方法成为研究动力学系统的强有力工具。按照哈密顿函数的数学形式，可以把动力学系统划分为可积的和不可积的两类。这一划分十分重要，它引导人们逐步认识到经典牛顿理论实质上只是关于可积系统的理论（真正达成此认识是近30年的事），比可积系统多得多的不可积系统，是牛顿理论一直未曾问津的陌生领域。

19世纪的数学家雅可比、刘维尔、狄利克雷等，都对解决三体或多体问题作出过贡献。经过他们的努力，逐步明白了多体甚至三体问题是不可积的，力学系统一般都不可积。这是通向浑沌大门的重要一步，因为浑沌是不可积系统的典型行为。但是，这一时期最早触及浑沌现象的学者是卡瓦列夫斯卡娅（s.Kavalevskaya）。这位被尊称为历史上“少数有名望的女数学家之一”的俄国学者，在给动力学系统稳定性下定义时提出度量小偏差增长率平均值的概念。经过她的同胞李亚普诺夫（A.M.Liapunov）的推广，成为现代描述浑沌运动的重要特征量，并被称为李亚普诺夫指数。现代浑沌研究者由此而称赞卡瓦列夫斯卡娅“向浑沌的独立理论迈出了一步”。[57]

真正发现浑沌的第一人，是伟大的法国科学家彭加勒。这位世纪之交的天才学者，在数学、天体力学、物理学和科学哲学等领域都有杰出贡献。他通晓自己时代的全部数学，在数学的每一个重要分支都作出了富有创造性的工作，被认为是19世纪最后四分之一世纪和20世纪初的领袖数学家。他的名著《论微分方程所定义的积分曲线》《天体力学的新方法》《论三体问题和动力学方程》等，成为现代浑沌研究中许多重要思想和方法的直接渊源，经常出现在现代浑沌学文献中。

彭加勒是在研究天体力学，特别是三体问题时发现浑沌的。他以太阳系的三体运动为背景，在柯西、维尔斯特拉斯等人工作的基础上，证明了周期轨道的存在，详细研究了周期轨道附近流的结构，发现在所谓双曲点附近存在着无限复杂精细的“栅栏结构”。他从这里意识到，仅仅三体引力相互作用就能产生出惊人的复杂行为，确定性动力学方程的某些解有不可预见性。这就是我们现在讲的浑沌现象。彭加勒已经意识到太阳系中周期、浑沌、稳定性和不稳定性等，与所谓“共振”现象密切相关。彭加勒发现了天体力学全新的研究方向，提出一些重大问题，留下许多极富启发性的论断或猜想。今天的浑沌学家常常可以从彭加勒的著作和手稿中吸取教益。

彭加勒是从研究微分方程这类数学问题开始而步入天体力学领域的。在发现这一领域前所未见的、极为复杂的新课题的同时，他意识到当时的数学工具不足以解决这些问题，便着手发展新的数学工具。彭加勒和李亚普诺夫一起奠定了微分方程定性理论的基础，他的研究成果主要是1880—1886年的四篇论文，后来集成专著《论微分方程所定义的积分曲线》。这些都早于李亚普诺夫的工作。彭加勒为现代动力系统理论贡献了一系列重要概念，如动力系统、奇异点、极限环、稳定性、分叉（又译分岔、分歧、分支）、同宿、异宿等；贡献了许多有效的方法工具，如小参数展开法、摄动方法、彭加勒截面法等。描述积分曲线形状和处理奇异点的艰难工作激发了彭加勒的拓扑学思想，使他成为组合拓扑学的创立者。今天的浑沌探索者们认识到，拓扑学已成为他们手里必不可少的武器。现代动力系统理论的几个重要组成部分，如稳定性理论、分叉理论、奇异性理论和吸引子理论等，都发源于彭加勒的早期研究。彭加勒在数学上的另一项贡献在遍历理论方面，他发现了一个回复定理，在一定意义上讲，他也是遍历性理论的创始人。彭加勒的这些贡献对20世纪的数学发展和浑沌学的建立发挥着广泛而深刻的影响。怀特曼（A.S.Wightman）认为，动力学的现代时期始于彭加勒，"正是他的思想统治着今天的这一领域"，"差不多一百年过去了，我们发现我们的思维完全被彭加勒的几何看法所支配"。[74]

彭加勒对浑沌现象的早期探索还表现在科学哲学思想方面。① 研究物理学的兴趣和实践，使他极为关心必然性与偶然性的关系问题。在偶然性问题上，彭加勒追随麦克斯韦和玻尔兹曼的新思想，站在拉普拉斯观点的对立面。他认为，"偶然性并非是我们给我们的无知所取的名字"，"对于偶然发生的现象本身，通过概率运算给予我们的信息显然将是真实的"②。承认偶然性的客观性，使彭加勒清除了前辈学者不能发现浑沌的一大理论

① 有许多杰出科学家论述过经典力学的不确定性，即小的误差不断被放大、导致不可预测性。这些人物至少还包括阿达马、迪昂（P.M.M.Duhem）、麦克斯韦、玻恩、维纳和布里渊。

② 彭加勒:《科学的价值》，光明日报出版社1988年版，第388-389页。

障碍。这一认识飞跃，引导彭加勒对“绝对的决定论”持明确的批判态度。

他断言在每一个领域中，精确的定律并非决定一切，它们只是划出了偶然性可能起作用的界限。[①] 在浑沌探索史上特别值得称道的一点是，彭加勒超越现代概率思想的发展水平，发现了某些系统对初值具有敏感依赖性和行为不可预见性。他写道：“我们觉察不到的极其轻微的原因决定着我们不能不看到的显著结果，于是我们说这个结果由于偶然性。……可以发生这样的情况：初始条件的微小差别在最后的现象中产生了极大的差别；前者的微小误差促成了后者的巨大误差。于是预言变得不可能了。”[②] 这段话写于1903年，但与今天的学者刻画浑沌特征所用语言颇为接近。看来，彭加勒在某种程度上已经意识到确定性系统具有内在的随机性。不过，他在说这番话之前举的例子还不是浑沌。

彭加勒对浑沌现象早期探索的收获是巨大的。有鉴于此，有些学者认为彭加勒的工作提供了以新的观点研究经典力学的良好开端，浑沌学本应与相对论和量子力学同时成长起来。但我们知道，20世纪的科学发展并未出现这种局面。造成这一结果的原因是多方面的。

19世纪与20世纪之交的物理学界，普遍认为物理学大厦已经建成，除了两朵乌云有待扫除之外，这一领域已是万里晴空。而在这两朵乌云之中并不包括彭加勒提出的难题，那时的物理学大师们谁也没有察觉到这里还有一大片有待开垦的沃土。相对论和量子力学带来了两场物理学革命，横扫了有关宇观和微观层次的传统观念，人们再也不承认经典力学能够正确描述这些领域。但相对论和量子力学不涉及我们生活在其中的这个宏观层次。彭加勒的发现以天体力学为背景，以保守系统为对象，没有涉及充斥于我们周围的耗散系统。这在当时还不可能引起人们对经典物理学描述的宏观世界科学图景的怀疑。1977年诺贝尔奖获得者普利高津等人曾这样描绘20世纪60年代以前大多数科学工作者的心态：“我们显然还不能确切地认识基本粒子或宇宙进化，但我们对介于这两者之间的事物的认识却是相当令人满意的。”[113P27] 在这种心态支配下，20世纪的大多数物理学家起初都不欣赏彭加勒的工作，对于麦克斯韦和彭加勒关于经典物理学不完

① 彭加勒：《科学的价值》，光明日报出版社1988年版，第387页。

② 同上书，第389-390页。译文根据英文版进行了修改。

善的警告毫不在意，不可能花气力去关心处处可见的浑沌现象。

浑沌是一种极其复杂的现象，彭加勒时代尚不具备描述浑沌的足够数学工具及其他知识准备。彭加勒凭借自己罕见的几何直觉，对这种复杂性深有领会，曾感叹同宿轨道的复杂横截栅栏图像“复杂得我甚至不想把它画出来”。其实，他的思想更正确的表达应该是“复杂得现在还无法把它画出来”。因为我们今天才懂得，这是一种只有用现代计算机技术才能充分处理的复杂几何形象。很久以后，西格尔（C.L.Siegel）于1941年明确指出：描述不可积系统的复杂运动图像“看来超乎已知方法的威力”[97]。对于建立浑沌学做过重要贡献的阿诺德在60年代回顾历史时也说过：“动力学中的不可积问题曾非现代数学工具所及。”[36P10]这些评论是客观的。一种科学理论，只有在它的必要性已为人们所认识，并且科学发展已提供了必要的知识准备和方法工具时，才能建立和发展起来。要在彭加勒时代建立浑沌学并不具备这些条件。今天人们有理由对彭加勒“超前于他的时代”的发现深表敬佩，有必要经常回顾彭加勒的工作以吸取营养。但若由此而否定现代浑沌探索者们的开创性，宣称浑沌不过是一百年前彭加勒的发现的一次再发现，那是说不过去的。

科学事业的发展是一种动力学过程，可以用动力系统理论来分析。每一种有发展前途的新理论都是一种吸引子，把一切可能的研究力量都吸引到自己的旗帜下，形成特定的吸引域。一个动力学系统可以同时有不同的吸引子，各有自己的吸引域。一种新理论的吸引力，取决于它的基本问题的深刻性、普遍性、新颖性及满足社会需要（包括发展理论认识的需要）的程度，也取决于它是否具备足够的知识准备和方法工具，是否容易做出成果。虽然相对论、量子论、浑沌论的基本现象是在同一时期发现的，但前两者立即显示出强大的吸引力，几乎全部有才华的物理学家都竞相投入开发这两个富矿区，震惊世界的成果不断报告出来。另一些出色人才则为一系列具有重大社会意义的新技术所吸引。相比之下，浑沌研究完全不具备可以与之相匹敌的吸引力，被科学界忽视半个多世纪是不可避免的。

经典牛顿理论用一层厚实而不易觉察的帷幕把浑沌现象这个广阔而富饶的研究领域与近代科学隔开整整二百年，直到彭加勒才第一次在这道帷幕上撕开一条缝，暴露出帷幕后面尚有一大片未开发的“西部世界”。但也仅仅是撕开一条缝，而不是敞开大门，无法让成批拓荒者入内垦植。彭加勒没有“揭开牛顿力学的新篇章”。要真正做到这一点，尚需等待很长时期。

§2.3 漫长而艰难的知识准备

彭加勒关于浑沌现象的早期探索未能得到当时科学共同体的应有评价和响应，他在自己生命历程的晚期也把这项工作搁置起来了。在他谢世后，这个方向更加受到冷落，几乎没有什么著名学者问津。但彭加勒有关浑沌研究的数学思想却在数学界生了根，在物理学家重新占领这个阵地之前，成为数学家潜心研究的重要课题。彭加勒的许多卓越思想也被其他领域的耕耘者所吸取，但不是为了研究浑沌。在近70年的漫长时期内，科学共同体在非浑沌的旗帜下，不自觉地为浑沌研究高潮的到来进行着准备工作。

在直接继承彭加勒工作的极少数学者中，必须首先提到的是老伯克霍夫（G.D.Birkhoff）。早在1913年，这位年轻的美国数学家就因证明了彭加勒“最后定理”而出了名。这是一个有关三体问题存在周期解的拓扑定理，彭加勒临终前不久才提出来。伯克霍夫在动力学系统方面做了许多工作，特别是发表于1917、1926、1932年的论著，是现代浑沌研究经常提到的经典文献。他在有关哈密顿微分方程组的正则型求解、不变环面的残存等问题上，都有重要贡献。令现代浑沌研究者很感兴趣的是，在研究有耗散的平面环的扭曲映射时，伯克霍夫发现了一种极其复杂的曲线，他称为“奇异曲线”，实际上是一种奇怪吸引子。伯克霍夫对不可积系统的轨道特征做了许多细致的研究，对遍历理论有出色的工作。遗憾的是，伯克霍夫的这些工作长期鲜为人知，他所受到的冷遇更甚于彭加勒。但历史毕竟是公正的，令伯克霍夫的英灵可以感到慰藉的是，今天的浑沌学家充分评价了他的工作，常常回到他的著作中去“温故”以便“知新”。怀特曼道出了其中的奥秘：“如果谁对动力学系统的真正艰深问题感兴趣，花时间去详细研究伯克霍夫的文章是值得的。”〔74〕

彭加勒研究数学的动机来自解决自然科学问题的需要，他经常就物理世界的运动规律提出几何想象。经历了世纪之交的那场数学危机以及由它引发的数学科学公理化和形式化运动洗礼的20世纪数学家，责备彭加勒的工作缺乏应有的数学严格性。经过著名英国数学家哈代（G.H.Hardy）等人的倡导，特别是布尔巴基学派的有力推动，数学家与物理学家之间的浪漫史终于在30年代以离异告终。纯数学家对数学的实际应用问题看不上眼，根本不关心数学问题的物理起源。物理学家责备数学家钻进象牙塔，只关心在纯抽象思维中追求个人成就，不再能够为解决物理问题提供有用的工具。这种局面当然不利于科学的发展。但“祸兮福所倚”，对于时机尚未成熟的浑沌研究来说，数学与物理学的暂时离异似乎还有某种好处。正是在这种纯净的抽象思维中，拓扑学、泛函分析、整体分析、微分几何、微分流形等分支迅速发展起来，分析学在描述间断性、奇异性、整体性、非线性特性等方面都有很大发展。概率论经过公理化而成为现代数学的标准组成部分之一，分析、代数、几何以至于最抽象的数论都在为今天的浑沌研究准备武器。另一大类难题，即遍历理论，经过逐步积累，在60年代以来取得重大进展。数学家们发现了不同层次的遍历性，分别代表不同类型的复杂系统。同时，弄清了一批具体系统的遍历性和非遍历性。相应地，建立了区分复杂系统和简单系统的定量判据，即表征相邻轨道分离速度的整体特征量，如李亚普诺夫指数、KS 熵等。遍历理论终于发展成为研究复杂系统的强劲武器。

这一时期数学领域的另一项有意义的探索，是发现了一批分形几何对象。早在19世纪，数学家就用传统的整形几何及相关的分析工具构造出多种分形几何体，如维尔斯特拉斯的处处连续又处处不可微的曲线、皮亚诺的可以填满有限平面区域而具有无限长度的曲线、康托（G.Cantor）尘埃、谢尔宾斯基（W.Sierpinski）墓垛，等等。这些在当时都被理解为“病态”现象，被排除于数学研究的合法对象之外，只有当否定某个命题需要反例时才提起它们，完全没有想到它们还有现实的背景。彭加勒发现的轨道复杂图像也是一种分形对象，但因被视为畏途而扔在一边。在20年代，法国的尤利亚（G.Julia）和法图（P.Fatou）尝试把它们作为一类数学问题加以处理。尤利亚研究了复平面上的解析映射：

$$F: z \to F(z) \tag{2.1}$$

例如

$$f: z \to z^2+C \tag{2.2}$$

这是一种特殊类型的抽象浑沌运动，可以从中导出一大批漂亮的分形图形。被视为没有数学意义的少数怪异对象开始成为数学家专门研究的问题，这是数学中的又一转折。这些探索成为半个世纪后使曼德勃罗（B.B.Mandelbrot）大出风头的分形几何学的先驱工作。

要使浑沌研究走出天体运行轨道问题的狭窄范围，而不仅仅是天体力学的一个新分支，就需把彭加勒的拓扑动力学思想推广应用于耗散系统。这是我们生活于其中的现实世界中最普遍的一类对象。这方面最早的工作是以电工学和电工技术为背景的。1918年，杜芬（G.Duffing）研究了具有非线性恢复力项的受迫振动系统，揭示出许多非线性振动的奇妙现象。他所研究的动力学方程经标准化后为

$$\ddot{x} + k\dot{x} + f(x) = g(x) \tag{2.3}$$

称为杜芬方程。其中 $f(x)$ 含三次项，$g(x)$ 为周期函数。杜芬方程是今日浑沌学文献中常见的方程之一。20年代，荷兰物理学家范德波（B.van de Pol）研究三极管振荡器，建立了以他的名字命名的运动方程

$$\ddot{x} - k(1-x^2)\dot{x} + x = b\lambda k\cos(\lambda t + \psi) \tag{2.4}$$

这也是现代浑沌学文献中常见的方程之一。范氏观察到这个非线性振子有时会出现不规则的奇怪行为，由于没有浑沌概念，他把这些事实视为一种从属现象，或者是随机噪声，未予深究。30年代，苏联学者安德罗诺夫（A.A.Andronov）考察了广泛领域的非线性振动，着手建立定量化理论予以解释，对系统的相平面分析有出色贡献。虽然相平面上不可能出现浑沌运动，但搞清楚有序演化的动力学图像，有助于探索三维以上相空间的复杂运动。有关非线性振动的探索涉及面很广，不可避免会碰上一些有序理论难以解释的现象，为浑沌研究积累了有益的资料。

浑沌研究的准备工作还应当走出物理学范围，到更广阔的领域去发

现经典理论不能解决的问题。科学史的进程正是这样。在生态学领域，经过数代人的努力，提炼出逻辑斯蒂（Logistic）方程

$$x_{n+1} = ax_n(1 - x_n) \tag{2.5}$$

它是描述种群系统演化的适当模型，可用于解释观察到的一些不规则的生态系统演化现象。在生理学领域，范德波等人1929年试图用振荡器模拟心脏跳动以产生仿真心电图，接触到不规则心律现象。在1946年出版的《心电图学》第2版中，卡兹（L.N.Katz）创造出“浑沌心动”一词以表述同行们早就注意到的心脏跳动中的非周期现象。与此同时，经济学界也积累了大量杂乱无章、似乎无法处理的数据。所有这些（这里列举的只是部分事实）在当时都不可能获得正确理解。然而，一旦浑沌研究的条件成熟，它们就成为很有价值的材料，对浑沌学的建立和发展发挥了应有的作用。

这一时期的一项意义重大的成就是发明了电子计算机，并发展了一套计算数学。经过20多年的开发，到60年代初，计算机数值计算已成为求解不存在解析解的动力学方程、处理过去无法处理的数据资料、描绘过去无法描绘的运动图像的强大武器，为建立浑沌学提供了不可或缺的物质手段。

这一时期的物理学家中也有个别人关心过浑沌问题。最著名的是费米（E.Fermi），他于1923年发展了彭加勒定理，50年代初他与另外两人做了一项实验发现了浑沌现象。受到现代浑沌研究家高度重视的是年轻的苏联物理学家克雷洛夫（N.s.Krylov）。他在读大学本科期间就发表了《论物理统计学基础》等论文，显示了杰出的科学才能。克雷洛夫对物理学中最复杂和最基本的问题都非常感兴趣。他讨论的一个主要问题是为统计力学奠定基础，证明遍历性不足以解释弛豫过程，有限弛豫时间的存在性必然要求系统是某种混合型的。克雷洛夫不同意玻尔兹曼的观点，他认为在经典力学框架内不可能得出等概率原理，也不应该把它作为公设提出来。克雷洛夫相信量子力学可用来解决统计力学的奠基问题，量子统计力学本身也有奠基问题。另外，量子波函数描述与经典描述一样都是时间可逆的，而统计定律是不可逆的。克雷洛夫较早地认识到阿达马（J.Hadamard）、埃德朗（G.Hedlund）和霍普夫（E.Hopf）关于动力学系统指数不稳定性工作的意义，看出指数不稳定性对于理解混合过程的重要性。西奈（Ya.G.Sinai）

认为："克雷洛夫的最杰出成就之一，是发现了弹性碰撞动力学系统中的指数不稳定性。"[①] 指数不稳定性是导致浑沌运动的重要机制。十分可惜的是，克雷洛夫英年早逝（终年30岁），如其不然，浑沌学的历史可能会有重要的改变。

§2.4 来自两个方向的重大突破

经过半个多世纪的准备，到20世纪50年代末60年代初，科学战线的形势已不知不觉地发生了许多有重要意义的变化。浑沌现象越来越多地出现在不同领域学者的面前，越来越多的问题已到了非浑沌学方法不能解决的地步，许多学者针对特殊的浑沌问题创造出特殊的处理方法。物理学家在加速器运行中碰到了浑沌。早在1953年，欧洲粒子物理实验室的戈沃德（F.K.Goward）和海因（M.G.N.Hine）通过计算机证明，粒子的运动何以能够从有规则的转变为浑沌的。苏联核物理所的奇里科夫（B.Chirikov）等在设计粒子加速器时也发现了浑沌，他们甚至已领悟到天文学等领域浑沌研究具有潜在的重要性。在天文学领域，许多新的观测事实与按照英国天文学家金斯（J.Jeans）关于恒星分布的权威理论所做的预见明显不符，要求建立新的理论加以说明。1958年，希腊天文学家孔塔波洛斯（G.Contopoulos）利用计算机分析星系内恒星的运动，发现这种轨道是复杂的。在化学领域，苏联学者别洛索夫（Belousov）和札鲍廷斯基（Zhabotinski）先后进行了著名的BZ反应实验，发现了化学反应从有序到浑沌的转变，得到许多漂亮的图形。在一般力学中，芬兰的米尔堡（P.J.Myrberg）发现反馈机制可能使简单系统产生复杂的动力学状态。阿诺德于50年代用数学方法描述了心脏搏动中的浑沌现象，他在研究圆微分同胚中提出"阿诺德舌头"的著名概念。这一时期工程师们也在工程实践中碰到了浑沌问题。特别是那些后来在创立浑沌学中立下汗马功劳的学者们，不少人从50年代后期就着手探索浑沌现象了。自称为浑沌传教士

① 西奈："克雷洛夫思想的发展"，见《关于统计物理学基础的著述》，美国普林斯顿大学出版社1979年版，第245页。

的美国著名物理学家福特（J.Ford）在思考一个统计物理学中长期争论的问题：如果宇宙本质上是一个有序的确定性场所，那么，统计行为所必需的随机性来自何方？这个问题把福特引导到探索浑沌的方向。40年代受到尤利亚直接影响的法国数学家曼德勃罗一直在以其独立的方式思考周围世界的各种无规则形体的本质，渐渐形成一些有关分形几何学的模糊而重要的思想，从这一特殊方向走上探索浑沌之路。在发展拓扑学中取得出色成就的美国数学家斯梅尔（S.Smale），从50年代后期转向考察非线性振子的物理问题，试图从数学上理解当年范德波失之交臂的浑沌，整体地把握动力系统行为的复杂性。1960年初，日本的一位攻读研究生学位的未来物理学家上田皖亮（Y.Ueda）正在研究一种特殊的杜芬方程：

$$\ddot{x} + k\dot{x} + x^3 = B\cos t \qquad (2.6)$$

上田发现，当参数 k、B 取某些值时，系统的长期行为（t 很大时）表现为无规行走，与随机行为没有两样。上田皖亮实际上发现了一个奇怪吸引子。由于当时物理教授们不理解，未予肯定，上田的工作被扔在一边，直到70年代末上田吸引子才被介绍给国际学术界。上田吸引子如图2.1所示。十分可惜的是，上田没有抢到头彩，公认最早发现的奇怪吸引子实例是1963年一个美国人的工作。

图 2.1　上田吸引子

上面列举的事实远不完全，但足以表明：对浑沌现象的探索正在接近转折关头，科学界已经走到浑沌学的大门口，重大突破就要来临了。

第一个重大突破来自以保守系统为研究对象的天体力学。这不仅是由于这一领域有始于彭加勒探索浑沌的良好传统，有彭加勒等人的先驱工作和他们对浑沌的深入分析论证可资借鉴；也不仅是由于长期而艰苦的努力使数学学科获得重大发展，西格尔、阿诺德所感叹的那种数学工具力不能及的局面已经改变，与浑沌轨道的复杂图像相匹配的数学手段已基本具备。重要的因素还在于，在这几十年的科学发展氛围中造就了一位世界级的大科学家，他就是享誉全球的苏联学者柯尔莫果洛夫（A.N.Kolmogorov）。柯氏登上数学舞台不久，就在《概率论的基本概念》《概率论的解析方法》等著名著作中奠定了现代概率论的基础，对随机现象和概率统计规律有深刻的理解。柯氏建立了现代拓扑学主要分支的上同调理论，掌握了对浑沌研究具有重要意义的拓扑学方法。他在湍流研究中也有建树，提出著名的柯尔莫果洛夫三分之二定理。柯氏在遍历理论方面同样有出色贡献，1958年引入测度熵概念，成功地解决了流的同构问题。这位学者还是探索复杂性的重要人物之一，力求把复杂性和随机性概念在算法理论基础上统一起来，著名的柯氏复杂性概念是算法复杂性理论的基本工具。柯氏在天体力学方面进行了坚持不懈的努力，对彭加勒所说的“动力学的基本问题”有特别深刻的了解。柯尔莫果洛夫在一切必要的方面都具备了对于描述保守系统行为复杂性取得突破所必须的知识准备和素养，拥有同代人无可比拟的优势。还应当指出，柯尔莫果洛夫培养和团结了一大批才能卓越的学者，包括西奈和阿诺德等闻名世界的大科学家。形成一个阵营强大的苏联学派，做出了一系列在世界科学界领先的工作，当20世纪50年代世界科学界对各方面冒出来的浑沌问题缺乏真正理解的时候，恰好是苏联学派非同凡响的观点在发挥着影响。我们在科学发展史上一再看到，当一种科学理论出现的客观条件具备之后，或迟或早总会涌现出一些学者来承担这一历史任务，或者由他们同时彼此独立地来完成。但如果种种因素的合成及早造就出一位超越于同时代人的佼佼者，就会把这一任务提前实现。在浑沌研究取得突破性进展的大业中，柯尔莫果洛夫便是这样一位捷足先登者。

1954年在阿姆斯特丹举行的国际数学会议上，柯尔莫果洛夫宣读了一篇在科学史上起决定性作用的论文，题目是《在具有小改变量的哈密顿函数中条件周期运动的保持性》。在这篇被认为具有划时代意义的科学文献中，柯氏研究了解析哈密顿系统的椭圆周期轨道的分类，发现对于一个充分接近可积哈密顿系统的不可积系统，若把不可积性作为对可积哈密顿函数的扰动来处理，则在小扰动（系统近可积）条件下，系统运动图像与可积系统基本一致；当扰动足够大（不可积性足够强）时，系统运动图像发生定性改变，转变为浑沌系统。1963年，柯尔莫果洛夫的学生、25岁的阿诺德给出定理的严格证明，证明之复杂足以构成一本单独的著作（这时的阿诺德已很有名气了，他于1957年19岁时就部分地解决了希尔伯特的第13个问题，显露出超群的才华）。同一时期（1962年）瑞士数学家莫泽（J.Moser）给出“基本定理”的一个改进的表述，并独立地给出数学证明。这个定理后来被以他们三人姓氏的首字母命名，称为KAM定理。这是19世纪以来人们用微扰方法处理不可积系统的长期努力所得到的最成功的结果，具有极其重要的理论意义，受到普遍的高度评价。郝柏林认为KAM定理是“牛顿力学发展史上最重大的突破”[97]。在浑沌理论界，KAM定理被视为标志这一新学科的两大开端中的头一个。

我们周围世界的系统几乎都是耗散系统。这一领域中浑沌研究的重大突破，是由美国气象学家洛伦兹（E.N.Lorenz）完成的。洛伦兹有良好的数学修养，由于某种历史原因，他偶然地成了一位气象学家，从事在那些崇尚科学严格性的人看来根本算不上科学工作的天气预报。在20世纪50-60年代，受本世纪大数学家之一、计算机之父冯·诺伊曼的影响，支配这一领域的权威看法是：气象系统虽然复杂异常，但仍然是遵循牛顿定律的确定性对象，在有了电子计算机这种强有力的计算工具之后，天气是可以精确预报的。诺伊曼还认为，天气状况可以改变和控制。洛伦兹最初也接受了这种观点，于1960年前后开始用计算机模拟天气变化。在洛伦兹之前，沙尔兹曼（B.Saltzman）1962年通过简化流体对流模型得到一个完全确定的三阶常微分方程组。洛伦兹把它作为大气对流模型，用计算机做数值计算，观察这个系统的演化行为。在数值实验中，他确实观察到这个确定性系统的有规则行为，但也碰到过在某些条件下同一个系统可以表现出非周期的无规行为，这一现象与当时气象界的支配观点不符合。开始时，他怀疑是计算机故障造成的。当这种可能性被他有根据地排除以后，洛伦兹开始从系统本身寻找问题的根源。洛伦兹是从事天气预报的，对于长期天气预报始终没有获得成功这一事实有十分真切的感受。计算机模拟天气时表现出来的无规现象，在其他人看来古怪离奇，洛伦兹却感到与他的经验和直觉相符合，问题是他与他的同行们尚未找到为自己的经验辩解的理由。这使他较为容易地形成对拉普拉斯决定论和诺伊曼权威观点的怀疑。长期反复的数值实验和理论思考，使他越来越相信计算机模拟结果的真实意义。洛伦兹读过彭加勒和伯克霍夫的著作，对他们的理论有所了解。他有超越现有理论框架、创造新概念的勇气和才能。在60年代初，大多数学者不理会计算机模拟结果，坚信流体对流的实际情形与计算机模拟结果根本不是一回事。面对这一困难局面，洛伦兹勇敢地对传统理论造了反。他用全新的概念和理论去解释他凭经验和直觉把握了的新事实、新规律。20年后，自称当时对洛伦兹的发现"完全没有抓住要点"的马库斯（W.Malkus）回忆道："洛伦兹完全不是在用我们熟知的物理观念思考。他是在用一种广义的或抽象的模型思考，这种模型表现出他直觉地感到是外部世界某些方面所特有的行为。"[30P31] 1963年，洛伦兹把自己的发现总结在《确定性非周期流》一文中。随后几年中，他又以同一主题发表了三篇论文。这一组文章已成为研究耗散系统浑沌现象的经典文献。

洛伦兹的主要贡献是：（1）在耗散系统中首先发现了浑沌运动；（2）揭示了确定性非周期性、对初值的敏感依赖性、长期行为的不可预测性等浑沌基本特征。与彭加勒相比，洛化兹对敏感依赖性的描述要精确得多；（3）在现代浑沌研究中发现了第一个奇怪吸引子，洛伦兹吸引子已成为浑沌学的重要徽记；（4）为浑沌研究提供了一个重要模型，引发出大量研究成果，至今仍然是浑沌开发的一个富矿区；（5）最先采用数值计算方法研究浑沌，对浑沌研究方法论有重要贡献。尤其是在60年代初，采用计算机应该说是一种冒险的创举。

在同一时期，还有一些颇有意义的工作值得称道，如麦尔尼可夫（V.K.Melnikov）函数、沙可夫斯基（Sarkovsk）序列的发现等。1964年，一位名不见经传的苏联数学家沙可夫斯基证明了一个定理。他把自然数按如下顺序排列：

$3, 5, 7, 9, \cdots$

$3\times 2, 5\times 2, 7\times 2, 9\times 2, \cdots$

$3\times 2^2, 5\times 2^2, 7\times 2^2, 9\times 2^2, \cdots$

……

$$3\times 2^n，5\times 2^n，7\times 2^n，9\times 2^n，\cdots \qquad (2.7)$$

$$2^m，2^{m-1}，\cdots，16，8，4，2，1$$

现称（2.7）为沙可夫斯基序列。沙氏证明，设$f(x)$是区间到自身的连续映射，如果$f(x)$有p周期点，q在序列（2.7）中位于p之后，则$f(x)$一定有g周期点。这个定理在当时未引起任何反响，似乎只能满足数学家的癖好，看不到什么具体应用的前景。浑沌研究才使人们认识了沙可夫斯基序列的价值。1978年，经斯特凡（P.Stefan）的介绍，沙氏定理引起浑沌探索者们的广泛注意。

但是，浑沌学并未在这一时期产生出来。KAM定理在数学上过于艰深，物理学家（更不用说其他领域的学者）需要一段时间来消化它。洛伦兹的文章仍埋藏在不知名的气象学文献中，数学家和物理学家没有机会接触它，气象学家因它“过分数学化”而对它不感兴趣，尚无人能理解它的深远意义。这两项伟大的开创性工作在60年代都未引起应有的反响。浑沌研究的高潮暂时还不可能到来。

§2.5 浑沌研究高潮的到来

60年代是建立浑沌学的准备工作的完成时期，除了前两节已提及的若干方面，还有下述几点。

仅有拓扑动力学和微分方程定性理论等工具，还不足以有效地描述动力系统的复杂行为。拓扑方法是描述系统整体特性的方法，这是它的优点。但在不具备可微性的拓扑空间上，描述时间演化的动力学特性受到很大限制。刻画浑沌运动，需要一种将二者结合起来的分析工具。这一科学任务是60年代完成的。从60年代初起，一大批拓扑学家的工作与常微分方程定性理论相结合，在拓扑空间引入可微性、微分结构等概念，建立了一门崭新的数学分支，即微分动力系统理论，主要代表人物是斯梅尔、阿诺索夫（D.V.Anosov）、廖山涛等。在微分动力系统理论中，以微分流形为相空间，引入回复性与非回复性、游荡集与非游荡集（Q集）等概念，处理了动力系统整体结构稳定性问题。这一理论已被公认为探索浑沌奥秘最有效的数学工具之一。70年代以来为建立浑沌学立下汗马功劳的许多著名学者，如约克、茹勒、梅（R.May）、费根鲍姆、阿诺德等，都曾直接受到斯梅尔等人数学思想的影响。

斯梅尔等人的工作还有另一方面的重大意义。60年代初，数学与物理学相互离异的局面尚无多大改观。浑沌作为一种客观存在，仅仅从数学上描述不可能形成一门独立的新学科。只有自然科学家参加进来，特别是物理学家充当主力，从理论上阐明浑沌的实质，从实验中验证浑沌的存在，现代科学大家族才会接纳浑沌学为合法的一员。尽管微分动力系统理论在抽象程度上不比其他纯数学分支逊色，但它的物理学背景十分明确。从牛顿以来，动力系统就是物理学研究的主要对象，只是由于彭加勒发现的现象过分复杂，难于处理，才被物理学界暂时搁置起来。斯梅尔等人从非线性振子之类物理学家极为熟悉的问题入手进行数学抽象，把数学家重新带回动力系统这个传统阵地，提供了物理学家解决那个被搁置了近70年的问题的适宜工具。数学家和物理学家重新联姻的时机成熟了。到60年代末，如亚伯拉罕（R.Abraham）所说，形势完全改变了。一位物理学家后来在回顾这一情景时，做了如下的评论："我们必须感谢天文学家和数学家，他们把这个领域交还我们物理学家时，比起70年前我们把它交出去时，那样子真是大为改善了。"〔30P118〕

20世纪60—70年代，物理学本身的格局也发生了很大改变。相对论和量子论至少在目前的层面上开采得差不多了，具有吸引力的容易做出成就的问题已不很多，远不能同20—30年代的情形相比。物理学家开始抱怨说，理论物理越来越远离人的日常经验和直觉，一种要求物理学重新回到现实世界的情绪在不断滋长。60年代兴起的非线性非平衡态热力学、相变临界态理论等物理学新领域，研究的都是关于宏观层次的物理现象。这些工作使普利高津、威尔逊（K.Wilson）等人分别成为诺贝尔化学奖和物理学奖得主，表明宏观层次物理学问题是大有可为的。与20世纪上半期物理学界主流的观点不同，这一时期的物理学家不再相信人们对于宏观层次的认识已经完备了，他们明确宣称："我们只是刚刚开始认识自然的这个层次，即我们所生活的层次。”[113P28]这些变化预示着，科学事业作为一种动力学系统，即将从原来的吸引子向新的吸引子转移了。顺便提一件并非不重要的事：威尔逊用重正化群方法处理临界现象的开创性工作，对于浑沌研究做了重要的方法准备。

还应当看到20世纪中叶兴起的系统科学。清算还原论，张扬整体论、系统论，倡导横向的跨学科研究，探索远离平衡态的、非线性的、不可逆的、自组织的客观过程，创造处理复杂性、不确定性、演化特性的新方法，这是科学重新定向的伟大变革。系统科学在现代科学共同体中造成一种新气势，提供了一套新观点和新方法，改变了科学研究的文化氛围。浑沌现象探索正是在这种氛围中，作为系统研究这一广阔战线的一个方面而获得勃勃生机。

这样一来，到60年代末，浑沌研究终于出现了山雨欲来风满楼的局面。“忽如一夜春风来，千树万树梨花开。”从70年代初起，令人振奋的研究成果接连问世，不同领域彼此独立地进行的工作迅速相互沟通，连成一片，浑沌理论如异军突起，震动了科学界。

1971年，数学物理学家、法国的茹勒（D.Ruelle）和荷兰的泰肯斯（F.Takens）联名发表了题为《论湍流的本质》的论文，报告了他们的研究成果。他们证明流行的朗道（Lev D.Landau）关于湍流发生机制的理论是不正确的，提出用浑沌来描述湍流形成机理的新观点，在物理学家中起到了解放思想的作用。茹勒和泰肯斯不知道洛伦兹的先驱工作，他们通过严密的数学分析，独立地发现了动力系统存在一类特别复杂的新型吸引子，说明与这种吸引子有关的运动是“浑沌的”（chaotic），描述了它的几何特征，并把它命名为奇怪吸引子。此后，判别是否存在奇怪吸引子，刻画这种吸引子的特征，成为耗散系统浑沌研究的基本课题。茹勒和泰肯斯为浑沌学词典贡献了为数不多的几个主要概念之一，发现了第一条通向浑沌的道路，为各个领域的浑沌探索者提供了思考线索和行动纲领，同时为他们自己在浑沌学发展史上争得一个显赫的地位。他们的工作表明，在浑沌探索中物理学家终于跟上了数学家的脚步，预示将有大批物理学家投身于浑沌探索事业。

70年代前后，来自数学、生物学等不同领域的许多学者，如古根海默（J.Guckenheimer）、斯梅尔、R. 梅等，考察过一维映射中的有趣动力学特性，为“非常漂亮的分叉现象”激动不已。生态学家，特别是种群生态学家，对建立浑沌学有特殊贡献。长期以来，生态学积累了大量有关种群演化的动力学材料，其中许多属于浑沌现象。他们特别发展了一种叫作逻辑斯蒂方程的数学模型。70年代以来，这个模型成为研究浑沌的相当理想的“麻雀”，对于建立浑沌学起了巨大作用。他们之中的出色代表者是R. 梅。他来自澳洲，原来做理论物理方面的研究，有跨学科研究的兴趣，从1971年起转向生物学。他用数值计算研究虫口模型，既看到规则的周期倍分叉现象，称之为有如“数学草丛中的一条蛇”；也看到不规则的“奇怪现象”，发现随机运动中又突然出现稳定的周期运动。他并不完全理解其中的机制，有时怀疑是计算机误差在作怪。但R. 梅确实被这些事实震惊了，他相信背后必定隐藏着未被认识的规律，积极向科学界传送他所感受到的冲击。

这个时期的另一项颇有价值的工作是发现了MSS（N.Metropolis，M.L.Stein，P.R.Stein）定理。这是一个有关单峰映射周期轨道的定理。三位作者把符号动力学引入浑沌研究，为根据计算结果和实验数据确认周期解以及周期轨道分类和排序提供了方便的工具。MSS定理的意义还在于它定性地发现了单峰映射分叉结构的普适性。MSS1973年的论文开创了尼丁理论（Kneading Theory，也称揉搓理论），在浑沌研究中有重要意义，MSS提出的谐周期和反谐周期的周期轨道排序法已被发展。

1975年，正在美国马里兰大学攻读博士的华人李天岩和他的导师约克教授发表了一篇具有轰动效应的论文《周期三蕴涵浑沌》。文章写成于1973年，被《美国数学月刊》退稿后，便仍到了一边。次年5月，R. 梅在马里兰大学讲学时，提及逻辑斯蒂映射表现出来的奇异行为。李天岩和约克深受鼓舞，意识到他们的发现是当时物理学家正在寻找的东西，便把论文重新寄给数学月刊。这篇论文提出一个关于浑沌的数学定理，基本思想是约克受洛伦兹1963年的文章的启发而得到的，由李天岩给出了证明。这就是著名的李—约克定理。定理描述了浑沌的数学特征，为日后一系列研究开辟了方向。由于多少有些偶然的原因，约克把埋藏了十年之久的洛伦兹的文章发掘出来，介绍给数学和物理学界，引起很大反响，对浑沌淘金热的到来是一个很大的推动。作为对约克的肯定，浑沌理论界有“约克重新发现洛伦兹”的美谈。李天岩与约克的最大贡献，也许是在动力学研究中引入浑沌（chaos）这个词，为这一新兴领域制定了它的中心概念，树起一面能把不同学科的浑沌探索统一起来的旗帜。这也是形成浑沌学必须走出的一步。当然，两位学者在当时并未明确而全面地理解浑沌概念的深刻含义，较多地强调的是表观上的混乱性。李天岩尤其如此，十多年后他还多次强调那篇文章的意思是“周期三则乱七八糟”。约克的理解要深刻一些，他坚信浑沌一词能够代表这一研究领域的基本精神。约克后来仍致力于这方面的工作，这使他成为创立浑沌学的少数知名学者之一。总之，无论当初论文的作者使用 chaos 一词是如何想的，chaos 在科学文献中的这次正式引入客观上起到了极妙的作用。

R. 梅促成李—约克定理问世，李—约克定理又使 R. 梅深受震动，帮助他理解了自己早已在逻辑斯蒂方程中发现的奇异现象。R. 梅意识到，他的发现不是生态学的特殊现象，而是挂着生态系统特殊牌号的浑沌。R. 梅认为是时候了，应当撇开各个具体领域的特殊性，对有关工作进行总结，阐明这样一个基本思想：简单的确定性非线性差分方程，可以产生出从平衡态到周期态再到浑沌态的整个动力学行为谱系。由此产生 R. 梅 1976 年发表在《自然》上的那篇有广泛影响的综述文章，题目是《具有复杂动力学过程的简单数学模型》。文章以单峰映射为对象，重点讨论了逻辑斯蒂方程（2.5）。文章把参数轴划分为周期区和浑沌区，系统地分析了方程（2.5）的动力学特征，考察了浑沌区的精细结构，依据当时的计算机能力绘制了一张分叉轮廓图，汇集了敏感函数、周期窗口、树枝分叉、切分叉、基本动力学单元、不动点谐波等浑沌学词汇，提出了有关的实际问题，在促进不同领域浑沌探索连成一体方面发挥了很大作用，许多新来者是通过这篇文章走进浑沌王国的。

受这一派大好形势的影响，研究保守系统的法国天文学家埃农（M.Henon）也转向耗散系统。1976 年埃农通过对洛伦兹方程的简化，得到一个后来以他的名字命名的二维映射。埃农借助计算机实验研究这个模型，证明如此简单的平面映射也能像洛伦兹方程那样产生浑沌运动，发现奇怪吸引子。他依据数值计算绘制出这个吸引子，研究了它的复杂结构特征。确切地说，洛伦兹当年只是猜测到他的吸引子，并未直接观察到，当时的计算机绘图技术也难于完整地画出洛伦兹吸引子。埃农首次画出一个完整的吸引子（见图3.25），提出捕捉区等概念。这些工作使埃农在浑沌探索中占有重要位置。

在斯梅尔、茹勒、R. 梅、约克、埃农等人卓有成效地探索浑沌现象的同时，曼德勃罗也通过另一条独特的道路走向浑沌。在1967年发表的《英国的海岸线有多长？》一文中，分形思想已表述得相当明确。1973年他在法兰西学院讲学时，正式提出分形及分形几何的概念。1975、1977年相继出版了法文版《分形对象形、机遇和维数》和英文版《分形——形、机遇和维数》两部专著，1982年又出版英文专著《自然界的分形几何学》，奠定了分形研究的基础。洛伦兹、茹勒、R. 梅、约克、埃农等人多方面地揭示出浑沌运动在相空间的复杂图像，表明传统几何工具有局限性，必须创造新的几何工具。曼德勃罗的工作适时地满足了浑沌研究的需要，给浑沌探索者们描绘种种不规则的、无限盘旋曲折的相轨道以理想的武器，强有力地推动浑沌研究走向高潮。当然，分形几何学不限于在浑沌探索中的应用。从某种意义上说，分形学在未来科学技术发展中的作用也许比浑沌学更重要些。仅就目前的情况看，曼德勃罗已确定无疑地被写入建立浑沌学的功臣榜了。1985年他还获得巴纳德（Barnard）奖章，爱因斯坦、费米、玻尔、布拉格父子都获得过此奖。

从70年代中期开始，实验物理学家也加入建立浑沌学的队伍。首先是研究流体的实验家们，他们有流体相变研究的功底，熟知用实验手段证实朗道湍流理论的困难，容易接受新的思想。受茹勒和泰肯斯的新观点的启示，加上浑沌学家在理论和数值实验中取得的重大进展的激励，实验家们一改冷眼旁观的态度，决心从实验中发现浑沌。1974年阿勒斯（Ahlers）在低温下观察了液氦的失稳过程，同年郭勒卜（J.P.Gollub）和斯文尼（H.L.Swinny）在实验中间接证明奇怪吸引子是流体流动中随机性的来源。其后不久，斯文尼、郭勒卜和利布沙伯（A.Libchaber）等人也先后转向实验观察浑沌的研究工作。70年代报告的实验结果尽管粗糙，但已初步证实浑沌是客观存在的事实，而不只是一堆有趣的数学现象，其意义是重大的。还应当提及美国加州大学圣克鲁兹分校年轻的物理学家斯特森·肖（R.S.Shaw）、帕卡德（N.Packard）、法默（J.Farmer）和克拉奇菲尔德

（J.P.Crutchfield），他们用水龙头流水进行实验，独立地开展了浑沌研究。他们的贡献是：提供了浑沌客观性的又一实验例证，创造了一种从实验数据中重构奇怪吸引子的技术，将浑沌与信息联系起来，从信息观点对浑沌机制提出了一种理论解释。

爱因斯坦独领相对论的风骚，玻尔和海森堡雄居量子力学盟主之位。浑沌学则是群星灿烂，没有产生出爱因斯坦和玻尔那样的代表人物。但在众多的拓荒者中，起步较晚的米切尔·费根鲍姆（Mitchell J.Feigenbaum）要更突出一些。这位美国物理学家才华横溢，兴趣广泛，对粒子物理、量子场论、临界态理论以及相关的数学工具都有很好的了解。他不大在乎科研课题是否容易获得报答，却热衷于思考当时一般物理学家不感兴趣的问题。有两方面的因素促使费根鲍姆走上探索浑沌的道路。[107]一方面是70年代初以来许多学者通过迭代过程发现倍周期分叉导致浑沌的研究成果，引起费根鲍姆的极大兴趣，浑沌行为难以捉摸的特点与他喜欢思考的怪问题十分合拍。另一方面是奇怪吸引子等新发现，促使他思考两个问题：确定性系统是怎样表现出难以捉摸的统计性质的？这些统计性质能否算出来？动力系统的数学理论给费根鲍姆以理论勇气和方法工具，他决心加入日趋热闹的浑沌淘金潮流。在历时数年的长时间中，费根鲍姆以少有的韧性埋头于函数迭代这种枯燥乏味的操作中，一次又一次地计算，这样那样地拼凑组合，终于发现了R. 梅等人曾经遇到但未抓住的倍周期分叉过程中的几何收敛性。费根鲍姆把相变临界态理论中的普适性、标度性、重正化群方法引入浑沌研究，计算出几个新的普适常数，建立了关于一维映射浑沌现象的普适理论，把浑沌研究从定性描述推进到定量描述，使浑沌理论具备了作为现代科学一个分支的资格，从而也使他自己在同行中获得殊荣。

在保守系统方面，60年代初就有人致力于阐述KAM定理的深刻含义。1964年法国天文学家埃农和他的荷兰学生海尔斯（C.Heiles）研究了有两个自由度的哈密顿系统：

$$H=\frac{1}{2}(p_1^2+p_2^2+q_1^2+q_2^2)+q_1q_2^2-\frac{1}{3}q_1^3 \tag{2.8}$$

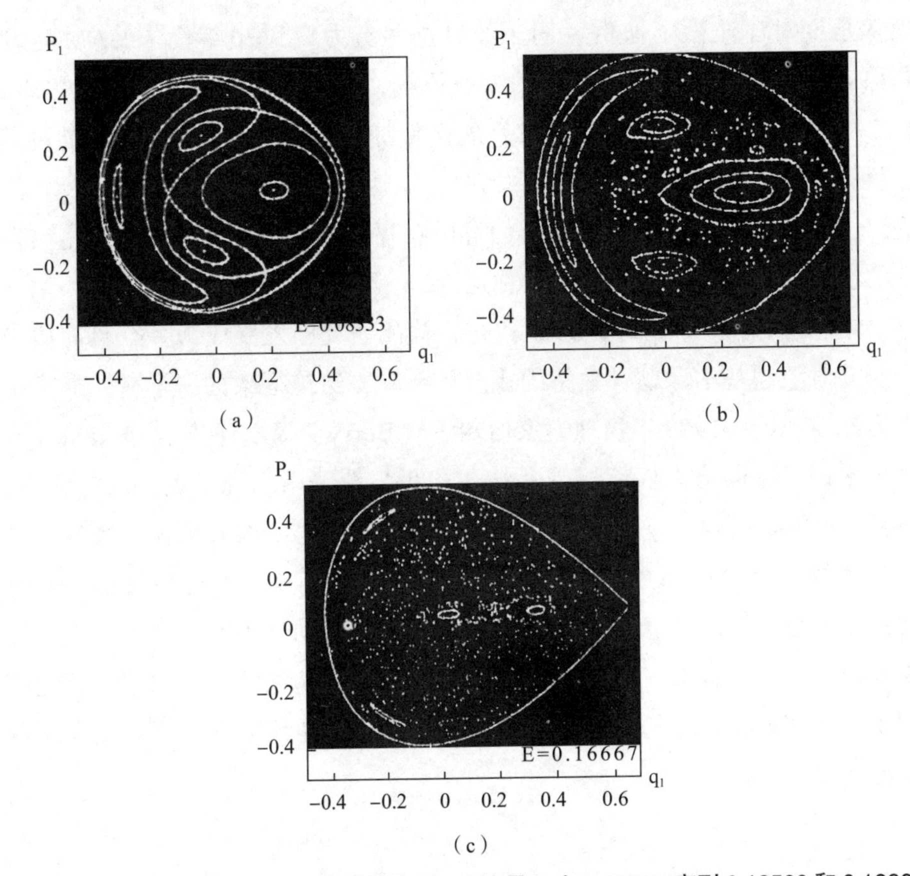

图2.2 埃农、海尔斯1964年的计算结果，当能量E由0.08333变到0.12500和0.16667时，KAM环面逐步破坏，规则运动变为浑沌运动

并采用了数值计算方法。由于受传统观点的影响，起先在他们的计算范围内只发现周期轨道，他们也相信所有轨道都有类似的规则性。但当逐步提高系统的能级时，他们发现了意想不到的复杂运动图像。如图2.2。埃农和海尔斯感到无法理解这种图像的数学实质，但他们从彭加勒著作的某些拓扑学思想中受到启发，深信这是动力系统的一类尚未认识的复杂行为。他们以数值实验为基础描绘了这种运动图像的深层结构，为物理学界消化KAM定理积累了宝贵的资料。若干年之后，物理学家沃尔克（G.H.Waiker）和约瑟夫·福特（1969）、福特和朗斯福特（G.H.Lunsford）（1970）、朗斯福特和福特（1974）通过数值实验获得有关保守系统浑沌运动图像的大量形象化材料。阿诺德和莫泽进一步推进对浑沌的数学分析（1973）。福特于1973年、怀特曼（K.J.Whiteman）于1977年从物理学角度对浑沌做了通俗说明。经过这些努力，到70年代末KAM定理和保守系统的浑沌日渐为更多的人所了解，并汇入浑沌研究的洪流之中。1977年福特和卡萨蒂（G.Casati）在意大利科莫举行一次浑沌方面的科学会议，推进了浑沌研究的开展。之后，福特一直作为浑沌研究的鼓动者，提出了许多深刻见解，深受同行们尊敬。福特谦逊的为人和风趣而富启发性的演讲一直为浑沌探索者们所称道。

这样，到70年代末、80年代初，浑沌研究已发展成为一个具有明确的研究对象和基本课题、独特的概念体系和方法论框架的新学科，通常称之为浑沌理论。1983年物理学家伯瑞（M.Berry）提出浑沌学（chaology）这个术语，逐渐为人们所接受。80年代世界范围内出现了更大的浑沌热。《科学美国人》《科学》《新科学家》《自然》等杂志纷纷介绍浑沌理论，专业学术刊物也大量刊登浑沌研究论文。到1991年夏，浑沌研究仍然热火朝天。如今，浑沌概念与分形、孤立子、元胞自动机等概念并行，成为探索复杂性的重要范畴，极富启发意义，可以说这一领域硕果累累。浑沌探索正未有穷期，未来的发展态势无法预测——浑沌研究本身或许也是某种浑沌运动吧。

第3章　浑沌学大意

浑沌是振奋人心的，因为它开启了简化复杂现象的可能性。浑沌是令人忧虑的，因为它导致对科学的传统建模程序的新怀疑。浑沌是迷人的，因为它体现了数学、科学及技术的相互作用。但浑沌首先是美的。这并非偶然，而是数学美可以看得见的证据；这种美曾被局限于数学界的视野之内，由于浑沌，它正在渗透于人类感觉的日常世界中。

——I. 斯特瓦尔特

浑沌学虽然诞生不久，但内容已相当丰富多彩，“这门新科学产生了自己的语言，亦即分形和分叉，阵发和周期，叠毛巾微分同胚和光滑面条映射等等高雅的行话。”〔30P5〕另一方面，尽管有关浑沌学的著述已多得惊人，作为一门科学至今仍未定型，概念还很不统一，没有建立起一个令科学共同体较为满意的叙述框架。再加上数学工具的艰深，物理思想的新奇，要以严格、系统而又易于接受的方式介绍浑沌学基本内容是困难的。

在本章中，我们不追求数学表述的严格性和理论体系的完整性，而以社会科学工作者能够大体看懂为原则，简单介绍这门学科的基本概念和原理。为了兼顾其他读者的需要，适当介绍一些较为精确的内容（对于那些较为专门的东西，读者可以跳过去不读）。

§3.1　动力学系统

浑沌学研究的是动力学系统中一类复杂的非平庸行为（性态），叫作浑沌运动。所谓动力学系统，或称动态系统，指的是状态随时间而改变的系统。现实世界存在各种动力学过程。天体运行，海陆迁移，气象变化，江河奔流，化学反应，生物种群盛衰，疾病流行，机器运转，导弹飞行，市场波动，科学发展，政治动荡，甚至学生解题过程，都是动态的。一切随时间而演变的现象，都是动态系统。

给定一个动力学系统，如果它的后一刻状态取决于前一刻状态，未来的行为取决于现在的行为，彼此之间的关系是确定的，便称之为确定性系统；反之，称为不确定性系统。地球绕日旋转，导弹沿设计的弹道飞行，是确定性系统。投掷硬币，布朗粒子无规行走，是不确定性系统。存在两类基本的不确定性，一种是随机性，另一种是模糊性。目前的动力学研究尚未涉及模糊性现象，所谓不确定性系统指的是随机系统，即前一刻状态与后一刻状态之间的关系有随机性，现在与未来之间仅在统计意义上具有因果联系。

动力学撇开具体过程的特殊起源、性质和环境，把系统抽象为某种数学方程来描述。通常认为时间 t 是连续变化的。状态随时间连续改变的系统，称为连续系统，用连续数学方程描述。重要的物理过程大多用微分方程描述，生物学过程、经济学过程也越来越多地用微分方程来描述。比较简单的是常微分方程，可以刻画相互耦合的具有有限个自由度的时间演化过程。目前浑沌学研究的主要是用常微分方程刻画的动力学系统。过去人们公认，动力学系统的随机性通过三种方式表现出来：方程中包含随机作用项、随机系数、随机初始条件（初值）。浑沌学至少目前还不大研究这类系统。运动方程中既无随机作用项，又无随机系数，初值也是确定的，由这类运动方程描述的是确定性系统。浑沌学研究的主要是这类对象。

确定性连续动力学系统的浑沌研究，已经找到许多适当的方程，如上章提到的杜芬方程（2.3）和范德波方程（2.4）。最著名的是洛伦兹1963年发现浑沌时研究过的方程组：

$$\frac{dx}{dt} = -\sigma(x-y)$$
$$\frac{dy}{dt} = rx - y - xz$$
$$\frac{dz}{dt} = xy - bz \qquad (3.1)$$

其中 σ 为普朗德尔（ Prandtl）数，r 为瑞利（Rayleigh）数，b 无直接物理意义。（3.1）称为洛伦兹方程。

最简单的也许是若斯勒（O.Rössler）方程〔71P235〕：

$$\frac{dx}{dt}=-(y+z)$$
$$\frac{dy}{dt}=x+ay$$
$$\frac{dz}{dt}=b+xz-cz \tag{3.2}$$

此方程的特点是只有最后一个方程中含有非线性项。

当各种事件和结果仅在离散时间上（如按天、月或年）出现或被我们观察时，需要引进离散时间概念。在天文学中，如果只考察近点（非近点一般难以考察），天体的状态可以按年来描述。研究人口演化时，比较方便的办法是逐年而非连续地计算人口。对于国民经济的发展，一般地按年国民生产总值等指标来考察。用计算机处理数据，按离散的时间间隔采样，就把连续过程化为离散过程。从某个时刻开始，随着固定时刻1、2、3、……，按照确定的规则把某一时刻的变量值与相邻时刻的变量值联系起来所得到的方程，叫作差分方程，是描述离散动力学系统的数学工具。最著名的例子是上章提到的逻辑斯蒂方程（2.5）。经过适当的变量替换，这个方程可以表示为：

$$x_{n+1}=1-\lambda x_n^2 \tag{3.3}$$

n 为离散时间变量，λ 记控制参数。（3.3）式表明，n 时刻的系统状态 x_n 完全决定了（n+1）时刻的状态 x_n+_1，因而是确定性系统。这个方程有广泛用途，最典型的例子是用它描述没有世代交叠的种群演化，知道第 n 代种群数，即可精确预见第（n+1）代的种群数。最近20年的研究才发现，这个形式极为简单的动力学系统具有异常丰富的动力学特性，迄今已发表了数百篇研究论文，但仍未完全搞清楚它。

另一类简单系统是圆圆映射：

$$\theta_{n+1}=\theta_n+A-B\sin(2\pi\theta_n) \quad \text{mod}(1) \tag{3.4}$$

θ代表单位圆上的角度，转一整圈的角度记为1，超过1时去掉整数只留小数。这叫作以1为模，记作 mod（1）。（3.4）可以模拟两个耦合非线性振子的许多复杂行为，可观察到锁相、分叉及浑沌现象。

（3.3）和（3.4）均属于一维非线性迭代（一阶差分方程）系统。一维迭代的一般形式为：

$$x_{n+1}=F(\lambda,x_n) \tag{3.5}$$

F记非线性函数，λ记参数。这类模型还可以模拟经济或社会系统，如用来描述由多种经济量产生的时间序列。若用x记单位时间间隔（采样间隔）内大脑记住的信息比特数，则可用（3.5）模拟学习过程的动态演化特性。

描述二维离散系统的著名方程有埃农1976年提出的模型：

$$\begin{aligned} x_{n+1}&=1-ax_n^2+y_n \\ y_{n+1}&=bx_n \end{aligned} \tag{3.6}$$

其中$b\neq 0$ [$b=0$时退化为一维迭代（3.3）]。

动力学系统按变量之间的关系，划分为线性的与非线性的两类。线性系统最基本的特点是具有叠加性，如图3.1所示。对系统施加一个作用u，系统会作出相应的响应（行为）y，u与y之间有一定的因果联系。以S记系统，以u_1、u_2记两个不同的输入作用，y_1、y_2分别记它们所引起的响应行为。如果系统具有如下特性：

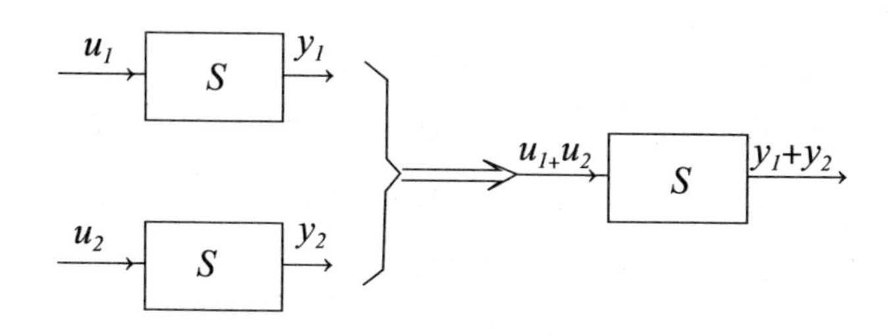

图3.1 线性系统的叠加性

即两个输入作用之和引起的行为响应等于它们分别引起的行为响应之和，则称这种特性为叠加性，称 S 为线性系统。不具有叠加性的系统是非线性系统。线性系统不可能出现浑沌，浑沌是非线性系统的通有行为（generic behaviour），但也并非任何非线性都导致浑沌。浑沌学研究的是确定性非线性系统，前面提到的方程都属于这一类。注意，分段线性的系统总体上不属于线性系统，如帐篷映射，可能出现浑沌。

在前述各种方程中出现的变量，称为系统的状态变量。洛伦兹系统、若斯勒系统各有三个状态变量，埃农映射有两个状态变量，一维映射只有一个状态变量。以状态变量为坐标张成的空间，称为系统的状态空间，或称相空间。系统的状态在相空间中用一个相点表示，也就是用状态变量的一组数（坐标）表示。实际系统的状态可能只限于相空间的某个特定区域。洛伦兹系统的相空间是三维的；埃农系统的相空间是二维的，即相平面；逻辑斯蒂系统的相空间是一维的，即实数轴 x。它们都有直观意义。复杂系统可能有四维以上的相空间，没有直观意义。动态系统是状态随时间而改变的系统，运动方程的解代表系统的一种演化行为，对应于相空间中的一条曲线，称为相轨道或相轨迹。连续系统的轨道是相空间的连续曲线，有时又称之为流（flow）；离散系统的轨道是由相空间中离散的点组成的序列。

运动方程中以系数形式出现的常数，称为系统的控制参数。以参数为轴张成的空间，称为控制空间或参数空间。参数的不同取值对系统的动态特性有很大影响。控制参数的连续变化，在某些关节点上可能引起系统结构和行为的定性改变。浑沌动力学经常在参数空间中考察系统的演化。为了同时反映出参数和初始条件对动力学特性的影响，浑沌学也在由状态空间和参数空间构成的乘积空间中进行考察。

在本章中，我们主要以一维映射（3.5），特别是差分方程（3.3）为背景，介绍浑沌学的基本思想和概念。这样做有两方面的原因，一是这些方程简单，处理它们所用数学方法是初等的；二是它们的动力学内容极其丰富，浑沌的许多基本特征都可以通过这些简单系统揭示出来。当某些内容不能从一维映射中得到充分说明时，再考虑某些二维或三维的系统。

§3.2 分叉

分叉（bifurcation）是有序演化理论的基本概念，但分叉序列的存在又往往是出现浑沌的先兆。在浑沌学词典中，最早提到的往往是分叉。

首先介绍几个动力学概念。动态系统的可能状态分为两类：一类是暂态或过渡态，代表系统在某一时刻到达又旋即离开的状态，即可以到达但不能保持的状态；另一类是定态（steady state），代表系统可以到达，并且在到达后若无外部扰动便不再离开的状态。定态又分两类，受到扰动后就不再能够保持的是不稳定定态，在小扰动消除后能够自动恢复如初的是稳定定态。稳定定态代表动态过程的长期动向（系统最终呈什么样子），是动力学最关心的问题。

最简单的定态是平衡态，在数学上平衡态就是运动方程或映射的不动点（fixed point）。就方程（3.5）而言，满足条件

$$x^{*}=F(\lambda, x^{*}) \tag{3.7}$$

的点 x^*，称为（3.5）的不动点，（3.7）称为不动点方程。另一种定态是周期态，指按一定规则周而复始地变化的状态序列。设状态空间中有 p 个点 x_1，…，x_p，满足

$$\begin{aligned}&x_2=f(x_1),\ x_3=f(x_2),\ \dots\\&x_p=f(x_{p-1}),\ x_1=f(x_p)\end{aligned} \tag{3.8}$$

则称这 p 个点中任一点 x_i 为 $f(x)$ 的一个周期 p 点，称点列（x_1，…，x_p）为 $f(x)$ 的一个 p 点周期轨道。相空间中的点几乎都是非定态点，定态点是极少数，构成相空间的一个低维集合。如果某种激励作用使系统处于某个非定态点 x_0，那么，激励作用消除后这个初始状态 x_0 将形成对系统的一种扰动，叫作初值扰动，它驱使系统处于动态的过渡过程中，一直到系统趋达某个稳定定态时，过渡过程方告结束。

现在讨论分叉概念。在系统演化过程中的某些关节点上，系统的定态行为可能发生定性性质的突然改变，原来的稳定定态变为不稳定定态．同

时出现新的定态，这种现象就叫作分叉。从数学上讲，分叉意味着运动方程解的性质发生重大变化，原来的解不再稳定，出现了新的稳定解。发生分叉现象的关节点叫作分叉点。分叉是由运动方程中参数变化造成的，分叉点是参数空间的点，不是状态空间的点，分叉问题总是放在参数空间中讨论的。

我们考察逻辑斯蒂方程（2.5）的分叉现象。设 x 代表某种昆虫种群的虫口数（状态变量），考察它的演化行为。a 为控制参数，与种群增长率有关。方程的实际意义要求 x 在（0，1）内取值，区间 [0，1] 就是系统的相空间。参数 a 在（0，4）内取值，区间 [0，4] 是系统的参数空间。相应的不动点方程为

$$X = ax(1-x) \tag{3.9}$$

显然，存在两个不动点 $x_1^*=0$ 和 $x_2^*=1-1/a$，x_2^* 因 a 不同而不同。当 $0<a<1$ 时，x_1^* 稳定，x_2^* 不稳定。任取初值 $x_0 \in$（0，1）经过若干次迭代，系统趋于终态 $x=0$，意味着虫口系统灭种。在 $x-a$ 平面（即一维相空间与一维参数空间的乘积空间）上，这类定态点位于参数轴的0到1线段上（见图3.6）。$a_0=1$ 是一个临界点。只要 $a>1$，不动点 x_1^* 不再稳定，但 x_2^* 开始变为稳定解（实际上对 a 有限制，后面再讨论）。任取初值 $x_0 \in$（0，1），迭代后演化情况由图3.2所示。经过一系列过程态，系统越来越趋达稳定平衡态 $x_2^*=1-1/a$。若取 $a=2$，则平衡态为1/2；取 $a=2.4$，平衡态为0.5833。随着 a 值增大，稳定平衡值 x_2^* 也增大，但系统行为没有定性性质的变化，都保持在平衡态上。这一类定态点，如图3.6中区间（a_1，a_2）上方那段曲线所示。$a=a_1=3$ 是又一个临界点。$a>3$ 时，$x_2^*=1-1/a$ 也失去稳定性。只要初值稍微偏离平衡态，迭代结果就会永远离开该状态，经过一定的过渡过程而趋于一个稳定的两点周期运动 $\bar{x}_1$ 和 $\bar{x}_2$。图3.3是这个两点周期运动的图像，此时系统有周期2轨道，当然此时仍然有周期1轨道（即不动点），但已是不稳定的。若取 $a=3.15$，则稳定的两点周期点为 $\bar{x}_1=0.5334947$，$\bar{x}_2=0.7839657$。继续进行迭代计算，结果将是这两个数值交替出现：①

① 本节主要数值是在中国人民大学用IBM4381机计算的。

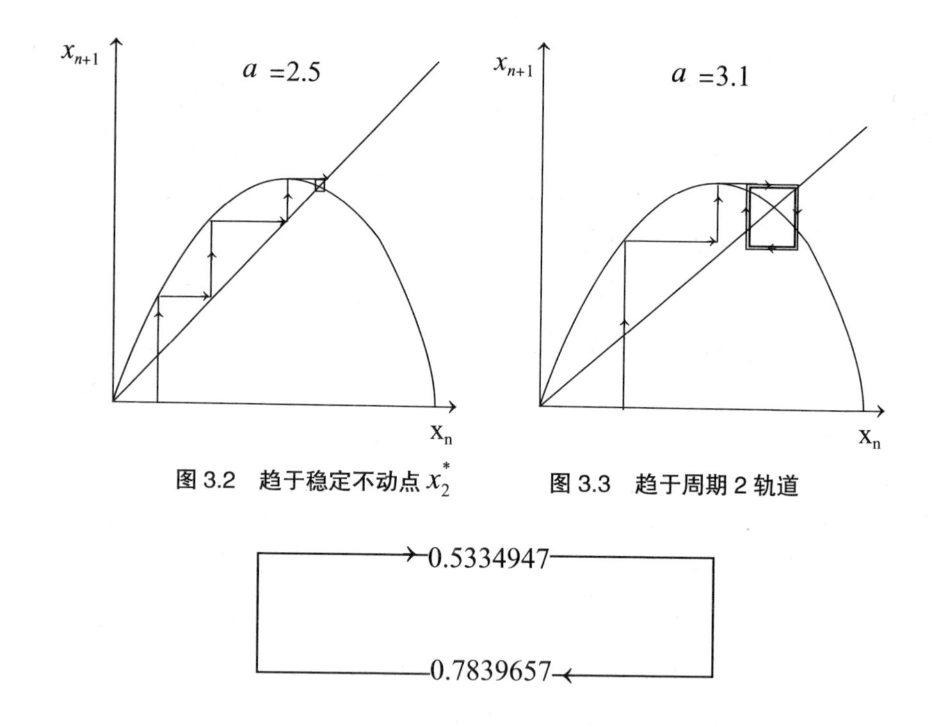

图 3.2 趋于稳定不动点 x_2^* 图 3.3 趋于周期 2 轨道

对于虫口系统，这意味着若今年虫口数为 $\bar{x}_1$，则明年的虫口数为 $\bar{x}_2$，大后年的虫口数又回到 $\bar{x}_2$，大后年的虫口数又回到 $\bar{x}_1$，周而复始。在 $a=3$ 处原来的一个稳定不动点变为稳定的两点周期，意味着系统在演化过程中发生了分叉，而且是周期加倍分叉。$a=a_1=3$ 是一个分叉点。图3.4给出了去掉暂态的状态量 x_n 相对于离散时间变量 n 的变化的两点周期运动，或称周期2运动。参数经过3时系统发生的分叉类似于树枝的二分叉现象。

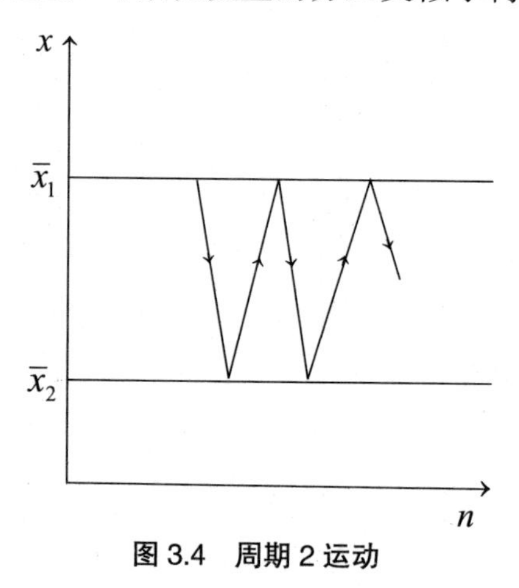

图 3.4 周期 2 运动

在$a>3$的一定范围内，不论a取什么值，对于（0，1）中几乎所有初值，系统的定态行为都是两点周期运动，不同的只是周期点的位置有一点点变化。① 这些周期点构成图3.6中由两支组成的叉形线。$a=a_2=1+\sqrt{6}$是第三个临界点，从这点开始，上述两点周期运动也变得不稳定了，但每一点都同时发生新的二分叉，

整个系统形成一个稳定的4点周期运动。取a=3.52计算，这个四点周期组成的稳定周期4轨道为

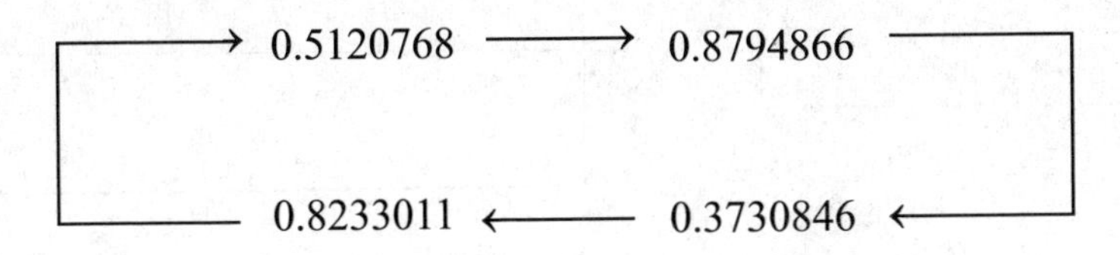

图3.5（a）给出了去掉暂态的4点周期运动的图像，图3.5（b）是状态变量相对于时间变量n给出的4点周期运动（已去掉暂态）。

随着a值进一步增大，稳定的4点周期运动继续保持一段。但在临界$a=a_3\approx 3.544$处4点周期也失稳，同时每一点都发生二分叉，形成一个稳定的8点周期。当a =3.55时，可得到如下稳定周期8轨道：

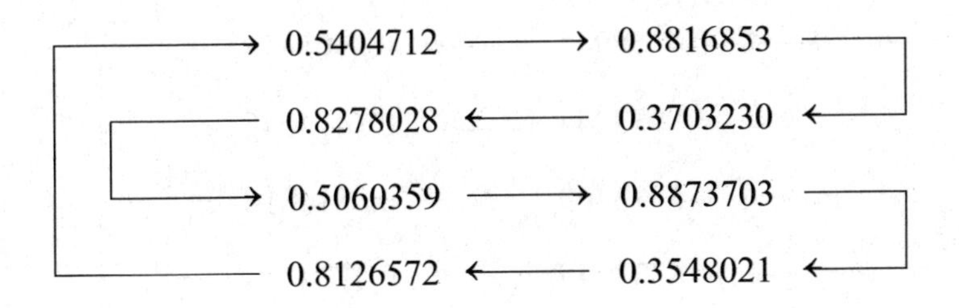

然后，在新的临界点$a=a_4\approx$ 3.564处分叉为稳定的16点周期。当a=3.565时，可得到如下稳定的周期16轨道（见下页）。

① 测度为零的初始值集合除外，因为当取$x_0=1-\dfrac{1}{a}$时，从数学上讲总有$x_n\equiv x_0$，此时系统的行为仍是1点周期（即不动点）。不过，这种初值特别少，可忽略。下同。

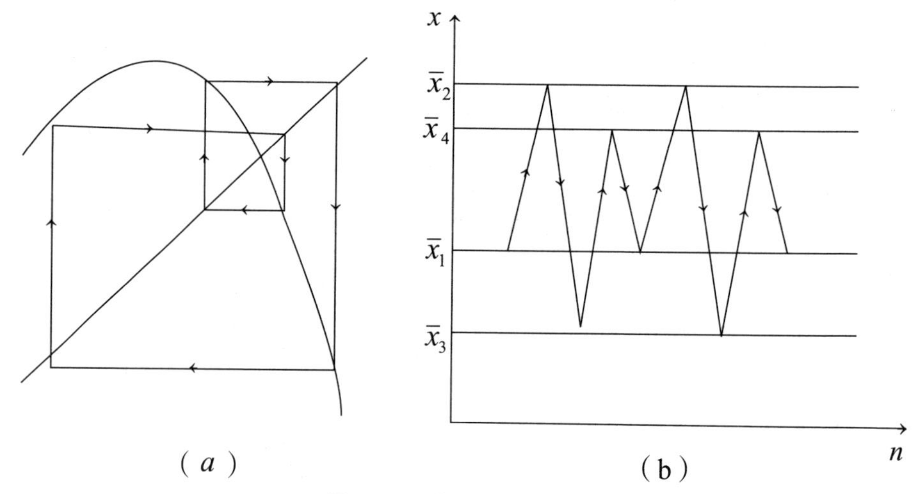

图 3.5 周期 4 轨道示意图

当 a 继续增大，在 $a=a_5$ 处系统分叉为32周期；在 $a=a_6$ 处分叉为64周期，等等。对于任一正整数 k，都有一个确定的临界点 a_k，当 a 稍稍大于 a_k 时，原来的 2^{k+1} 点周期失稳，分叉为稳定的 2^k 点周期。这种逐步二分叉模式形成一个分叉点序列（位于参数轴上）：

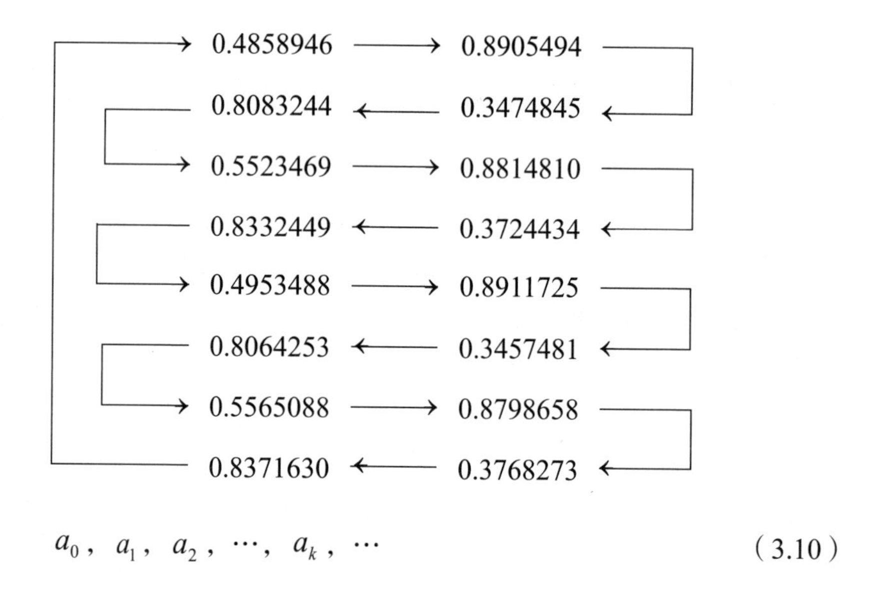

$$a_0,\ a_1,\ a_2,\ \cdots,\ a_k,\ \cdots \tag{3.10}$$

可以严格证明，当 $k \to \infty$ 时，序列（3.10）存在一个聚点 a_∞，

$$\lim_{k\to\infty} a_k = a_\infty \tag{3.11}$$

表3.1给出了这一分叉序列的一些重要数值，其中δ_n定义为

$$\delta_n = \frac{\lambda_k - \lambda_{k-1}}{\lambda_{k+1} - \lambda_k} \quad (3.12)$$

表3.1 逻辑斯蒂映射（方程）周期倍分叉情况[39,71]

k	分叉情况	分叉值 a_k	分叉值 λ_k	间距比 δ_n
0		1	0.75	
1	1分为2	3	1.25	4.233738270
2	2分为4	3.449489743	1.3680989394	4.551506949
3	4分为8	3.544090359	1.3940461566	4.645807493
4	8分为16	3.564407266	1.3996312389	4.663938185
5	16分为32	3.568759420	1.4008287424	4.668103672
6	32分为64	3.569691610	1.4010852713	4.668966942
7	64分为128	3.569891	1.401140214699	4.669147462
8	128分为256	3.569934	1.401151982029	4.669190003

表中a_k和λ_k是分别针对方程（2.5）和（3.3）计算的。第一个聚点值为

$$\lambda_\infty=1.401155\cdots 或 a_\infty=3.569945\cdots \quad (3.13)$$

综上所述，当参数a在区间（0，a_∞）内取值时，逻辑斯蒂系统（2.5）的定态，或者为平衡态，或者为周期态。若把平衡态看作特殊的1点周期态，则在区间（0，a_∞）内，（2.5）的定态都是周期运动。因此，区间（0，a_∞）称为系统（2.5）的周期区。在周期区内，随着参数值a从0增大至a_∞，系统将顺序出现一系列分叉现象．每次分叉都发生在确定的a值处，每次都是一分为二，周期加倍，以新的2^k点周期取代原来的2^{k-1}点周期。对于任一自然数k，都有确定的子区间（a_k，a_{k+1}）⊂（0，a_∞）存在，在该子区间上出现稳定的a_∞点周期运动。这种现象称为倍周期（period-doubling）分叉，或称周期倍化分叉。这就是1970年代使R.梅等一批学者激动不已的那种“非常漂亮的分叉现象”。图3.6给出了倍周期分叉序列的略图。

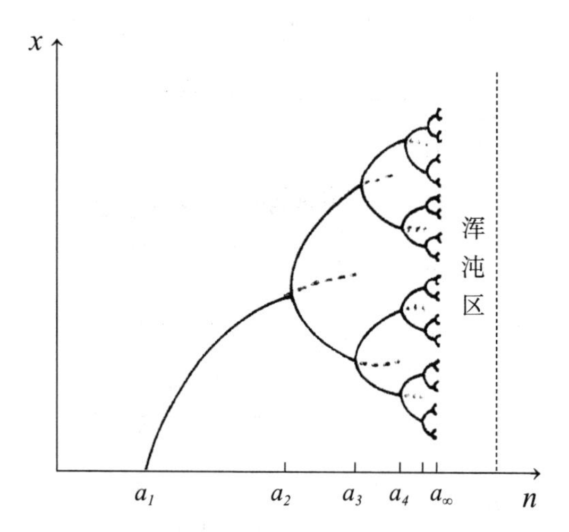

图 3.6　逻辑斯蒂方程倍周期分叉示意图（未按比例画）

除逻辑斯蒂方程外，在其他一维映射中也观察到周期区和倍周期分叉序列。当然，分叉未必都是无穷的，有些系统的倍周期分叉只能发生少数几次。一个例子是系统

$$x_{n+1} = b + 11.5x_n/(1 + x_n^2) \quad (3.14)$$

其中 $b \in (-5, 0)$，$x \in (0, 5)$。（3.14）系统的分叉情形如图3.7所示。

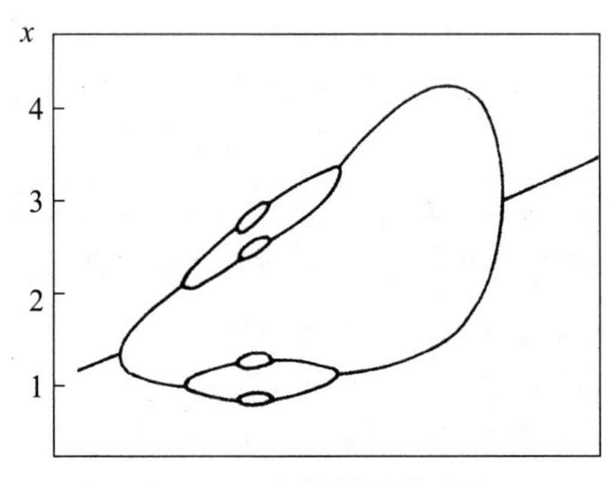

图 3.7　不完全的倍周期分叉

在较复杂的洛伦兹方程（3.1）中，也可以发现周期区和倍周期分叉序列，但分叉情形比较复杂。不同系统的周期区分布和分叉情形各有特点，不像逻辑斯蒂方程那样单纯明了。但共同的特点是分叉是一种阈值行

为，只要系统的非线性强到一定程度就可以出现分叉。凡可以发生浑沌的系统，总可以观察到分叉序列，而且分叉种类很多，除了上面讲的倍周期分叉外还有鞍结点分叉、霍普夫分叉、同宿分叉、跨临界和叉式分叉、弗利坡（Flip）分叉，等等。

§3.3 浑 沌

上节的分析表明，在周期区内，逻辑斯蒂系统的定态行为都呈现为一定的周期运动，规律简单，形象明确。对于确定的 a 值，任取初值 $x_0 \in (0, 1)$，系统未来的行为必定采取某种 a^k 点周期运动，一切都是可预言的。（严格说来，并非从任意初值 x_0 开始的运动都趋向于单个的 2^k 点周期循环，原则上同时存在 2^0，2^1，…，2^{k-1} 点周期轨道。但这些轨道都是不稳定的，且导致这些周期运动的初值集合的测度为0，故 2^k 周期为系统的通有行为。从物理学眼光看，不稳定周期难以观察，只能看到稳定的 2^k 周期运动。）即使我们不能绝对精确地测定初值，但只要能近似地给定初值，系统的真实运动轨道也就可以足够近似地把握。这种动态特性可以在经典理论框架内得到充分的描述。对于逻辑斯蒂系统而言，倍周期分叉情况更特殊，系统的定态行为几乎与初条件没有关系；从物理学角度看，定态行为与初条件根本没有关系，系统具有“等终极性”。这种系统的行为极容易预测。

浑沌学真正关心的是，当参数越过 a_∞ 时系统的行为有什么特点。浑沌学家们发现，一旦参数越过周期区，对于多数（不是全部）参数值来说，上述那种简单而分明的运动体制不复存在，系统呈现出一种极不规则的、复杂而奇异的行为方式，经典动力学无法作出描述。这就是浑沌运动，发生这种运动的参数区域，叫作系统的浑沌区。在参数轴上，导致规则运动的参数取值往往与导致浑沌运动的参数取值混在一起，难以精确区分。于是我们对于系统（2.5），笼统地把 $[a_\infty, 4]$ 称为系统的浑沌区。实际上在 $[a_\infty, 4]$ 内，导致浑沌行为（混合行为）、遍历行为和周期行为的参数值集合都有正的测度。

当参数 $a \in [a_\infty, 4]$ 时，系统的行为可以呈现出一系列奇异特征（当然也存在规则行为）。在周期区（$a \in [0, a_\infty]$ 时）内，当 $a \to a_\infty$ 时，周期 $P = 2^k \to 2^\infty$ 这表明当参数取 $a=a_\infty$ 时，系统将采取 $P = 2^\infty$ 的周期运动。但 $2^\infty=\infty$，周期为无穷大的运动等于是非周期运动，即在有限时间内任何状态都不会重复出现。[①] 当 $a= a_\infty$ 时，系统具有遍历行为，但没有混合行为，还称不上真正的浑沌。

若取初值 $x_0=0.5$，对系统

$$x_{n+1} = a_\infty x_n(1-x_n) \tag{3.15}$$

进行迭代，可以看到类似图3.8那样的非周期运动。分析表明，对于相空间（0，1）内几乎所有的初值 x_0，都将得到类似的非周期运动。方程（3.15）没有稳定的周期轨道，几乎所有的初值最终都被吸引到一条稳定而非周期的轨道上来。取 a =3.8，这时系统（2.5）是典型的浑沌系统，迭代情况如图3.9。洛伦兹1963年在方程（3.1）中看到的典型运动就是一种稳定而非周期的轨道，只不过那是三维运动，这里是一维运动。

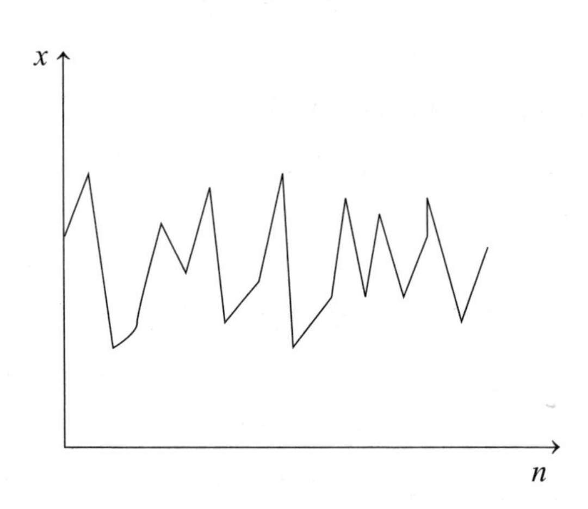

图 3.8　非周期运动示意图

① 从物理学角度看，情况稍有不同，此时系统时间序列中可以有个别数字相同但时间序列整体上仍然无规则，是非周期的。

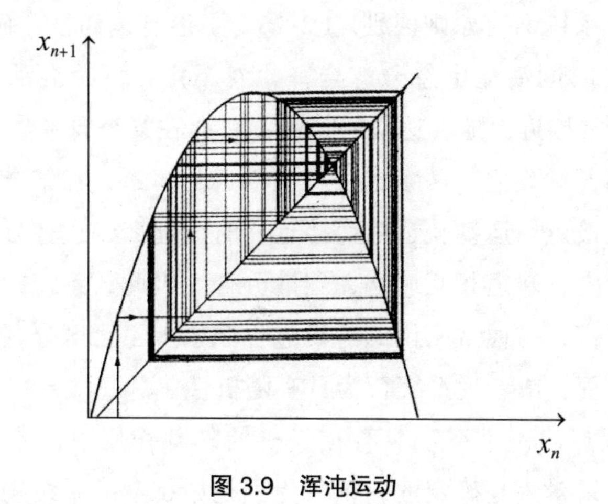

图 3.9　浑沌运动

按照经典动力学理论，确定性系统只有在受到非周期性外部激励时，才可能产生非周期的定态响应行为。只要没有非周期性外部作用，在受到初值扰动后，系统最终或者趋达平衡态，或者趋达周期态，或者发散而趋于无穷远。浑沌研究发现的上述现象否定了这一观点，证明确定性非线性系统在受到初值扰动，但不存在外部激励的情形下，自身也会产生稳定的非周期运动。它与上述分类中的哪一种都不同，浑沌运动是一种新型运动体制。浑沌这种非周期运动是确定性非线性系统固有的属性。在连续系统中，洛伦兹把它称为确定性非周期流，揭示了浑沌运动的一个本质特点。在某种意义上讲，浑沌是一种确定性非周期运动。但单纯用非周期性还不能完全刻画浑沌。

我们仍然讨论系统（2.5），取 a=4。继续用数值计算（迭代）方法考察系统

$$x_{n+1} = 4x_n(1-x_n) \tag{3.16}$$

任取 $x_0 \in$（0，1），迭代500次，为了甩掉过渡态，只把后200次的结果标在 x 轴上。只要动手试一试就会发现，进入平稳状态后 x_n 的占位完全没有周期性（当然从数学上分析知道，此时系统仍有无穷多个不稳定的周期轨道），与 $a=a_\infty$ 时的情形类似。（3.16）的定态（定态一词已推广了）行为也是一种确定性非周期运动。（3.16）与（3.15）类似，定态行为都具有遍历性，绝大多数点将以几乎相同的概率访问（游历）相空间的每个

区域。但两个系统又有原则区别。（3.16）不但有遍历性，而且有混合性，系统的状态在时间演化中忽分忽合，飘忽不定，一片混乱。假定两个初值 x_0 和 y_0 非常接近，随着迭代的延续，总存在某个自然数 n，使得 a_∞ 和 y_n 显著地分离开。反之，两条本来相离很远的轨道，在某个时刻，它们彼此又必然相互接近。运动轨道时而接近，时而远离，这种分合机会有无穷多，在相空间中，轨道相互缠绕，聚散分合。因此，系统的长期行为捉摸不定，无法预言，与通常所说的随机过程原则上不可区分，应当承认这也是一种随机过程，或者说系统行为具有随机性。

按传统观点，一个系统只有在随机的外部作用下，才能产生随机的响应行为；如果输入是确定的，仅仅受到初始扰动的系统响应行为必定也是确定性的。但上述讨论表明，即使像逻辑斯蒂方程（3.16）这样完全确定性的简单系统，在初值扰动下竟然会产生出与典型的随机系统无法区分的行为。它是确定性非线性系统内在固有的特征，因而被称为内在随机性（intrinsic stochasticity）、内秉随机性或自发随机性。这并非只是（3.16）系统特有的怪现象，而是洛伦兹方程、伊农映射、杜芬方程等都具有的现象，是确定性非线性系统的典型行为。浑沌是确定性（determinstic）非线性系统的内在随机性，这已是浑沌理论界的共识。

为在更严格的数学意义上理解浑沌的本质，给出浑沌的定义，需要先介绍著名的李—约克定理。

定理 令 I 记一区间，f 是 I 到自身的连续映射。设存在点 $a \in I$，对于点 $b=f(a)$，$c=f(b)=f^2(a)$，$d=f(c)=f^3(a)$，满足

$$d \leqslant a<b<c \text{（或 } d \geqslant a>b>c\text{）}$$

那么，

1）对于每个 $k=1, 2, \cdots$，区间 I 内存在一个周期为 k 的周期点；

2）存在一个不可数子集 $S \subset I$（不包含周期点），满足下列条件：

（A）对于每个 p，$q \in S$（$p \neq q$），

$$\lim_{n\to\infty} \sup \left| f^n(p) - f^n(q) \right| > 0 \tag{3.17}$$

$$\lim_{n\to\infty}\inf\left|f^n(p)-f^n(q)\right|=0 \tag{3.18}$$

（B）对于每个$p \in S$及周期点$q \in I$.

$$\lim_{n\to\infty}\sup\left|f^n(p)-f^n(q)\right|>0 \tag{3.19}$$

定理的第一部分说，如果系统存在一个周期3点，就一定存在任何正整数的周期点。用李天岩的话来说，只要有周期3，就乱七八遭什么周期都有。它实际上是沙可夫斯基定理的一个特例（参见第2章）。这里并未涉及浑沌现象。我们感兴趣的是定理的第二部分。后来的研究表明，结论（B）事实上已包含在（A）中，因而是多余的。我们只讨论（A）。定理的这一部分鲜明地刻画了浑沌的数学含义。对于集s中的任何初值x_0和y_0，考虑各自的迭代（演化）序列$x_n=f(x_{n-1})$和$y_n=f(y_{n-1})$。（3.1 7）表示这两个序列的上极限为一个非0正数，即在$n\to\infty$的过程中，x_n与y_n之间距离的上限是一个有限数。这意味着系统在演化的无穷过程中，两个迭代序列（两条轨道）的距离无数次地大于某个正数ε，即两条轨道无数次地相互远离。（3.18）表示两个序列的下极限为0，即在$n\to\infty$过程中，序列x_n与y_n之间将无数次地无限靠近。在同一系统中，从两个初始点引出的两条轨道时而无限靠近，时而相互远离，两种情形无数次地交替出现，表明系统的长期行为没有规则，飘忽不定，是一种随机现象。S是一个不可数集，能导致这种随机行为的初值有不可数无穷多，比有理数还多得多。因此，这种不规则行为不是可以忽略的例外现象，而是一类系统的通有行为。上述定理对浑沌运动提供了严格、精确而又生动的描述，是李天岩和约克独立于沙可夫斯基的贡献。

后来的研究还发现，由于李—约克定理用分析学的精确语言描述了一维映射浑沌现象的基本特征，可以引申来给浑沌下严格的数学定义。早在1976年，克罗登（P.K.Kloeden）等人基于定理关于上下极限的规定，给出浑沌的数学定义。后来又有若干作者加以改进。为便于有兴趣的读者深入地理解浑沌，这里介绍如下定义。

定义　令$f(x)$为区间I到自身的连续映射，如果满足下列条件：

（1）f的周期点的周期无上界；

（2）存在I的不可数子集S，满足

a. 对于任何x，y ∈ S，当$x \neq$ y时有

$$\lim_{n\to\infty}\sup\left|f^n(x)-f^n(y)\right|>0$$

b. 对于任何x，y ∈ S，有

$$\lim_{n\to\infty}\inf\left|f^n(x)-f^n(y)\right|=0$$

则称$f(x)$描述的系统为浑沌系统，S为f的浑沌集。

显然，这个定义是针对一维映射给出的。如何给出二维、三维或更高的浑沌定义，能否给出浑沌的一般意义上的数学定义，这都是浑沌研究的重大理论课题。

§3.4　对初值的敏感依赖性

从更深的层次看，浑沌运动的本质特征是系统长期行为对初值的敏感依赖性。所谓内在随机性，是系统行为敏感地依赖于初始条件所必然导致的结果。

众所周知，动力学系统的行为或运动轨道取决于两个因素：一个是系统的运行演化规律，在数学上就是动力学方程；另一个是系统现在的状态，数学上称为初始条件。一个确定性系统在给定了运动方程之后，如果满足温特纳（Wintner）和利普希茨（Lipschitz）条件，则根据“存在—唯一性”定理，轨道唯一地取决于初始条件，通过一个初值有且只有一条轨道。这就是系统行为或轨道对初值的依赖性。按照经典动力学观点，轨道对初值的依赖是不敏感的。就是说，从两个相邻近的初值引出的两条轨道始终相互接近，彼此在相空间偕游并行。设φ（x_0）代表从初值x_0出发的轨道，Δx记初值的一个小改变量，对应的轨道为φ（$x_0+\Delta x$），那么，

只要Δx足够小，两条轨道的偏离$|\varphi(x_0)-\varphi(x_0+\Delta x)|$也将足够小。这叫作初值的小改变引起轨道的小偏离。可以严格证明，一切线性系统对初值的依赖都是不敏感的，某些非线性系统也具有这种特性。长期以来，人们实际上默认一切确定性系统都是不敏感地依赖于初值的。

浑沌研究推翻了这一观点。处在浑沌状态的系统，运动轨道将敏感地依赖于初始条件。从两个极其邻近的初值出发的两条轨道，在短时期内似乎差距不大，但在足够长的时间以后（这里所说的短期与长期在不同系统中有不同尺度，彼此差别可能很大），必然呈现出显著的差异来。从长期行为看，初值的小改变在运动过程中不断被放大，导致轨道发生巨大偏差，以至在相空间中的距离可能要多远就有多远（当然不能超出相空间许可的尺度范围）。这就是系统长期行为对初值的敏感依赖性。

人类在实践中早就注意到这种现象，并且借助不同方式，包括文学语言加以表述。在中国，妇孺皆知的成语“差之毫厘，失之千里”，讲的就是这种对初值的敏感依赖性。在西方，控制论的创立者维纳引用过一首民谣对这种现象做了特别生动的描述：

丢失一个钉子，坏了一只蹄铁；
坏了一只蹄铁，折了一匹战马；
折了一匹战马，伤了一位骑士；
伤了一位骑士，输了一场战斗；
输了一场战斗，亡了一个帝国。

马蹄铁上掉了一个钉子本是一件微不足道的事，但经过逐级放大后，竟然导致整个帝国灭亡这种灾难性后果。我们在上章中提到，彭加勒生前已从科学哲学的角度论述了对初值的敏感依赖性。洛伦兹在研究天气预报问题时重新发现了这种现象，提出一个形象的比喻：巴西的一只蝴蝶扑腾几下翅膀，可能会改变三个月后美国得克萨斯州的气候。浑沌学文献戏称为“蝴蝶效应”[①]。对初值的敏感依赖性已成为科学共同体阐述浑沌机制的

① 关于“蝴蝶效应”的具体说法有许多种，含义大体相同。

重要原理。

浑沌学要求用精确的、定量化的语言刻画对初值的敏感依赖性。彭加勒的描述是定性的，很大程度上是哲学思辨式的。洛伦兹以大气系统为对象，用数值计算给这种特性以定量描述，但缺乏一般性。后来的学者发现，通过对逻辑斯蒂方程的数值计算，可以对敏感依赖性提供更简单易懂的描述。表3.2给出部分结果。表中的数值是针对方程（2.5）计算的。由表中看出，从两个极其邻近的初值 x_0=0.199999，x_0'=0.200000及 x_0''=0.200001出发，在迭代过程中差值逐步放大，到第50次迭代，差值已在整个区间（相空间）的尺度上显示出来了。这表明，初值的微小误差在浑沌系统中的确可以导致巨大的后果。

表3.2 逻辑斯蒂方程（2.5）当 a=4 时的迭代情况

迭代次数 n / 初始值	1	2	50	300
0.199999	0.639997	0.921603	0.001779	0.597519
0.200000	0.640000	0.921600	0.251742	0.987153
0.200001	0.640002	0.921597	0.421653	0.004008

我们知道，任何时候都不可能绝对精确地测定初值，实验给定的初值都是近似的，有一定的误差范围。不论这个范围多么小，差值 $|x_0-y_0|$ 不超出此范围的初值是很多的（甚至有无穷多）。但我们无法区分这样的 x_0 和 y_0，实际的迭代计算只能把这样的 x_0 和 y_0 当作同一初值。然而，只要迭代过程足够长，差值 $|x_n-y_n|$ 将逐步放大，直到在整个区间（相空间）的尺度上显示出来，然后差值又无规律地变化。同一迭代过程既可代表由 x_0 引出的轨道，也可代表由 y_0 引出的轨道，因而是不确定的。只要 n 足够大，这种不确定性将很显著，与随机过程没有原则的不同。对初值的敏感依赖性，导致系统长期行为的不确定性、随机性。

还可以从信息科学的观点来理解对初值的敏感依赖性。迭代过程的每一步都会产生放大误差的作用，造成信息损失。现代计算机的精度通常可达到 10^{-15}。对方程（3.16）作适当变换，可得到它的拓扑等价形式

$$y_{n+1}=2y_n\ (\text{mod}1) \tag{3.20}$$

此系统又等价于下述系统

$$x_{n+1}=\begin{cases}2x_n & 0<x_n<\dfrac{1}{2}\\ 2x_n-1 & \dfrac{1}{2}\leqslant x_n<1\end{cases} \tag{3.21}$$

（3.20）每迭代一次信息损失 $\log_2 2=1$ 比特（迭代计算取二进制小数表示法）。设计算机输入初始值有 10^{-15} 的精度，每次迭代按这个速率损失信息。那么，到 $n\approx 50$（由 $2^n\approx 10^{-15}$ 求得）时，初始信息就被完全损失了。$n>50$ 以后的迭代结果完全不反映初值，而是由迭代过程及计算机的构造等其他因素造成的。这将使确定性描述变得不再有任何意义。

相空间的点是一种数学抽象。实际测得的初始状态不是一个点，而是一个小区域。区域越小，意味着测量精度越高，不确定性越小，信息量越大。在浑沌系统的演化（迭代）过程中，这些小区域将逐步放大，意味着初始信息逐步损失，不确定性越来越大。当从不同的初值（小区域）出发的演化都被逐步放大到相空间的同一个区域（吸引子）上时，系统的运动就不再能区分不同的初值，即忘记了初值。于是一切预测能力都丧失了，过去与未来之间没有确定的联系了。这时系统的行为就表现为浑沌运动。

为了更清楚地阐明浑沌系统对初条件的敏感依赖性，我们采用一种纯粹数学的办法考察系统（3.20）。（3.20）的含义是，y_n 乘以 2 之后去掉整数部分；如果所有的数均用二进制小数表示，则（3.20）每迭代一次相当于把初值小数点向右移一位，同时去掉整数部分。很容易验证，当初值 $y_0=M/2^k$ 时（M 为任一常数，k 为正整数），迭代 k 次后，y 都变为 0。当初值 $y_0=13/28$ 时（特点是分母不能写成 2 的整幂的形式，但它仍为有理数），通过迭代知道，$y_1=13/14$，$y_2=6/7$，$y_3=5/7$，$y_4=3/7$，$y_5=6/7$，…，系统最终有如下循环：

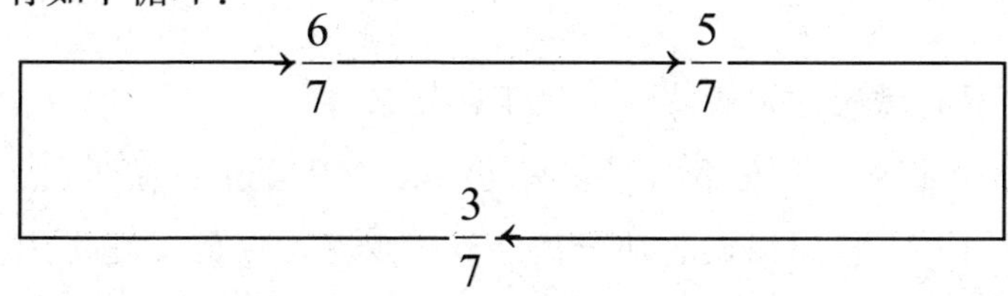

这时系统的运动是周期的。现在考虑与初值13/28非常接近的另一初值，看看会发生什么情况。

设 $y_0=13/28(1-1/8^{1000})$，显然这是一个与13/28十分接近的有理数。对 y_0进行如下变形：

$$y_0=\frac{13}{28}(1-\frac{1}{8^{1000}})=\frac{13}{4\times 7}\times(\frac{8^{1000}-1}{2^{3000}})=\frac{13}{2^{3002}}\times(8^{999}+\cdots+8+1)$$

可见 y_0与第一种情况的初值是一类，可以预测；当 $n\geqslant 3002$时，$y_n=0$。现在对 y_0再作稍许变化

$$y_0=\frac{13}{28}(1-\frac{1}{\sqrt{2}}\cdot\frac{1}{8^{1000}})$$

这是一个与上一初值十分靠近的无理数，它不能写成既约分数 p/q（p 与 q 互质）的形式。可以证明，以这样的初值进行迭代，无论迭代多少次 y 都不会趋于0，也不会趋于周期循环。

由上面考察可知，系统（3.20）对初值极为敏感。实际上所讨论的三个初值13/28、13/28（$1-1/8^{1000}$）及13/28（$1-1/\sqrt{2}\cdot 1/8^{1000}$）的前900多位小数完全一样，却导致完全不同的定态行为。另外还需强调，以上讨论没有采用计算机，没有引入任何误差。这一事实从一个侧面说明，随机性是浑沌系统的内秉性质，不是外部噪声引起的。

浑沌学要求对敏感依赖性作出严格的数学刻画。实际上，李—约克定理的第二部分已包含了这方面的思想。茹勒、古根海默等人从不同背景出发，对敏感依赖性提出不同的数学定义。这里介绍古根海默的表述（1979）。[33]

定义　设 $f(x)$ 是 $[-1,1]$ 上的连续映射。如果存在集合 $y\subset[-1,1]$（y 具有正的勒贝格测度）和实数 $\varepsilon>0$，使得对于每个 $x\in y$ 和 x 的每个邻域 U，存在一个 $y\in U$ 和 $n\geqslant 0$，使得

$$\left|f^n(x)-f^n(y)\right|>\varepsilon$$

则称 f 具有敏感性（敏感地依赖于初始条件）。

按照这个定义，不论邻域 U 多么小，在 U 中至少存在两点 x 和 y，在 f 的反复作用下，它们将显著地分离。这意味着在 f 的反复作用下，系统

的轨道将敏感地依赖于初值的选择。

我们知道，在有序演化过程中，系统行为在临界点附近会由于某些微小的原因而产生显著的后果。日常生活中也常碰到初条件的微小差别导致后果重大不同的现象。但不可将这类现象与浑沌系统的敏感依赖性混为一谈。在非浑沌系统中，这种临界点是个别的、孤立的或可数的，越过临界点，系统到达新的吸引域后，趋于新的稳定定态，不再有敏感依赖性。比如在国际象棋比赛中，每盘棋只有个别步骤着法是十分关键的。1963年比尔耐与费希尔在纽约有盘对局，到第14回合，比尔耐走了Rfl–dl，正确走法应为Ral–dl，表面上看只是动哪只“车”的问题，可是正因为这一点点初值上的差别，比尔耐就败下阵来；相反，如果他走了后一种着法，费希尔将难以应付。1991年2月25日马里奇与谢军在奥林匹克饭店的一次对局中，战到第37回合，形势对谢军不利，但马里奇用马去吃兵，而没有用后去吃，结果马里奇立即变得被动，最后输了。这里讲的敏感依赖性只发生在个别步骤中，与浑沌不同。浑沌系统的稳定定态是一种特殊的状态集合，轨道进入这个状态集合后，几乎在每一点处都指数分离，偏差不断被放大，处处都表现出敏感性，因而系统的定态行为不再是确定性的。在对局中，只有俗手才频频表现出敏感依赖性。

在此基础上还可以给出浑沌的另一种定义：

定义　设 N 为一集合。给定映射

$$f\colon N \to N$$

我们称 f 在 N 上是浑沌的，如果

（1）f 对初条件有敏感依赖性；

（2）f 是拓扑传递的，即状态在迭代下从一个任意小的邻域最终可以移动到其他任何邻域。也就是说，系统不能被分解为两个在 f 作用下互不影响的分系统（两个不变的开子集）；

（3）周期点在 N 中稠密。

此定义讲了三件事：不可预测性、不可分解性以及存在约束不规则运动的多种规则性。从定义中易知，浑沌不是简单的无序，而是一种包含了有序的无序。

§3.5 浑沌区的精细结构

上节仅在浑沌区的两个端点 $a=a_\infty$ 和 $a=4$ 仔细考察了系统的行为，虽为两种典型情形，毕竟还不足以了解在整个浑沌区内系统行为的全貌。应当对浑沌区的每个参数值进行迭代计算，并绘出系统定态行为的图像。为方便计，我们转而讨论（3.3）式的逻辑斯蒂映射。它的相空间为 [−1，1]，参数空间为 [0，2]。把区间 [0，2] 按 $\Delta\lambda=0.0075$ 划分为小段（约267段），对每个固定的 λ_i 值都以 $x_0=0.4$ 为初值迭代500次。为了排除过渡态，舍去前300次迭代结果，把后200次结果标在 x–λ 平面 [即方程（3.3）的一维相空间和一维参数空间所构成的乘积空间] 的同一条直线 $\lambda=\lambda_i$ 上。实际计算的 x_n 只落在该直线上的区间 [−1，1] 内。这样就得到图3.10所示的分叉—浑沌现象的全景图像。

图3.10的左半部分是（3.3）的周期区，相当于图3.6的倍周期分叉；右半部分是浑沌区，分界点为 $\lambda=\lambda_\infty$。从此图中显然可以看出，浑沌区并非毫无规则、一片混乱。相反，这里存在着复杂而精致的几何结构，表明与通常了解的外在随机性不同，浑沌包含有更多的内在规律性。

这至少表现在以下几方面。

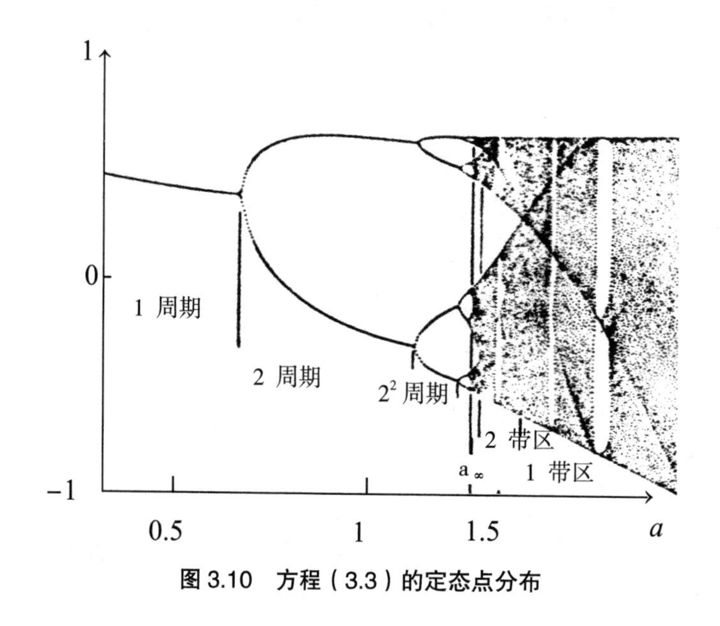

图3.10 方程（3.3）的定态点分布

1. 倒分叉

从参数空间的右端点$\lambda=2$向左，直到聚点$\lambda_\infty=1.40115\cdots$，存在一个反向的分叉序列。最右部分是一整片浑沌，数值计算的结果在略小于相空间[-1, 1]的整个区间内随机分布。当λ值减小到某个临界值时，一片浑沌分为两片浑沌，数值计算结果有规则地轮流落入每一个浑沌片内，若奇次结果在上片，则偶次结果便在下片，但在每一片内的占位是随机的。当λ值进一步减小到另一临界值时，每片浑沌区又发生二分叉，形成四片浑沌，数值结果交叉落入各个浑沌片，在每一片内的占位仍是随机的。在λ值的进一步减小过程中，浑沌片还会进一步二分叉，顺次出现8、16、32片浑沌，等等。一直到λ_∞点，分叉为2^∞片"浑沌"，实际上这时已不是浑沌了。为后面叙述方便计，不妨把只有一片浑沌的参数λ的范围称为1带区，把有两片浑沌的参数范围称为2带区，顺次还有4带区、8带区、…、2^n带区，等等。从图3.10中可以清楚地看到前四种不同的浑沌带。放大x和λ的尺度，还可以看出更多的浑沌带。这是一个与周期区分叉序列方向相反的、周期为2^n的浑沌带序列。就整个图形看，存在正反两个分叉序列，周期区为主分叉序列，浑沌区为倒分叉序列，分别从两个方向收敛于同一聚点λ_∞。如果从聚点λ_∞向右看，看到的是浑沌片由2^∞个逐步合二为一，最后成为单片浑沌的过程。应当注意，在浑沌区内，实际上有无穷多个不同的层次，每个层次都有自己的聚点，共有无穷多个聚点，每一个聚点两侧都有分叉和倒分叉收敛于聚点。

周期区内出现的各种2^n点周期轨道，都将延伸到λ_∞右边的浑沌区，由于它们在浑沌区内全部变为不稳定轨道，在数值计算和物理实验中实际上观察不到它们。也就是说，当参数在浑沌区内取值时，并非从任何初值出发的运动都是浑沌的（不算周期窗口），从某些初值出发的轨道可能是周期的，但不稳定，且这样的初值测度为0，因而浑沌运动是系统的通有行为（不算周期窗口区）。

2. 周期窗口

令初次接触浑沌现象的人激动不已的还在于，浑沌区内存在大量稳定的周期轨道。例如，在$\lambda=1.75$处，会出现稳定的3点周期轨道。实际上这并不限于$\lambda=1.75$这一点，而是以该点为左端点的一个并不太小的小区间，在图3.10中肉眼可清楚地看到。只要参数λ在这个小区间内取值，观察到的都是稳定的周期运动。浑沌区内的这种参数区间称为周期窗口。从λ=1.75开始的是周期3窗口，为浑沌区内最大的一个窗口。在它的左边还有周期5窗口，从图3.10中也可以看到，为第二宽的窗口。数学上已经证明，在1带区内由右至左主要存在按顺序排列的3、5、7、…等一切奇数窗口（一带区也有周期4、6等窗口）；2带区内主要周期窗口为2×3、2×5、2×7、…；在2^n带区内，主要周期窗口为$2^n\times3$、$2^n\times5$、$2^n\times7$、…。这些都可以从沙可夫斯基定理（2.7）中找到数学根据。

说到这里，可以对沙可夫斯基定理和李—约克定理做进一步的说明了。单峰映射最多只有一个稳定周期轨道。图3.10中所有由分叉现象产生的周期轨道，在它失稳后仍然作为系统的一种可能轨道向失稳点的右方（λ增大方向）延伸过来。从理论上讲，如果初值正好位于这些不稳定的周期轨道的某一个上面，原则上系统仍处于周期运动状态，只是由于它们不稳定而实际上看不到。在周期3窗口左边，除了3以外的一切可能的整数周期轨道都已出现，但都作为不稳定轨道延伸到周期3窗口中来。因此，有周期3，就有一切整数周期，这就是李—约克定理。在某一参数值λ处，只要出现了p点周期轨道，就一定有q点周期轨道（q排在沙氏序列中p的后面），只是它们都不稳定。例如，在周期区，只要有2^n周期，就一定有2^k（其中$k<n$）周期存在，但除2^n周期外其余都已失稳。这就是沙可夫斯基定理（值得注意的是该定理未涉及轨道的稳定性问题）。

3. 自相似层次嵌套结构

从图3.10还可以看到，不但浑沌区内有周期窗口，而且周期窗口内又分为周期区和浑沌区，窗口的浑沌区内又有更小的窗口，这些小窗口内又划分为周期区与浑沌区，等等。把图3.10中周期3窗口内三股中的任一股（即R. 梅所说的基本动力学单元）取出来放大，得到的是与整个图3.10完全相似的结构，包括倍周期分叉正序列和浑沌带倒分叉反序列。如果把图3.10的浑沌带称为一级的，则从周期窗口中任取一股放大后看到的是二级浑沌带。二级浑沌带中存在大量三级序列，其中最明显的又是一个“3点周期”[实际上是系统（3.3）的9点周期]。三级浑沌带中又存在大量四级序列。数学上可以证明，这种层次自相似嵌套结构是无穷的。只要迭代计算中精度足够高、n 取得足够大，就可以在足够多的层次上发现这种自相似层次嵌套结构。德瑞达（B.Derrida）等发现一个内部自相似定理（1978）：对于任一周期 p，一维映射（3.3）在其参数轴位置的右边存在一个区间，在这个区间内的结构与在整个参数区间内的结构相似，但其周期为后者的 p 倍（DGP 定理）。这个定理揭示出图 3.10 所显示的自相似几何特征的数学原因。

这种层次自相似嵌套结构与浑沌系统的内在随机性、对初值的敏感依赖性有本质的联系。研究浑沌的实质及发生机制，必须探讨这种几何特性。人类对这种自相似的奇妙性早有认识。所谓“袖里有乾坤，壶中有日月”，反映了古代诗人对自相似性的认识。

中国古代的工匠还把这种认识应用于工程实践，造出所谓套箱。斯威夫特（J.Swift）在 1773 年写的一首诗中，描绘了如下一幅生动的图像：

科学观察唯仔细，大蚤身上小蚤栖。
更有小蚤在其上，层层相咬无尽期。

人类长期实践中对自相似层次结构的大量认识，与现代浑沌现象、临界态现象的研究相结合，终于产生出一门新的学问——分形几何学，我们将在 3.8 节中介绍。

4. 周期轨道的排序

非线性动力学系统可能出现哪些周期轨道，出现的顺序如何，同样服从严格的规律性。对于逻辑斯蒂系统，任何以自然数为周期的轨道都可能出现，它们的出现顺序服从沙可夫斯基序列。上章提到的 MSS 定理证明，所有单峰映射的周期结构（包括周期数、循环方式）在参数轴上的排列具有相同的顺序。从图 3.10 可以看到，在周期区，按 2 的幂次从左向右顺序出现 2^k 周期，k 为自然数。在浑沌区，一定的周期序列分布于一定的浑沌带中。从 3 开始的一切奇数周期从右至左分布于 1 带区，一切 3×2、5×2、7×2、…周期从右至左分布于 2 带区，等等。MSS 定理告诉我们，对任意周期 p，在其右边从左至右按顺序有 $2p$、$4p$、$8p$、…、2^np、…倍周期序列，即周期窗口内因分叉产生的周期序列。

需要指出，逻辑斯蒂映射是最简单的浑沌系统，参数空间由单一的周期区和浑沌区组成，界限分明，规律简单。二维或高维系统、多参数系统的情形要复杂得多。如洛伦兹系统（3.1），状态空间是三维的，有3个参数。若固定两个参数，只让 r 值变化，它的分叉与浑沌运动的分布就相当复杂，表3.3给出了它的基本特点。

表 3.3　洛伦兹系统分叉与浑沌一览表

参数 r 的范围	解的性质
<1	趋向无对流定态
1 ~ 13.926（r_0）	趋向三个不动点之一
13.926 ~ 24.06（r_1）	存在无穷多个周期和浑沌轨线
24.06 ~ 29.74 （r_2）	出现一个奇怪吸引子，但仍有一对稳定不动点
24.74 ~ 148.4 99.526 ~ 100.79 145.9 ~ 148.4	浑沌区，其中 为一个内嵌的倍周期序列 为倍周期分叉序列
148.8 ~ 166.07	周期区
166.07~233.5 166.07 ~ 169 233.5 附近	浑沌区，其中 从周期到浑沌的阵发过渡 与 148.4 附近类似的分叉序列
233.5 ~ ∞	周期区，由 $r=\infty$ 往下的倍周期序列

§3.6　普适性与标度律

我们从图3.10中看到的那种复杂而漂亮的分叉结构和浑沌运动，本质上并非逻辑斯蒂映射或其他少数系统所独有的。浑沌研究的重大成果在于证明了，这里叙述的分叉和浑沌结构反映了非线性动力学系统的一种普遍存在的特性。这种普适性表现在三方面。

第一，同样的分叉和浑沌结构出现在一大类不同的非线性动力学系统中，称为结构普适性。例如，在逻辑斯蒂系统中发现的分叉与浑沌结构，是所谓单峰映射普遍具有的。

设f（λ，x）是区间I到自身的连续映射，如果f在I上有且仅有一个最大值$f_{max}=f(x_c)$)，且在最大值附近可以展开为

$$f(\lambda,x)=f_{\max}-a(x-x_c)^r+\cdots \tag{3.22}$$

f在I的其他部分分段光滑，则称f为单峰映射。最典型的是$r=2$的情形，称为具有2次极大值的单峰映射。

逻辑斯蒂方程是一种单峰映射。常见的单峰映射还有

$$g(\lambda,x)=\lambda\sin\pi x \tag{3.23}$$

$$h(\lambda,x)=x\exp[\lambda(1-x)] \tag{3.24}$$

后者是R. 梅研究过的另一类虫口模型。

单峰映射的许多定性性质与函数f（x）的具体形状无关，参数空间划分为周期区与浑沌区，周期轨道按沙可夫斯基序列排列，最多只有一个稳定周期（当参数固定时），存在浑沌带倒分叉序列与周期窗口，通过倍周期分叉进入浑沌，存在自相似层次嵌套结构，等等，都是单峰映射共同具有的结构特征。

MSS定理的作者们创造了一种研究周期轨道结构的方法。设单峰映射（3.22）的相空间为[–1，1]，峰值在$x=\bar{x}$处。以$\bar{x}$为参考点，任取初值$z\in[-1,1]$进行迭代，观察迭代结果落在$\bar{x}$的哪一边，在左边时记为L，在右边时记为R，正好落在$\bar{x}$点时记为C。于是，由任一初值出发的迭代过程都可以用只由L、R、C组成的字母序列（或拼写成的字）来表示，记作$k_\lambda(x)$。$k_\lambda(x)$与参数λ有关。MSS发现可以为这些字定义一种顺序，建立构造全部周期轨道的规则。

按MSS的意见，可以取一个能反映映射本质特征的固定初值x进行迭代，只考察序列对参数λ的依赖关系。为简化计，不妨取最大点$\bar{x}$进行迭代，使字母C不出现在序列中（开头、结尾不算）。这种序列$k_\lambda(\bar{x})$称为MSS序列。他们的讨论取$\bar{x}$=1/2，考察了方程（2.3）和（3.23）等四种具体的单峰映射。MSS证明，在值变化过程中，序列k_λ（1/2）只按一

定顺序出现。例如，取周期数 $k=5$，则5点周期只有三种，且只能按以下顺序出现：

$$\frac{1}{2}\to R\to L\to R\to R\to \frac{1}{2} \qquad \text{记作 } RLR^2$$

$$\frac{1}{2}\to R\to L\to L\to R\to \frac{1}{2} \qquad \text{记作 } RL^2R$$

$$\frac{1}{2}\to R\to L\to L\to L\to \frac{1}{2} \qquad \text{记作 } RL^3$$

更一般地说，对于一切周期 k，MSS 序列的出现顺序只取决于映射 $f(\lambda,x)$ 是否存在单峰，与 f 的具体形状 [决定于（3.22）式中的指数 r] 无关。MSS 把这种序列称为普适序列，记作 U 序列。它是单峰映射的一种结构普适性。MSS 序列之间还可以定义一种大小关系，据此可以对 MSS 序列进行排序，在参数轴上周期轨出现的顺序正好就是 MSS 序列由小到大的顺序。表3.4左边是 MSS 序列在7以内的全部周期，右边是郝柏林所做的说明。

MSS 序列为了解更精致的结构普适性提供了方便。上节提到的 DGP 定理，说的就是排列好的 U 序列集合具有的内部自相似性，序列的全体可以对应于它的一个子集。DGP 定理为我们在图3.10中看到的自相似性提供了理论基础。

第二，同样的定量特征也出现在一大类不同的非线性映射中，称为测度普适性。

细心的读者可能从表3.1最后一列的数据中猜测到，周期区内分叉序列中两个相邻分叉点的距离似乎按照一定的规则缩小。费根鲍姆发现，当 $n\to\infty$ 时，间距比 δ_n 存在极限

$$\lim_{n\to\infty}\delta_n=\lim_{n\to\infty}\frac{\lambda_n-\lambda_{n-1}}{\lambda_{n+1}-\lambda_n}=\delta \qquad (3.25)$$

表 3.4　周期 7 以内的 MSS 序列

顺序	周期	$K_\lambda(\bar{x})$	说明
1	2	R	唯一的 $2P$，2×2^n 序列的开始
2 3	4 6	RLR RLR^3	嵌在 2 带中的 $3P$，二级 $2\times 3\times 2^n$ 序列的开始
4 5	7 5	RLR^4 RLR^2	嵌在 1 带中的 $5P$，二级 $1\times 5\times 2^n$ 序列的开始
6 7	7 3	RLR^2LR RL	唯一的 $3P$，3×2^n 序列的开始
8 9	6 7	RL^2RL RL^2RRLR	
10 11	5 7	RL^2R RL^2R^3	嵌在 1 带中的 $5P$，另一个二级 $1\times 5\times 2^n$ 序列的开始
12 13	6 7	RL^2R^2 RL^2R^2L	
14 15	4 7	RL^2 RL^3RL	第二个，也是最后一个 $4P$，4×2^n 序列的开始
16 17	6 7	RL^3R RL^3R^2	
18 19	5 7	RL^3 RL^4R	最后一个 $5P$，5×2^n 序列的开始
20 21	6 7	RL^4 RL^5	最后一个 $6P$，6×2^n 序列的开始 最后一个 $7P$，7×2^n 序列的开始

注：其中 P 代表周期点。

极限值 δ 代表分叉序列的收敛速率，可能是一个普适常数，与映射的具体特性无关。当 $r=2$ 时，可以证明单峰映射（3.22）的收敛速率为

$$\delta=4.6692016091029909\cdots \tag{3.26}$$

有趣的是，浑沌区的倒分叉序列也以同样的速率 δ 收敛于 λ_∞。周期分叉与浑沌这两种截然不同的运动方式，无疑有某种内在的联系。

从纵坐标方向观察图3.10还会发现，倍周期分叉序列和浑沌带分叉序

列也具有层次自相似结构，同一种行为（分叉）在越来越小的尺度上重复出现。这也是一种普适性，服从同一标度律。每次出现一分为二之后，两个分支间的宽度按一定的比例缩小，缩小因子在 $n \to \infty$ 时有极限存在：

$$\alpha=2.502907875095892 8485\cdots \qquad (3.27)$$

α 称为标度变换因子。α 也与单峰映射的具体特性无关，代表另一种测度普适性。

除 δ、α 外，还发现了其他的普适常数，如分叉点附近的慢化指数，与功率谱有关的普适常数等。

需要指出，测度普适性的普适范围没有结构普适性的普适范围大，因为 δ、α 与（3.22）中幂次 r 有关，r 不同计算所得 δ、α 值也不同。（3.26）和（3.27）都是针对 $r=2$ 计算的。若取 $r=4$，则 $\alpha=7.284\cdots$；若 $r=8$，则 $\delta=10.048\cdots$。

在保守系统中也有测度普适性，与一维映射（3.22）对应的普适常数分别为

$$\delta=8.721097200\cdots$$

$$\alpha=-4.018076704\cdots$$

第三，相同的结构普适性和测度普适性，在同一映射的不同层次上都能发现，是一种与层次变换无关的特性，不妨称为自相似普适性。

上节针对图3.10说明的不同层次自相似结构，也与单峰映射的具体特征无关，为一大类不同映射所共有，普适常数也适用于不同层次。例如，在图3.10中，嵌在浑沌带中的2、3、…级分叉序列也以同样的速率 δ 收敛。

§3.7 伸缩与折叠变换

浑沌系统长期行为对初值的敏感依赖性，相空间轨道精致而复杂的结构，无穷嵌套的层次自相似性，这一切令人惊奇的现象是如何从简单的确定性系统中产生出来的呢？理解这一点的关键是要认识浑沌的几何特性，

即系统演化过程中由于内在非线性相互作用所造成的伸缩与折叠变换。

说明这种机制的一个通俗例子是面包师变换（其解析式后面给出），它是受厨师揉面团的操作过程的启发而抽象出来的。图3.11示意了面包师变换的基本操作手续。

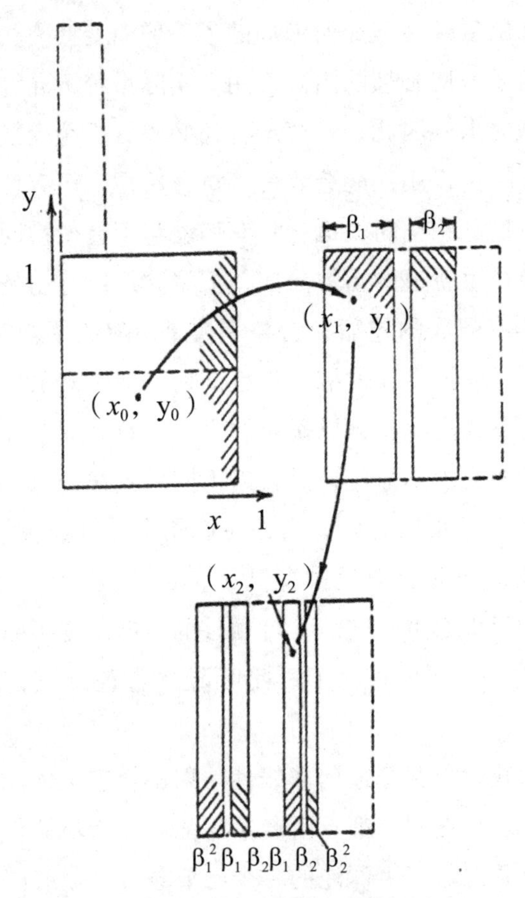

图 3.11　面包师变换

第一种操作是伸缩变换，使面团在一个方向压扁变薄，同时在另一个方向上伸长。第二种操作是折叠变换，将拉长的面块两端对齐折叠（或从中间切开后叠置）起来。假定在操作过程开始前，面包师先在面团上滴一滴红色着色剂，那么，在揉面团过程中，液滴同时被拉长、变薄，再折叠起来。随着面包师的操作不断重复进行，液滴被不断伸缩和折叠。经过足够长时间的反复操作，就会发现面团中很多红色和白色交替出现的层次。原来相邻的两个着色剂微粒越来越相互分离，原来不相邻的两个微粒可能越来越靠近。据估计，这种操作只需进行20次，最初的着色剂液滴长度就会被拉长到100万倍以上（由 $\log x=20\log 2$ 求得 $x\approx 10^{6.02}\approx 1000000$），其厚度则减小到分子水平。这时，着色剂与面粉已经充分混合均匀了。

如果用上述变换来比拟动态系统相空间的状态变化过程，就可以想象浑沌轨道几何图像的复杂性是如何形成的了。伸缩变换使相邻状态不断分离，这是造成轨道发散所必须的内部作用。实际系统不允许无限延伸，而被限制在有限区域之内。因此，系统本身还必须有折叠变换的机制。折叠是一种最强烈的非线性作用，能造成许多奇异特性。仅有伸缩还不足以造成复杂性，不足以搅乱相空间轨道。只有伸缩与折叠变换同时进行，并且不断反复，才可能产生轨道的指数分离、汇聚，形成对初条件的敏感依赖性。像揉面团那样有限次的伸缩和折叠变换是不够的。在系统周期区内，例如逻辑斯蒂映射，同样存在伸缩、折叠变换，但在有限次变换后，系统就进入稳定的平衡态或周期态，以确定的方式运行。而在浑沌区内，相空间中的伸缩与折叠变换永不停止，而且以不同的式样进行，永不重复。其结果必然造成轨道无休止地时而分离，时而相会，穿插包抄，盘旋缠绕，但并不自交或互交。于是，轨道被搅乱了，指数分离和敏感依赖性产生了。这种操作的每一步都是确定的、可预言的，但反复不断进行下去，长期行为却变得不确定、不可预测了。此所谓："浑沌绝圣，精微迷蒙。盘桓碌碌，聚散以成。"

回头再看一维映射。并非任何非线性映射都会产生浑沌。单调变化的映射，不论非线性多么强烈，都不会产生浑沌，因为单调性与折叠变换不相容。映射的非单调性是产生浑沌的一个必要条件。单峰映射就是非单调的。线性映射不能产生浑沌。但如果映射是用区间上的线性函数分段表示的，并且形成适当的非单调性，就可以产生无穷多样的伸缩与折叠变换，从而导致浑沌。最典型的例子有：

帐篷映射（tent map）：

$$f(x,h)=\begin{cases}2hx & 0\leqslant x<\dfrac{1}{2}\\ 2h(1-x) & \dfrac{1}{2}\leqslant x\leqslant 1\end{cases}\qquad (3.28)$$

其中 h 为参数。h=1 的帐篷变换如图 3.12 所示。

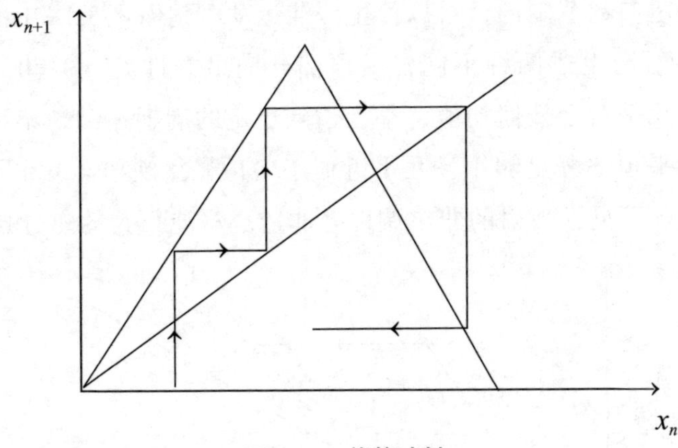

图 3.12　帐篷映射

β 映射（或伯努利移位）：

$$f(x,\lambda)=\begin{cases}2\lambda x & 0\leqslant x<\dfrac{1}{2}\\ 2\lambda x-1 & \dfrac{1}{2}\leqslant x\leqslant 1\end{cases} \tag{3.29}$$

其中 λ 为参数。当 λ=1 时 β 映射（3.29）变为（3.20），λ=1 时 β 映射迭代如图 3.13 所示。

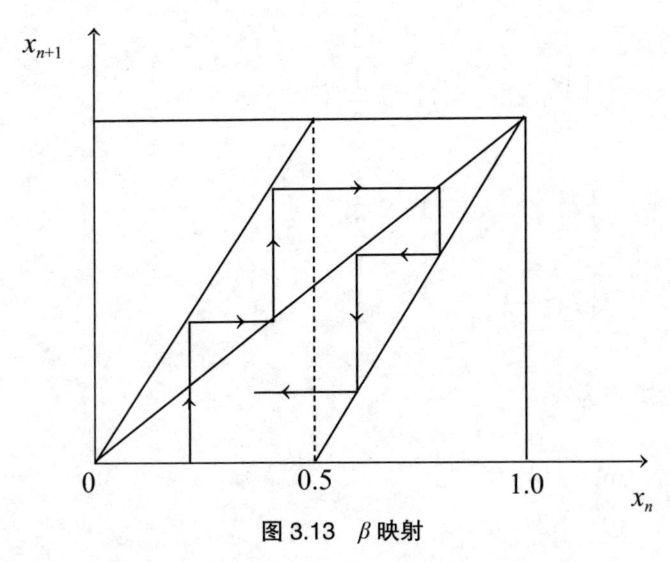

图 3.13　β 映射

这两种映射都是分段线性表示的，但在整个区间 [0，1] 上具有非单调性，迭代过程可以形成折叠。已经证明，这两种映射都没有稳定周期轨道，但在一定参数范围内，可以产生浑沌运动。请看图3.14中的平顶帐篷映射。此映射与上述两种不同，平顶部分满足条件$f(x)=0$，具有稳定作用，使得几乎对于任何初值，都会达到稳定的周期运动，不存在浑沌行为。只有当平顶部分足够小，几乎近似于尖顶帐篷映射（3.28）时，才可能产生浑沌。可见，映射的非单调性并非造成浑沌行为的充分条件。

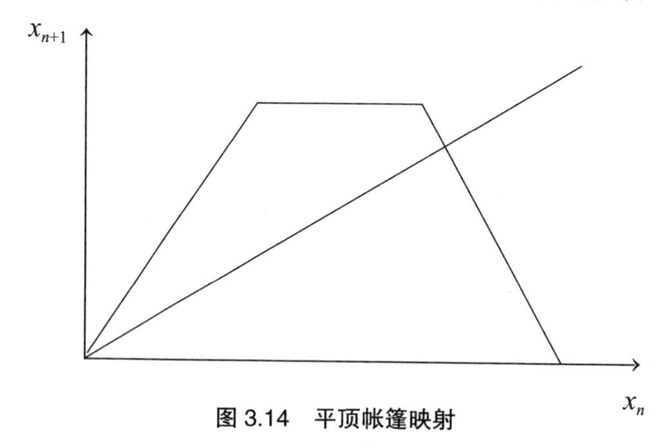

图 3.14　平顶帐篷映射

本节一开始提到的面包师变换实际上是β映射的推广，它的解析式为

$$
x_{n+1}=\begin{cases}\lambda_a x_n & x_n<\dfrac{1}{2}\\[2ex] \dfrac{1}{2}+\lambda_b x_n & x_n>\dfrac{1}{2}\end{cases}
\tag{3.30}
$$

$$
y_{n+1}=\begin{cases}2y_n & y_n<\dfrac{1}{2}\\[2ex] 2y_n-1 & y_n>\dfrac{1}{2}\end{cases}
$$

雅可比矩阵为

$$
J=\left\langle\begin{matrix}S_1 & 0\\ 0 & 2\end{matrix}\right\rangle
$$

其中

$$S_1=\begin{cases}\lambda_a & y<\dfrac{1}{2}\\ \lambda_b & y>\dfrac{1}{2}\end{cases}$$

在二维映射或三维以上的系统中，伸缩、折叠这种几何变换比一维系统复杂。我们以下述伊农映射为例，做一简要说明。

$$\text{T}：\begin{aligned}x_{n+1}&=1+0.3y_n-1.4x_n^2\\ y_{n+1}&=x_n\end{aligned} \qquad (3.31)$$

参数 b=0.3 的几何意义是，每一次迭代都使任一面积单元缩小为原来的 0.3 倍。（3.31）有两个不动点 A（0.631，0.631）和 B（–1.31，–1.131）。A 为不稳定不动点，是个鞍点。如图 3.15 所示，GAK 为 A 的稳定流形，CAE 为不稳定流形。GAK 和 GAE 实际表示的是（3.31）在 A 点处线性化的结果。朱照宣（1984）详细讨论了伊农映射 T 的几何变换。[125] 在 A 附近沿流形取平行四边形面积单元 $abcd$，经 T 变换一次后，面积单元在 CAE 方向拉长，在 GAK 方向压缩，并且指向反转得到新的单元 $a'b'c'd'$。不断施行变换 T，该单元一个方向越来越长，而另一个方向越来越窄，长度趋于无穷而面积趋于 0。这只是就系统在 A 点局部线性化结果看到的变换。若就全局动态特性看，可以发现（3.31）存在一个捕捉区 D，D 可取作由点 P、Q、R、S 围成的四边形，其中

P（–1.325，1.39），

Q（1.32，0.45）

R（1.25，–0.41），

S（–1.05，–1.56）

在（3.31）作用下，D 变为一个由四条弧线围成的曲四边形 $P'Q'R'S'$，记作 D'，且

$$D'=TD\subset D \qquad (3.32)$$

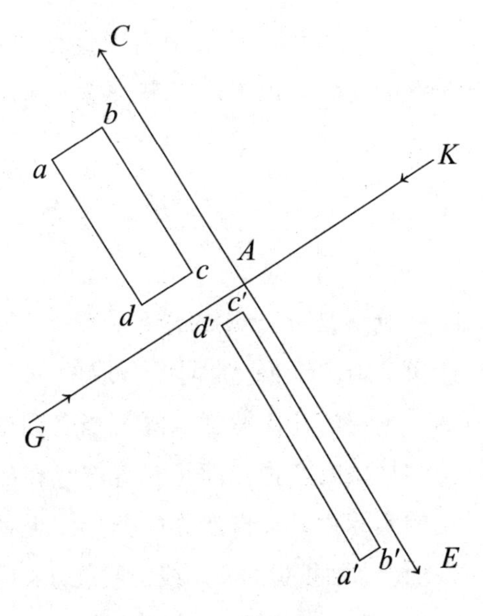

图 3.15

这个变换过程中的几何操作如图3.16所示。基本步骤是:（1）将*PQRS*拉长且压扁;（2）将图形左右翻转;（3）再弯成曲边四边形;（4）放入原来的四边形*PQRS*内。把这种几何变换过程无限地进行下去，最后变为一条无限长、无限次来回盘旋缠绕的奇异曲线，它的面积为0，但有一定的“宽度”。埃农系统（3.31）的定态轨道就在这条奇异曲线上。

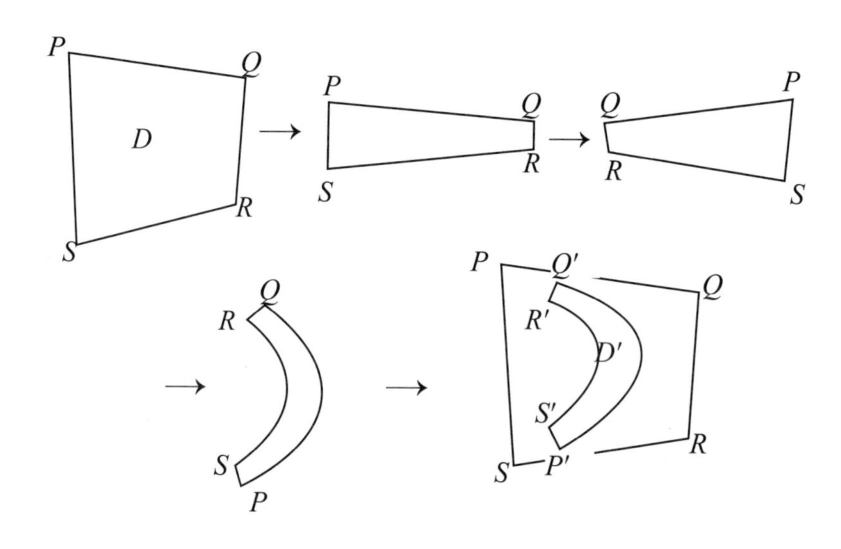

图 3.16　D 到 TD 的变化过程

要理解浑沌系统中由于这种伸缩和折叠变换所造成的复杂几何特征，传统的几何知识无济于事，必须运用分形几何学提供的新工具。

§3.8　分　形

分形是 fractal 的译名，这个词是曼德勃罗根据拉丁词 fractus 的词首与英文 fractional 的词尾合成的一个新词，用以描述那种不规则的、破碎的、琐屑的几何特征，既可当名词用，又可当形容词用。分形概念并非纯数学抽象的产物，而是对普遍存在的复杂几何形态的科学概括，有极为广泛的实际背景。自然界中分形体无处不在，起伏蜿蜒的山脉，坑坑洼洼的地面，曲曲折折的海岸线，层层分叉的树枝，支流纵横的水系，变换莫测的浮云，地质学中的复杂褶皱、揉皱，遍布周身的血管，等等，都是自然界的分形对象。就是社会历史领域也不乏分形现象，只是不那么直观罢了。

分形是相对于整形而言的。传统几何学描述的对象是由直线或曲线、平面或曲面、平直体或曲体构成的各种几何形状，称为整形。整形的基本特征是具有光滑性即可微性（可切性），至少是分段或分片光滑的，除少数例外点或点集，形体都是可切（函数可微）的。分形的基本特征是不可微性、不可切性、不光滑性，甚至是不连续的。传统观点把自然界想象成各种规则形体的总和，但普遍存在的几何对象大多数是分形，整形倒是一种例外。

几何学讲的整形是严格定义的数学对象。分形也应当建立严格的数学定义。但目前尚无可以普遍接受的严格定义。非形式地讲，一种几何图形，如果它的组成部分与整个图形有某种方式的相似性，就称为分形。这种相似性可以是严格意义上的，也可以是某种近似的相似性。

可以对分形做不同的分类。按其来源划分，有物理分形与数学分形。一切由客观世界的自组织过程形成的分形，是广义的物理分形。上面列举的自然界的分形都属于此类。按严格的数学规则生成的分形，称为数学分形。前述维尔斯特拉斯曲线、康托尘埃等均属此类。物理分形没有数学意义上的严格自相似性，而且受到最小和最大尺度的限制，在上下尺度范围内，部分与整体有某种相似性，超出这个范围，自相似性便不复存在。典型例子是云彩边界的几何性质，在1千米（下限）到1000千米（上限）的范围内，云彩是分形，有自相似性。超出这个范围，不再有自相似性。数学分形是思维的抽象，可作为物理分形的数学模型。

按数学性质划分，有线分形、面分形、体分形之别。按更深刻的数学性质看，可做如下分类：

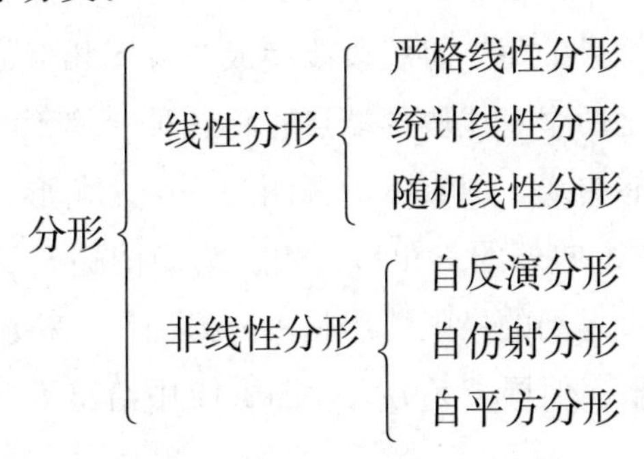

分形是具有层次结构的几何对象。严格线性分形的不同层次之间具有严格的自相似性，而且是无限层次的嵌套结构。统计分形只有统计意义下的自相似性。在线性分形中，沿不同方向的伸缩比都一样。在非线性分形中，包括比较简单的自仿射分形，沿不同方向的伸缩比不一样。非线性分形更复杂，但更普遍，更能反映出自然界的本质几何特征。

现在介绍几种著名的数学分形，它们都是按严格数学规则产生的，对于描述浑沌运动有重要意义。

在一维背景空间中的各种分形中，一个典型例子是康托集合（康托尘埃）。从一个线段（如区间 [0，1]）开始，把它三等分后去掉中间那一段。再把剩下的两段分别三等分并去掉中间一段。将这种操作无限进行下去，最后剩下的极限点集合，就是康托集合。由于它类似于一些尘埃构成的序列，又称为康托尘埃。它处处稀疏，长度为0，但又包含着不可数无穷多个点。图3.17示意出它的生成过程。

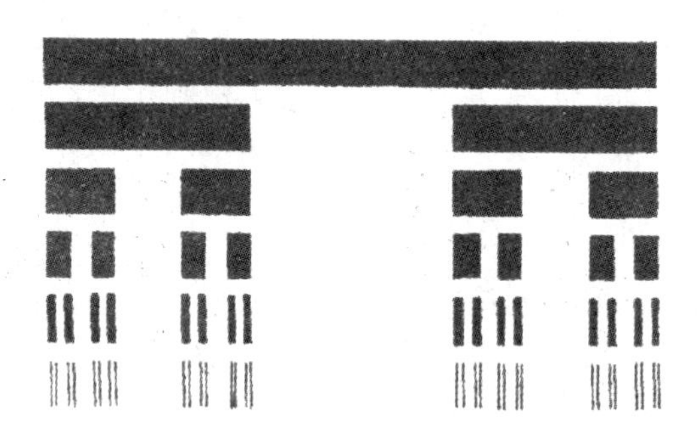

图 3.17　康托尘埃

在二维背景空间中，典型的例子有科赫（Koch）曲线。它的构成法则是：给定一个源图，由若干线段组成，其中有两个点为特定点；每次变换都把上次变换的结果的每一直线段改换成与源图相似的图形，且源图中两个特定点的像就是两个直线段的端点；将这种变换不断进行下去，得到的极限图形便是科赫曲线。图3.18的源图为一个三角形，将每一边的中间1/3段去掉，接上一个向外的三角形，边长为源图边长的1/3，但无底边。反复操作这种变换，得到的极限情形是由分形曲线（科赫曲线）围成的科赫岛，岛的面积有限，但周长无穷大。图3.18中给出了三次变换的结果。

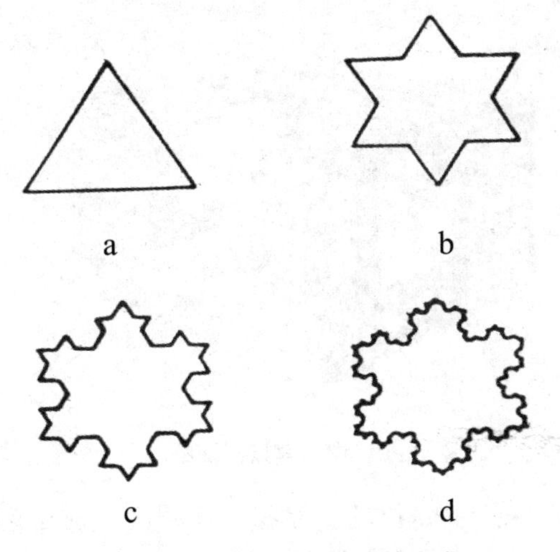

图3.18　科赫曲线的生成

另一个典型例子是谢尔宾斯基地毯。源图为一个正方形（或三角形），挖去中间的1/9（或1/4），对剩下的8个小正方形（或3个小正三角形）再各自挖去中间的1/9（或1/4）。将这种操作无限进行下去，得到的极限集合就是谢尔宾斯基地毯。图3.19以三角形为源图，示意了四次变换的结果。

图3.19

三维背景空间中的典型例子是谢尔宾斯基海绵，如图3.20所示。它的每一面都是一块谢尔宾斯基地毯（以正方形为源图），每一条对角线（及其他线）都是一种康托集合。这是一种用无穷多次挖孔、打洞的办法从一个三维立体（整形）变换而来的古怪几何体，具有无穷大的表面积，但体积为0。

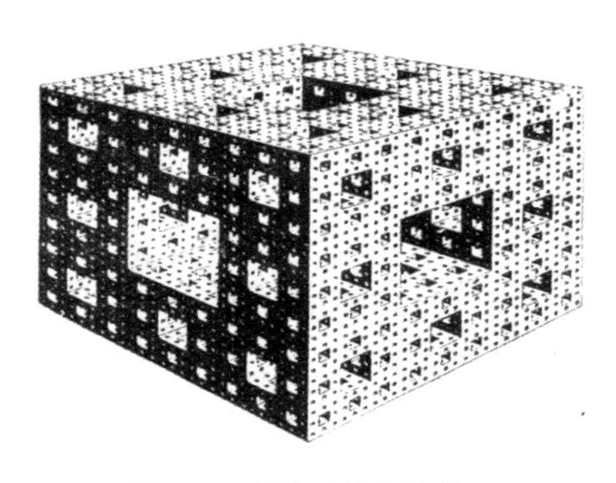

图 3.20 谢尔宾斯基海绵

刻画整形的重要特征量如长度、面积、体积等，对于刻画分形是没有意义的。用不同丈量单位测量同一海岸线，得到的结果显著不同。这是因为，若以千米为单位，几十米以下的曲折将被忽略；若以米为单位，厘米数量级以下的曲折将被忽略。分形的主要几何特征是关于它的结构不规则性和复杂性，主要特征量应是关于这种不规则性和复杂性程度的度量。这就引出分数维数（简称“分维”）的概念。1919年豪斯道夫（F.Hausdorff）最早给出了分数维数的定义。有趣的是豪斯道夫与曼德勃罗都生于现在的波兰，都有犹太血统，后来也都离开了波兰。

整形几何学研究的都是具有整数维的对象，点是0维的，线是1维的，面是2维的，体是3维的。抽象空间的几何对象也都是整数维的。将这些几何对象作拉伸、压缩、扭曲、折叠等变换，都不改变它们的维数。这种维数称为拓扑维，记作 d。分维是完全不同的概念，若以 D 记之，则 D 允许取分数值，并且 D 一般情况下都取分数，故称分数维数。从维数这一性质看，分形的本质特征是它的分数维不小于它的拓扑维

$$D \geqslant d \tag{3.33}$$

分维是分形几何对象复杂性程度的度量。由于复杂性的类型很多，需用不同定义的分维概念来表示，从不同角度刻画它的不规则性。已经提出多种分维定义，如容量维、信息维、关联维等。原则上讲，可以有无穷多种分维概念。这里介绍最常见的容量维。

维数概念与测量有关。测量一个对象，就是用选作单位的小对象去覆盖被测对象，能覆盖住被测对象的最小单位数，就是该对象的测度。由此

可以建立容量维概念。

定义　给定一个点集 X，$N(\varepsilon)$ 是能够覆盖 X 的直径为 ε 的小球的数目，如果有限极限

$$D_0 = \lim_{\varepsilon \to 0} \frac{\ln N(\varepsilon)}{\ln(1/\varepsilon)} \tag{3.34}$$

存在，则称 D_0 为点集 X 的容量维。

按此公式计算，康托集合的 D_0=0.6309，科赫曲线的 D_0=1.2618，图 3.19 中谢尔宾斯基地毯的 D_0=1.58496（以正方形和正三角形为源图作出的分形的维数不同），而英国海岸线的 D_0=1.2。

§3.9　奇怪吸引子

在相空间描述系统演化要用到吸引子理论。吸引子代表系统的稳定定态，在相空间中是由点（状态）或点的集合（状态序列）表示的。这种点或点集对周围的轨道有吸引作用，系统运动只有到达吸引子上才能稳定下来，并保持下去。如果把相空间的一般状态比作落在大地表面上的雨水，则江河湖海就是吸引子，雨水只有流入江河湖海，才能稳定下来。吸引子就是系统行为的最后归宿，亦即行为最后被吸引到的处所。

经典动力学理论告诉我们，有三种类型的吸引子。一种是稳定不动点，代表系统的稳定平衡态。图 3.21 给出了相平面上的两种稳定不动点吸引子，左边是稳定焦点，右边是稳定结点。

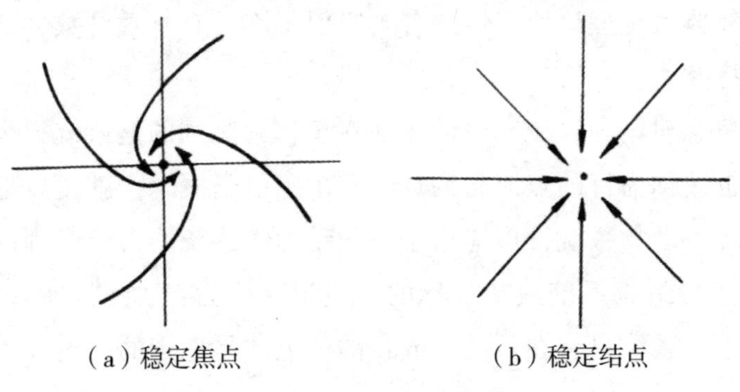

（a）稳定焦点　　（b）稳定结点

图 3.21

另一种是稳定的极限环，代表相空间的一条封闭轨线，外面的轨道向里卷，里面的轨道向外卷，它们都以此封闭曲线为极限状态。极限环代表一种周期运动。图3.22的左边是平面极限环，右边是空间极限环。第三类吸引子是稳定环面，代表准周期运动。最简单的是三维相空间的二维环面，在更高维的相空间中，还可以出现高于三维的环面所描述的吸引子。

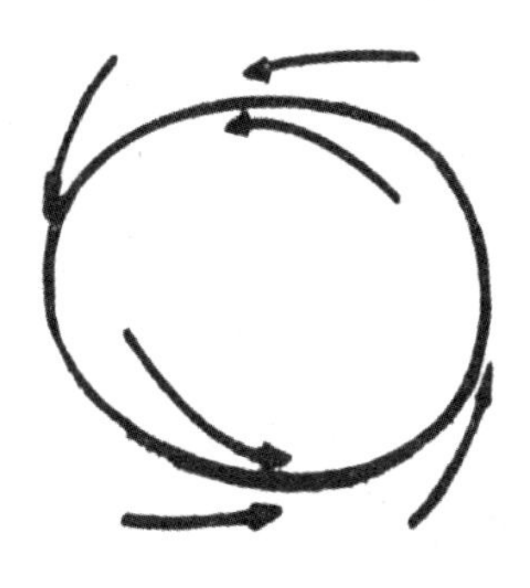

（a）平面极限环

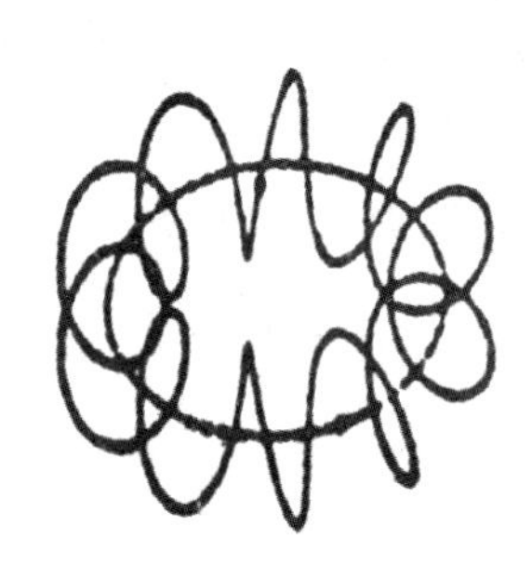

（b）空间极限环

图 3.22

这三类吸引子都代表规则的有序运动，浑沌学文献称之为有序吸引子，或平庸吸引子。人们早已了解这类吸引子有两个基本特征。一是稳定性，代表稳定定态，运动一旦到达吸引子就不会再离开它，当小的扰动使系统暂时离开吸引子后，一定会自行回到吸引子上。二是低维性，吸引子作为相空间的点集合，其维数一定小于相空间的维数。一维相空间只能有不动点型的吸引子，因为它是零维的。二维相空间可以有零维吸引子（不动点）和一维吸引子（极限环）。三维相空间除了有上述两类吸引子外，还可以有二维吸引子，即二维环面。n 维相空间可以有从0维到（n–1）维的吸引子。经典系统理论所了解的各类吸引子都具有整数维数，这是它们的一个基本特性。

吸引子概念对动力系统理论的意义在于，它刻画的是系统行为的长远目标，因而也被称为目的点或目的环。有了吸引子概念，就可以把目的概念从社会系统、动物系统推广应用于一般动力学系统。自组织理论就是用吸引子来描述自组织系统演化目标的。钱学森认为：“所谓目的，就是在给定的环境中，系统只有在目的点或目的环上才是稳定的，离开了就不稳定，系统自己要拖到点或环上才能罢休。这也就是系统的自组织。”[①]

但是，上述这几类吸引子都不能描述浑沌运动。有耗散的浑沌系统的长期行为也要稳定于相空间的一个低维点集合上，系统运动到这个集合以后，不可能再离开它。这是该集合的稳定性一面，因而是一种吸引子。但在这个集合内部，运动又是极不稳定的，与前述各类吸引子均不同。更重要的区别是，浑沌系统的这种吸引子（点集合）都是相空间的分形几何体，具有分数维数，几何图像极为复杂。茹勒和泰肯斯把它们称为奇怪吸引子，有些学者称为浑沌吸引子。由于奇怪吸引子上的系统行为是典型的随机过程，有时也称为随机吸引子。这里简单介绍几个最著名的奇怪吸引子。

洛伦兹吸引子　在洛伦兹方程（3.1）中，取 $\delta=10$，$b=8/3$，$r=28$，进行数值计算，将定态结果标在 oxyz 坐标空间，得到如图3.23所示的吸引子。它由两片构成，颇像蝴蝶的一对翅膀，每片围绕着方程（3.1）的一个不动点。运动轨道在其中一片上由外向内绕到中心附近，会突然跳到另一片的外沿由外向内绕行，然后又随机地跳回原来的那一片。每一片并非一张二维曲面，而是一种多层曲面。从中取出某一部分，在一定尺度上看来是单层，在更精细的尺度上看又是多层曲面。洛伦兹吸引子是三维背景空间中的一张分形曲面，分维 $D_0=2.06$。

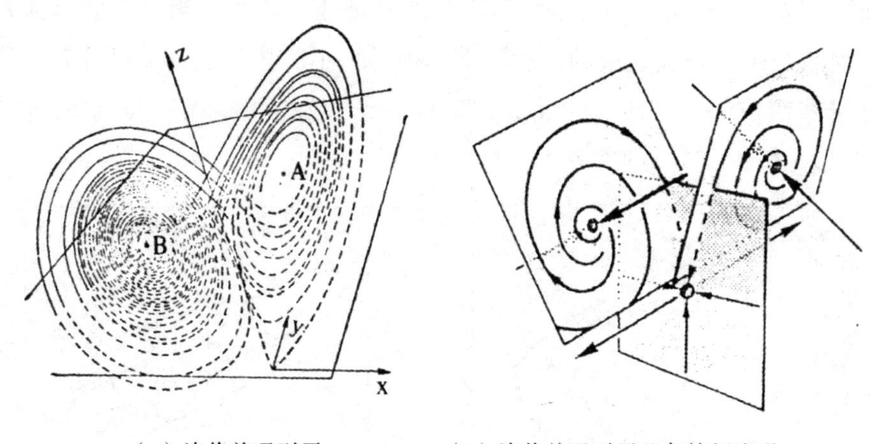

（a）洛伦兹吸引子　　（b）洛伦兹吸引子几条特征流形

图3.23　洛伦兹吸引子

若斯勒吸引子　图3.24是若斯勒方程（3.2）的奇怪吸引子。

① 钱学森等:《论系统工程》，湖南科学技术出版社1982年版，第245页。

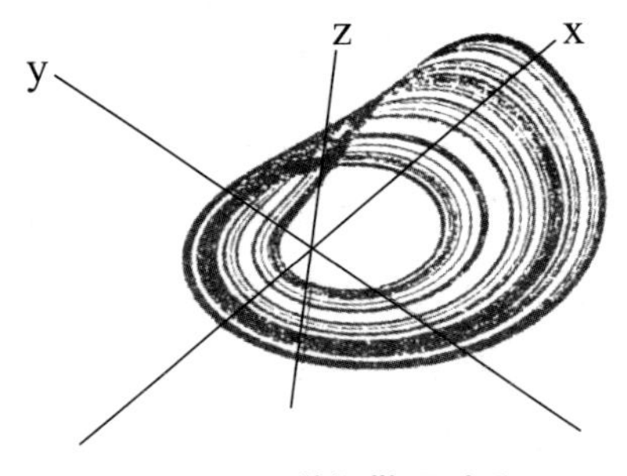

图 3.24 若斯勒吸引子

它也是三维背景空间中的一张分形曲面，由很多层次构成的复杂几何体。与洛伦兹模型不同，若斯勒吸引子只有一片。考察若斯勒吸引子的轨线结构，可将（3.2）分解为两分系统，z 较小时可以忽略，得出（x，y）分系统，当 z 变大时要考虑 z 分系统。系统的轨道开始时在（x，y）平面或平行于它的平面内向外旋；当 x 足够大时，z 分系统起作用，轨道在 z 轴方向拉长；z 变大后，dx/dt 变小，轨道又被拉回 x 较小处。单片若斯勒吸引子类似于麦比乌斯带。

埃农吸引子 图3.25左边是埃农方程（3.31）的奇怪吸引子，即图3.15所示几何变换无限进行下去所得的极限集合。它是由二维背景空中运动轨道无限盘绕、折叠而成的一条奇异曲线，但不是通常的一维曲线，有一定的“宽度”。左图小方框中似乎只有一条线，放大适当倍数后得到右图，原来是由多条线组成的。若取出其中的一小段再放大，又可看到它是由多条线组成的。从理论上讲，埃农吸引子存在无穷多层次，它的分维 D_0=1.26 [取（3.31）的参数进行计算]。

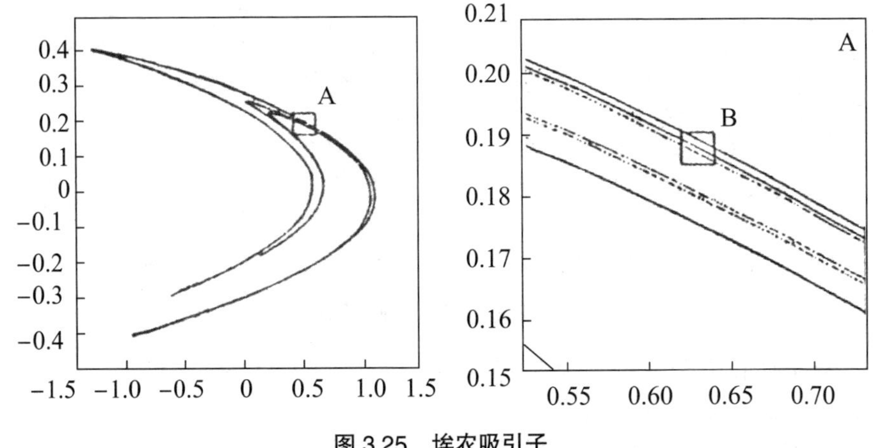

图 3.25 埃农吸引子

一维映射也有奇怪吸引子，它们是一维相空间中的康托集合。以逻辑斯蒂映射为例，在浑沌区 [λ_∞，2] 内，除了周期窗口外，对于每个固定的参数值 λ，都有相空间 [0，1] 内的一个康托集合作为系统的奇怪吸引子。不同 λ 值对应的奇怪吸引子有不同的分数维。例如，在 λ_∞ 点，分维 D=0.538; 在 3^n 周期的极限点，分维 D=0.34。

作为一种分形，奇怪吸引子都有层次自相似性。在3.4节讨论图3.10时我们曾指出，从图中取出适当的部分（即基本动力学单元）放大后，与全图具有完全相似的结构。那里是在相空间与参数空间所构成的乘积空间中讨论的，不是单纯奇怪吸引子。图3.23至图3.25所示的三种吸引子，即洛伦兹、若斯勒和埃农吸引子，并没有这种局部与整体的完全相似性。从洛伦兹吸引子上取下一部分放大后，不再是两片组成的类似蝴蝶翅膀的分形。埃农吸引子上小方框内的那部分放大后，也不具有与整个吸引子类似的形状。这里所说的自相似性，指的是整体和部分都有层次性，部分的部分也具有层次结构。原则上，这些吸引子都具有无穷嵌套的层次结构。

有吸引子就有吸引域。一个吸引子的周围总有一些点（状态），经过这些点的运动轨道都被吸引到吸引子上来，相空间中这种点的集合，称为该吸引子的吸引域。在一维系统中，由于单峰映射最多只能有一个稳定周期，在参数空间的周期区内，每个确定的参数值对应于一个吸引子，表明吸引子与初值无关。如在逻辑斯蒂映射（3.3）的周期区内，对于每个 λ 值有一个 2^k 点周期的吸引子，几乎所有可能的初值都属于它的吸引域。但在埃农映射中，对于一定的参数值，可能同时存在不同的周期吸引子，把初值划分为几个吸引域。在这类系统中，究竟出现哪种运动体制，与初值有关。这是二维或高维系统与一维映射的不同之处。复杂系统还可能同时存在平庸吸引子和奇怪吸引子，或者同时存在不同的奇怪吸引子。同一系统因初值不同，可以采取规则运动，也可能呈现浑沌运动。系统越复杂，吸引子的分布也越多样。不同吸引域的界限往往呈分形结构，导致规则运动的初值与导致浑沌运动的初值，可能难解难分地交织在一起。如图3.26所示，设图中的阴影区为导致规则运动的初值，白区为导致浑沌运动的初值。把左图中右上角第一小方块放大为中图来看，其中仍有导致浑沌运动的初值（白区）。把中图右上角一小方块再放大为右图来看，其中还有导致浑沌运动的初值。

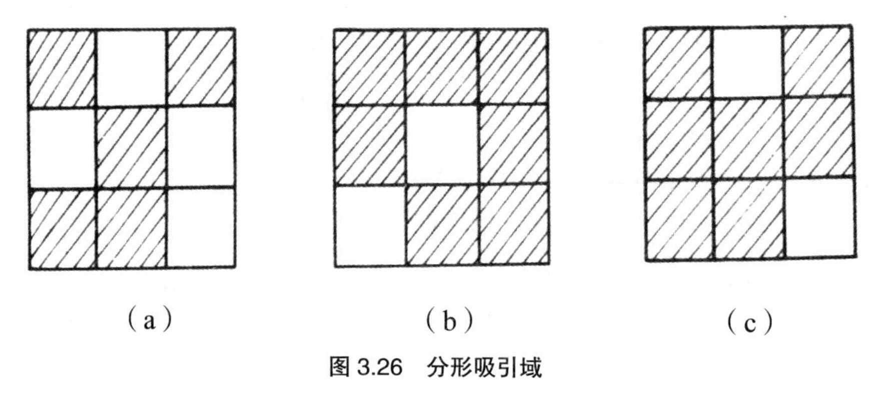

图 3.26 分形吸引域

浑沌学要求给奇怪吸引子以严格的数学定义。茹勒等人1971年的文章已提出一种定义，但他们后来又不断修改。时至今天，仍没有一个令多数人满意的奇怪吸引子定义。

把浑沌吸引子命名为奇怪吸引子，反映了当时科学界对这种动力学特性不理解，并且以为它们是稀奇少见的。后来人们逐步认识到，浑沌吸引子不是罕见的现象，而是比平庸吸引子普遍得多的现象。科学史上有许多名实不符的概念，反映了命名时的一种误解，如空间不空，黑洞不黑，虚数不虚，等等。奇怪吸引子是新的一例。名无固宜，约定俗成，奇怪吸引子并不奇怪，但也无须给它改名换姓了。

§3.10 通向浑沌的道路

系统通过怎样的方式或途径从规则运动过渡到浑沌运动，是浑沌研究的重大理论课题。由于这个问题与浑沌的控制和利用密切相关，也具有重大实践意义。

现实世界的确定性非线性系统千差万别，不同类型的系统，不同的具体条件，会以不同途径走向浑沌。一种意见认为，通向浑沌的道路各式各样，甚至有“条条道路通向浑沌”的结论。但也有人坚持“大自然偏爱少数模式”的信念，认为自然界只存在少数几种通向浑沌的典型道路。这个问题还有待科学研究的未来实践作出回答。就目前的情况看，公认的典型道路有三条（也有人指出第三条道路并不独立于第二条）。

1. 准周期道路

这是茹勒和泰肯斯在1971年的论文中首次提出来的，因而又称为茹勒—泰肯斯道路。浑沌可以看作具有无穷多个频率耦合而成的振动现象，但并不需要像朗道等人设想的那样，要在转变过程中逐步激发出无穷多个不同的频率成分并叠加起来，才会产生浑沌。茹勒和泰肯斯发现，只需经过四次分叉，即不动点→极限环→二维环面→三维环面→奇怪吸引子，就可以导致浑沌。1978年他们进一步发现，第四次分叉也并非必须的，只要经过三部曲，由二维环面代表的准周期运动失稳，就可以直接进入浑沌。这条道路可图示如下：

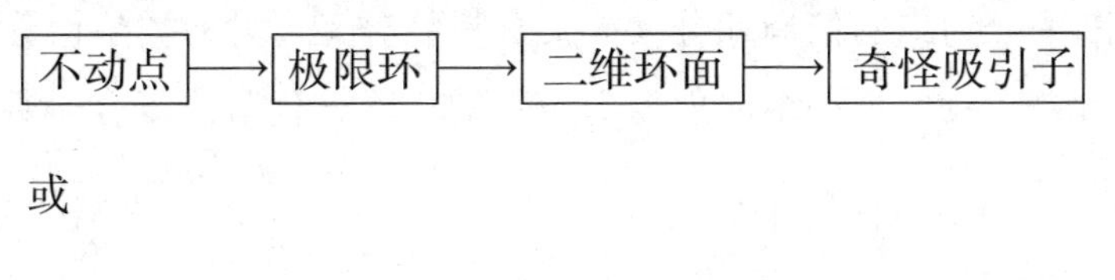

或

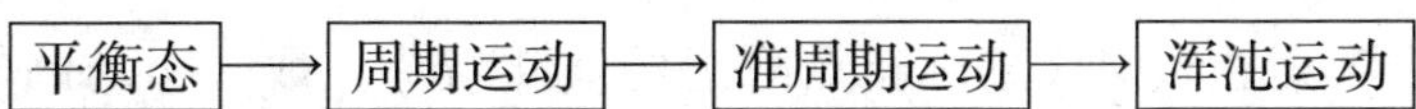

在确定性非线性耗散系统中，只要出现三个互不相关的频率相互耦合，就必然会形成无穷多个频率成分的耦合，产生浑沌。因此，只要具有三维或更高维的环面，就容易出现浑沌。准周期道路已经在贝纳德（Benard）对流和泰勒旋转流动实验中得到证实。这条道路是科学界最先发现的一条通向浑沌的途径，但同另外两条道路相比较，目前的研究成果最少。

2. 倍周期分叉道路

这条道路是由一批科学家共同发现的，由于费根鲍姆的贡献最出色，有时称为费根鲍姆道路。其基本特点如下：

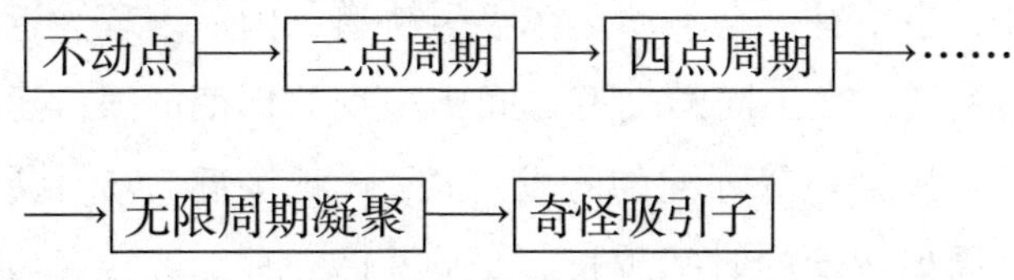

这是目前了解最详尽的一条道路，我们在前几节已就一维映射做了充分的说明。在二维映射、洛伦兹方程以及其他更复杂的系统中，均已发

现通过倍周期分叉走向浑沌的事实。利布沙伯等人在液氦贝纳德热对流实验中证实了这一理论论断。20世纪80年代还在变容非线性电路实验中观察到一张与图3.10十分相像的分叉与浑沌图像。

3. 阵发（间歇）道路

这是曼尼维勒（P.Manneville）和博莫（Y.Pomeau）于80年代初首次明确描述过的一种通向浑沌的可能途径，又称为曼尼维勒—博莫道路。其实，洛伦兹在他的大气模型中已经见到这种现象。R. 梅在1976年的文章中讨论过一维映射的切分叉。就一维映射而言，在临近发生切分叉现象时，系统行为时而周期、时而浑沌，表现为一种阵发性，故得其名。

阵发浑沌的产生机制与切分叉密切相关。一维映射有两类基本的分叉行为。一类是不断一分为二的倍周期分叉，又称树枝分叉。另一类是切分叉，发生在周期窗口处。我们把一维映射（λ，x）的三次迭代写成复合函数

$$F(\lambda, 3, x)=f\{\lambda, f[\lambda, x]\} \tag{3.35}$$

考察这个映射在周期3窗口起点附近的演化行为。取一个与临界值λ=1.75相当接近的λ值，例如λ=1.74，作出F（1.74，3，x）的图像，如图3.27（a）所示。曲线F与分角线只有一个交点，这是一个不稳定不动点。曲线与分角线在三个峰或谷处相当接近。随着λ逼近1.75，曲线F与分角线的距离相应减小。到λ=1.75时，在峰与谷处相切（三个切点），如图3.27（b）所示。继续增大λ直，每个切点分叉为两个割点，如图3.28所示，切分叉由此得名。此时曲线F共有7个不动点，但只有三个是稳定的，代表稳定的周期3轨道。仍考虑λ小于但非常接近1.75的情形，峰或谷与分角线之间形成三个狭窄通道。当迭代过程某一点恰好出现在夹道附近时，就会发生如图3.29所示的运动。迭代结果进入夹道后显示出一种类收敛性，仿佛夹道中有一个不动点在吸引轨道，因而表现为近似的规则运动。一旦走出夹道，在不同的夹道之间则呈现非周期的随机运动。总体上看，显示出一阵周期一阵浑沌的阵发运动。λ越接近1.75，夹道越窄，通过夹道的有序周期运动的时间越长。λ到达1.75时，就转变为典型的周期3运动。如果从λ值减小的方向看，在$\lambda \geqslant 1.75$时是典型的周期运动。λ小于1.75时，出现三个狭窄通道，系统转变为阵发运动。λ不断减小，夹

道逐步加宽，近似周期运动的成分越来越少，浑沌成分越来越多，最后完全转变为浑沌运动。这就是走向浑沌的阵发道路的图像。

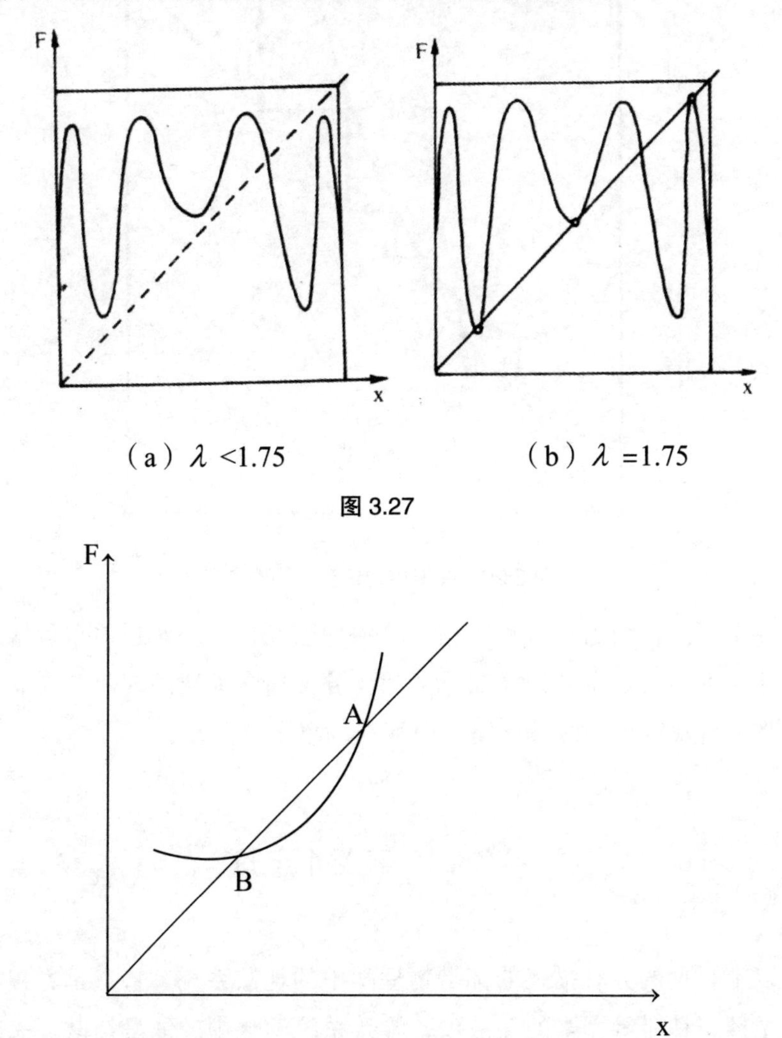

（a）λ <1.75　　　　（b）λ =1.75

图 3.27

图 3.28　F 的局部放大图（λ >1.75）

由切分叉导致阵发浑沌，反映了运动轨道在临界点之前的瓶颈现象（或隧道效应）。它与倍周期分叉是孪生现象，只要能观察到倍周期分叉，原则上均可观察到阵发浑沌。另一种阵发浑沌通过亚临界的滞后分叉产生。这时系统同时存在两种可能的稳定状态，具有各自的吸引域，一个对应于有序运动，一个对应于浑沌运动。实际发生哪种运动，取决于初始扰动的大小。

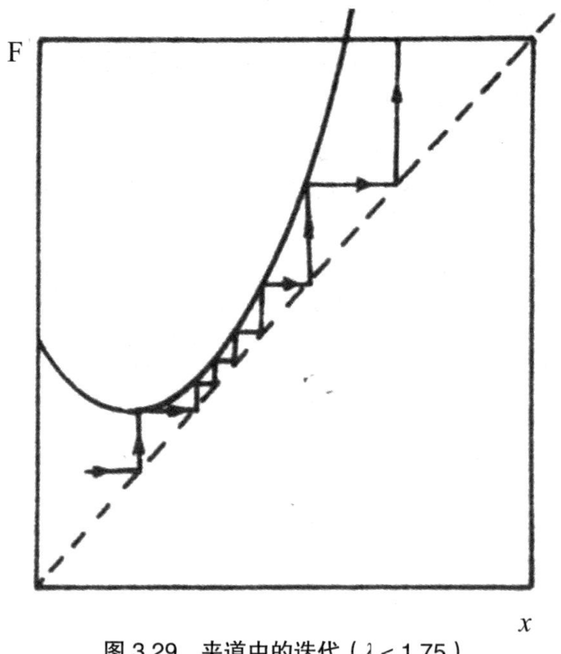

图 3.29　夹道中的迭代（$\lambda < 1.75$）

阵发浑沌在数值计算和物理实验中均已发现。如对强迫布鲁塞尔器的数值计算中同时观察到倍周期分叉和切分叉通向浑沌的现象，在非线性电子线路中也观察到沿两条道路通向浑沌的事实。

§3.11　KAM 定理

以上讨论的方程描述的都是物理学中的耗散系统，特点是方程中包含反映摩擦、粘滞等因素的耗散项，导致系统演化中的能量耗散。表现在相空间中，是轨道趋向于某个低维集合（吸引子）。运动方程中没有摩擦、粘滞等因素的项，演化过程中系统能量守恒，这类对象称为保守系统。刘维尔定理断言，保守系统在相空间的运动有保持相体积（在二维相空间是相面积）不变的特征，不存在吸引子，轨道保持在能量面上。若相空间是 m 维的，则能量面为（$m-1$）维超曲面。从本节起讨论保守系统的浑沌。

哈密顿系统是一类保守系统，又可以分为可积的与不可积的两大类。对于哈密顿系统，设有 N 个自由度，其哈密顿函数为

$$H=H(p_1, p_2, \cdots, p_N; q_1, q_2, \cdots, q_N) \tag{3.36}$$

p_i 为广义动量，q_i 为广义坐标。它的运动规律由哈密顿正则方程

$$q_i=\frac{\partial H}{\partial p_i} \qquad p_i=\frac{\partial H}{\partial q_i} \tag{3.37}$$

描述，相空间是2N维的。如果存在某种正则变换，使得经过变换后哈密顿函数只依赖于N个新的广义动量，N个新的广义坐标不再出现，则称这个哈密顿系统是可积的。不存在这种正则变换的哈密顿系统是不可积的。通俗点讲，如果运动方程可以解析求解，至少可以把它的解表示为某种积分形式，则系统是可积的。否则，系统为不可积的。一切线性系统都是可积的，绝大部分非线性系统是不可积的。

可积系统的运动图像比较简单，而且是确定性的。由于守恒性，轨道被限制在2N–1维等能面上。由于可积性，运动被进一步限制在由N个运动不变量决定的N维环面上。当$N \geqslant 2$时，这些N维环面仅仅是2N–1维等能面的一部分，运动不可能到达等能面的一切区域，不具有遍历性，更不会有其他复杂的随机特征，轨道均为周期的或准周期的。

典型的不可积系统的运动图像十分复杂，彭加勒已有深刻认识。不可积系统的浑沌如何产生？怎样由可积系统的明确运动图像过渡到不可积系统的复杂浑沌运动图像？柯尔莫果洛夫首先搞清了这个问题。长期以来，科学界运用微扰论研究不可积系统，取得很多成果。在此基础上，柯氏特别考察了不可积性很弱的系统。一个弱不可积系统可以看作由一个可积哈密顿函数加上一个代表不可积性的扰动项εV叠加而成的系统

$$H=H_0+\varepsilon V \tag{3.38}$$

V是一个不可积哈密顿函数，ε为扰动参数，一般取值很小。我们已经知道可积系统的运动图像。现在的问题是，当ε很小并满足一些其他条件时，近可积（弱不可积）系统H的运动图像与H_0有何异同？回答这个问题的正是KAM定理。撇开精确而难懂的数学语言，此定理可叙述如下：

如果近可积系统（3.38）满足以下三个条件：（1）导致不可积性的扰

动很小;（2）函数 V 足够光滑;（3）未扰动的哈密顿函数 H_0 离开共振条件足够远，即 H_0 的频率比充分无理化，那么，对于绝大多数初始值而言，近可积系统（3.38）的运动图像的定性性质与可积系统 H_0 基本相同。具体点讲，N 维环面仍然存在，但稍有变形，近可积系统的绝大多数轨道仍然被限制在这些稍有变形的 N 维环面上。这些环面被称为不变环面，或为 KAM 环面。

KAM 定理的完整的非形式化的叙述（阿诺德，1989年）如下：

定理 如果一个未摄动的系统是非退化的，则对于充分小的保守哈密顿摄动，多数非共振不变环面不消失，只是有轻微变形，以致于在摄动了的系统相空间中仍然有不变环面，它们被相曲线稠密地充满，相曲线条件周期地环绕着环面。环面的独立频率的个数等于自由度的数目。当摄动很小时，这些环面的测度很大，它们的并集的补集的测度很小。[3]

柯尔莫果洛夫在证明这个定理时主要考虑了两个方面。第一是数论特征。在证 KAM 定理时，要选取未摄动系统的一个非共振的频率集合，使得频率不但独立，而且甚至不近似地满足任何低阶共振条件。准确点说，固定一个频率 ω 集合，使得存在常数 c，满足

$$\left|(\omega, K)\right| > c\left|k\right|^{-\nu} \tag{3.39}$$

对于所有整数向量 $k \neq 0$。第二是收敛特性。为了找到不变环面，不能采用传统的摄动参数的幂级数展开方法，而采用了一种类似于牛顿法求方程的根（切线迭代）的快速收敛方法。阿诺德和莫泽后来对 KAM 定理给出严格证明，证明过程非常复杂，超出了普通读者的阅读能力。

下面我们具体讨论一个例子。简单系统

$$\ddot{x} + \omega^2 \sin x = 0 \tag{3.40}$$

称为数学摆，x 为角变量，x 与 $\dot{x}$ 为状态变量，张成一个相平面（x，$\dot{x}$）。这是一个可积系统，相图如图3.30所示。连接（$-\pi$，0）和（π，0）的是两条分界线，代表一对特殊的轨道。相平面被分为三个区域（由于周期性，可以只考虑 $-\pi \leqslant x \leqslant \pi$ 这一段）。中间是摆动区，上下均为转动区，但方向相反。除分界线外其余点的轨道对初值都不敏感。这是一类规则运动图像。

如果在方程（3.40）中加上一个小扰动项，得

$$\ddot{x}+\omega^2\sin x-\varepsilon\sin(kx-\Omega t)=0 \tag{3.41}$$

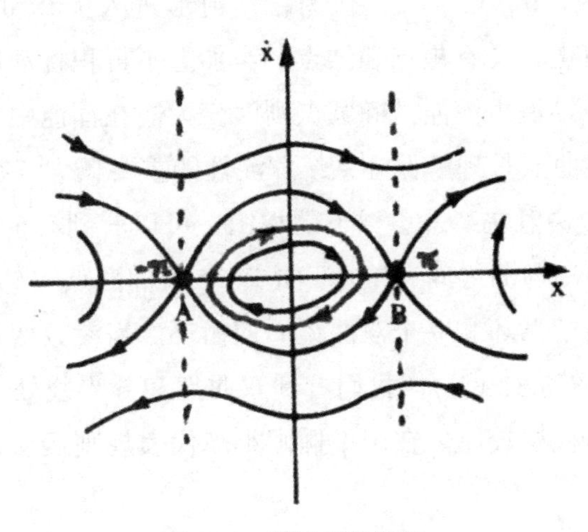

图 3.30　数学摆的相图

只要 ε 足够小，（3.41）就代表一种近可积系统。小扰动在原分界线附近形成一种使系统产生随机运动的区域，称为随机层。当 $\varepsilon\to 0$ 时，随机层宽度也趋于0。运动图像示于图3.31中，与图3.30基本相同。

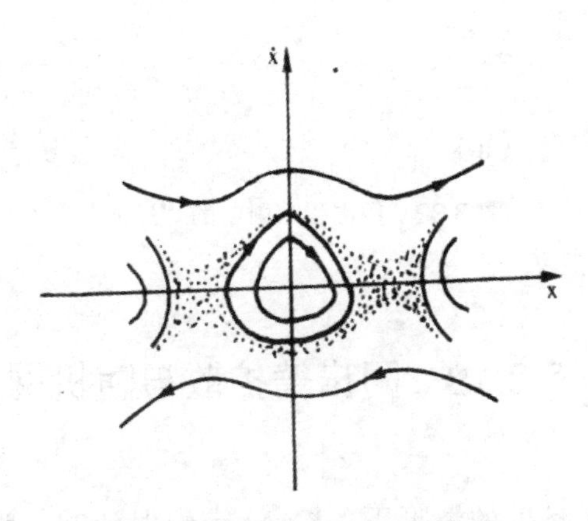

图 3.31　近可积非线性振子的相图

图3.30的原点为稳定不动点，在小扰动下系统运动限制于围绕不动点的小椭圆上，故称椭圆点；两条分界线的交点（$-\pi$，0）和（π，0）为不稳定不动点，称为双曲点。双曲点的特点是一条分界线作为稳定轨道通

向该点，称为稳定流形；另一条分界线作为不稳定轨道离开该点，称为不稳定流形。双曲点是稳定流形与不稳定流形的交叉点。一条分界线作为不稳定流形从（$-\pi$，0）点离开，作为稳定流形进入（π，0）。保守系统只有椭圆点和双曲点，没有焦点和结点。当加上不可积扰动后，正是从双曲点的这一秉性中发展出浑沌，椭圆点则演变为嵌在浑沌中的小周期区。因此，椭圆点和双曲点是理解保守系统浑沌性的重要概念。在图3.32（a）中示意的是某平方映射在某一参数下的相图，可以看到有5个小岛各围一个椭圆不动点，在岛与岛之间有5个双曲点。5个椭圆点和5个双曲点分别属于一个椭圆型周期循环和一个双曲型周期循环。当参数变化时（相当于扰动增大），得到图3.32（b），我们看到双曲点和分界线处出现随机层，而且双曲点附近随机层较厚。在图中椭圆小岛代表规则运动，随机层代表不规则运动。

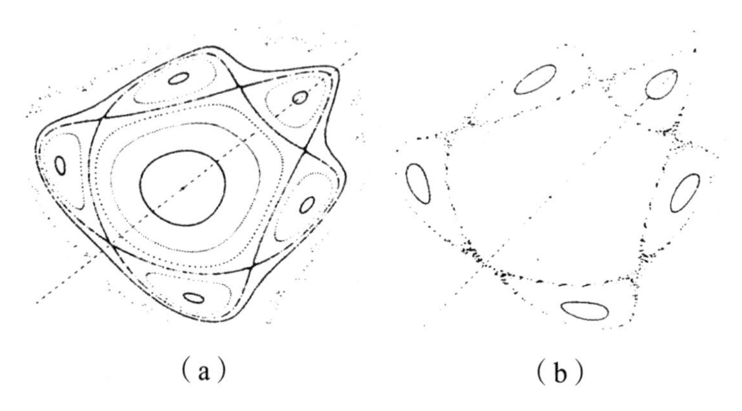

（a）　（b）

图3.32　保面积映射中的“岛屿”

§3.12　阿诺德扩散与随机网

在满足KAM条件的情形下，KAM定理保证的是近可积系统与可积系统的运动图像基本相同，但还存在某些差别。与可积系统的N维环面相比，KAM环面毕竟有所变形，对运动图像有所影响。在扰动很小时，这种差别无关紧要。但从理论上看，正是这些差别埋下了产生浑沌的根源。浑沌研究真正关心的恰是这种差别。

只要有不可积性扰动项，就有随机层存在；不论 ε 多么小，只要它不等于0，随机层就有有限的宽度（面积）。在一般 n 维相空间中，只要（3.38）中的 $\varepsilon \neq 0$，相空间就分成大小两个不同的区域，都具有非0的 n 维相体积。对于小的 ε，在大区域中保持着与可积系统类似的环面结构，从这个区域的初始条件出发的轨道，仍然是规则的周期或准周期（也称条件周期）运动，浑沌不可能发生。但从小区域的初始条件出发的轨道很不规则，是典型的随机行走，称为迷走轨道。ε 越小，后一区域也越小，迷走轨道越少，但只要 $\varepsilon \neq 0$，迷走轨道必定存在，它们构成不可积系统中浑沌运动的胚芽。

在近可积系统中，KAM 环面构成对迷走轨道的某种限制。KAM 环面能否把不同的迷走轨道分割开来，把它们限制在互不连通的若干小区域内？这是一个重要问题。不难证明，只有满足以下条件

$$N \leqslant 2 \tag{3.42}$$

即系统自由度不大于2时，N 维不变环面才是 $2N-1$ 维等能面的端面，可以把少数迷走轨道限制在环面两侧，彼此无法连通。但是，只要 $N>2$，即使 KAM 条件成立，由于 N 维不变环面不是 $2N-1$ 维等能面的端面，不同随机层或随机区就会相互连通，使迷走轨道能够从一个随机区进入另一个随机区，十分类似于扩散过程。关于连通性与维数的关系可以看图3.33（a）和（b）的形象解释。当不可积性扰动非常弱时，连通不同随机区的通道极为狭窄，迷走轨线扩散得很慢。但只要有这种扩散，迷走轨道迟早会弥散到整个等能面上。由于这种现象是阿诺德（1964）最早发现的，浑沌学文献常称之为阿诺德扩散。条件（3.42）十分苛刻。因此，理论上可以断定阿诺德扩散是一种普遍现象。阿诺德扩散可以通过数值计算加以演示，也可以从理论上做定量估计。重要的是，已在实际物理过程（如磁约束等离子体和粒子对撞机）中观察到这种扩散。

在存在阿诺德扩散的系统中，随机区被通道连接成一种复杂的网络结构，称为随机网。随机网是典型的分形。有的作者发现，某些动力学系统的随机网具有类似于科赫曲线的图形。图3.34是切尔尼可夫（A.A.Chernikov）等人得到的一张类似蜘蛛网的随机网。[9]

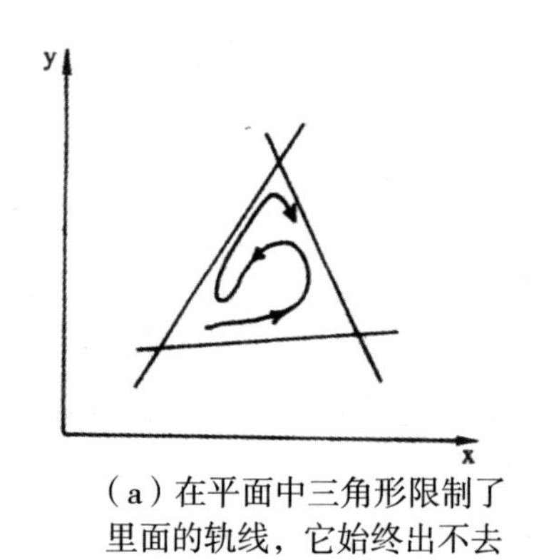

（a）在平面中三角形限制了里面的轨线，它始终出不去

（b）在三维空间中，二维三角形并不能限制住轨线，轨线可以自由进出三角形区域

图 3.33

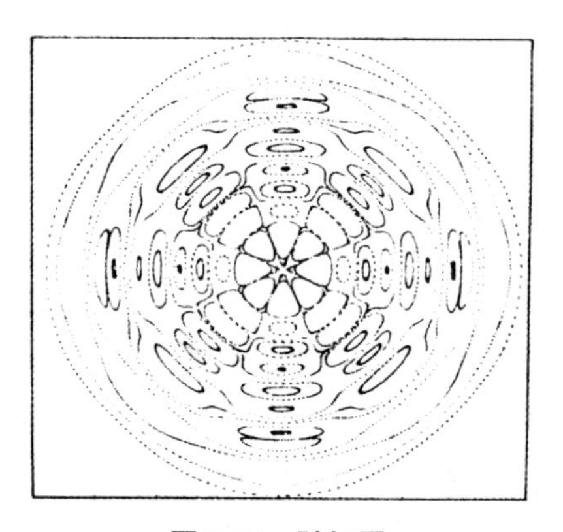

图 3.34　随机网

阿诺德扩散也称最小浑沌。按照阿诺德的论证，产生最小浑沌的维数 $N>2$。但若不满足 KAM 定理的其他条件，这个极限可以突破。有人证明，在不满足非共振条件时，形成随机网的最小维数应是 $N=3/2$。

§3.13　共振 KAM 环面破坏 全局浑沌

在保守系统中共振常引起不稳定性，低阶共振危害更大。这里分析一个两自由度的自治哈密顿系统。先扔掉哈密顿函数中三阶以上的项，即研究截断的系统，然后再考察去掉的高次项的效应。

设系统在 $\omega=1/3$ 时发生 3 ∶ 1 共振。定义 $\varepsilon=\omega-1/3$，量 ε 刻画了系统偏离此共振的程度。设截断后的系统哈密顿函数为〔3P390〕

$$H_0=\frac{\varepsilon}{2}(x^2+y^2)+(x^3-3xy^2) \tag{3.43}$$

在（z，y）平面上考虑参数 $\varepsilon<0$，$\varepsilon=0$ 和 $\varepsilon>0$ 三种情况，得到图3.35所示的三张相图。中图对应于共振情况（$\varepsilon=0$），零水平的 H_0 由三条互成60度角的直线组成。当 ε 有小改变时，三条直线仍然存在，但围成一等边三角形区（$\varepsilon>0$ 和 $\varepsilon<0$ 的情形有差别）。三角形的三个顶点都是双曲点（鞍点），原点是稳定不动点。现在看一下系统经过共振时发生了哪些变化。实际上系统的结构发生了变化，原点由稳定（$\varepsilon<0$ 时）变为不稳定（$\varepsilon=0$ 时），离开共振时（$\varepsilon>0$ 时）原点又变得稳定了。上面提到的“三角形区”，可视为小的稳定区，当 $\varepsilon\to 0$ 时，小稳定区的面积趋于0。因此，当系统接近3 ：1共振时，原点所代表的周期轨失去了稳定性。三角形的三个边构成了分界线，对于截断的系统而言，分界线都是直线。对于处于分界线组成的三角形区之内的初条件，相点在演化过程中长时间保留在其内；对于三角形区之外的初条件，相点很快跑掉。

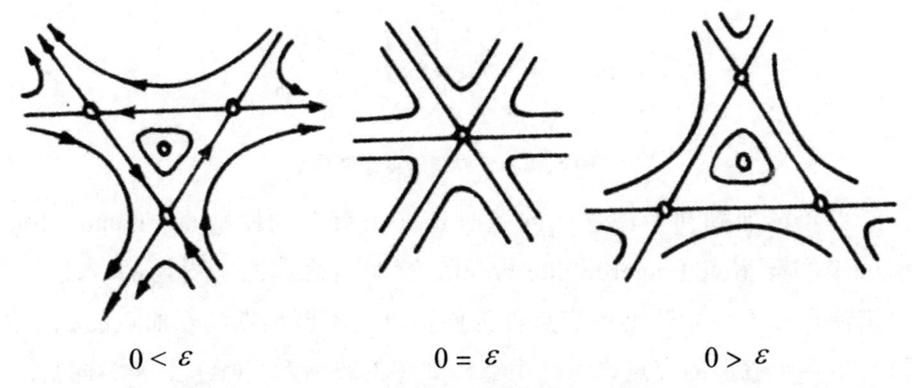

图3.35　在（x，y）平面上看参数改变引起的分叉

若考虑扔掉的高阶项，实际系统的分界线并不一定是简单的直线，通常有复杂的结构。设截断的系统为 A_0，实际系统为 A，A 可视为 A_0 的一种摄动后的系统。当摄动非常小时，A 与 A_0 近似一回事；但一旦有摄动，A 就不同于 A_0。A 系统的分界线的典型相图如图3.36所示。其中 M 点的不稳定流形形成光滑 Γ^+ ，它是在映射 A 的不断作用下得到的，它接近 N，但又离开 N，在 N 附近来回穿梭。同样，Γ^- 由映射A的反向作用生成，当 $n\to-\infty$ 时（n 为迭代次数），它趋于 N。不难想象，Γ^+ 和 Γ^- 一般不会重合，Γ^+ 和 Γ^- 的来回游荡就形成了分界线的分裂现象。Γ^+ 和 Γ^- 在映射 A 作用下最终是不变的，它们相互横截形成了复杂的网络，彭加勒最早发现了这种现象。彭加勒当年是这样描述的，他写道：分界线的“横截形成了一种具有无穷精细网络的格子、组织或格栅的形状。任何两条曲线自身都永不相交，但它们又必须以很复杂的方式弯曲回来，无穷多次地对直穿过格栅中所有的网格”〔3P396〕。按原来的思路，可以猜想位于三角形内与外的初始条件将分别导致不同的定性行为，但是现在分界线极为复杂，在 M 与 N 之间找不到一根确切的曲线，我们根本无法分清哪里是三角形的内，哪里是三角形的外。本质上，三角形的边界是模糊的、分形的，三角形面积有限，但周边无限长。

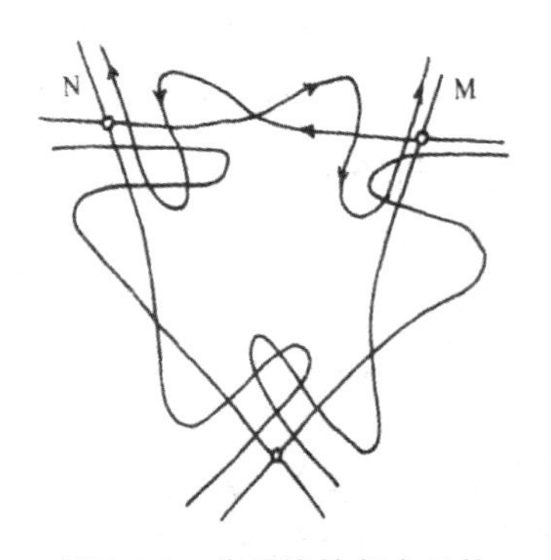

图 3.36　分界线的复杂结构

当年彭加勒在考虑这些问题时定义了著名的同宿点（homo-clinic point）和异宿点（heteroclinic point）这对概念。同一周期的双曲点的稳定流形和不稳定流形的交点称为同宿点，不同周期的双曲点的稳定流形与不稳定流形的交点称为异宿点，如图3.37所示。（a）中 R 为同宿点。对于（b）图，若 P 和 Q 是同一周期轨道的周期点，则 R 为同宿点；否则为异宿点。实际上从（a）中可以看出，有一个同宿点则必有无穷多个同宿点。R、A、B、C、D 等都是 P 的同宿点。下面我们严格证明这一命题。设 x 是一个同宿点，W^S 和 W^u 分别代表 P 的稳定流形和不稳定流形，则 $x \in W^S \cap W^u$，显然有 $x \in W^S$ 及 $x \in W^u$。又因为流形在映射 S 作用下是不变的，即 $S^n x \in W^S$，$S^m x \in W^u$（n=0，1，2，…）。所以有 $S^n x \in W^S \cap W^u$。因此，有一个同宿点，则必有无穷多个同宿点。同宿和异宿这对概念已推广到耗散系统。

彭加勒发现了同宿横截的复杂结构，但没有画出图来，经过伯克霍夫和阿诺德，现已能描绘出保守系统的通有结构图。图 3.38 就是一例。其中圆圈围成的是椭圆点，椭圆点之间栅栏结构的中央为双曲点。外层的 5 个椭圆点为一个周期的周期点，内层 3 个椭圆点属于一个周期。把其中一个椭圆点的邻域放大，会得到类似于整个图 3.38 的另一张图。保守系统中也充满了自相似结构。

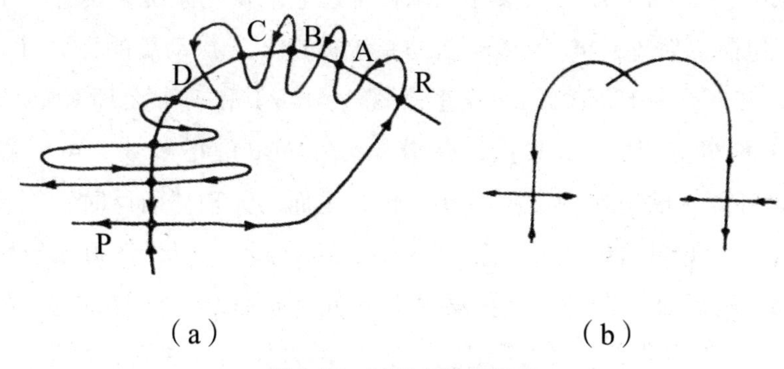

图 3.37　同宿点和异宿点

图 3.38　保守系统的通有结构图

下面研究 KAM 环面的破坏过程。我们先分析可积系统在摄动作用下 KAM 环面的破坏，然后从数论的角度看哪些环面先被破坏。考虑扭曲映射（twist map）

$$
\begin{aligned}
J_{n+1} &= J_n \\
Q_{n+1} &= Q_n + 2\pi\alpha(J_n)
\end{aligned}
\tag{3.44}
$$

这里 α 是旋转数，代表轨道在环面上的斜率。若 α 为有理数，则它总可以写成形式

$$\alpha = p/q \text{（}p\text{，}g\text{ 互素，设 }q>p\text{）} \tag{3.45}$$

此时系统为周期 q 运动。如果 a 为无理数，则 a 不能写成（3.45）的形式，此时系统是条件周期运动（或准周期运动），轨道稠密地覆盖住环面（圆环）。（3.44）是可积系统，现在考虑它的摄动系统，设有一小扰动 ε 作用于扭曲映射（3.44）。摄动前的系统称为 A_0，摄动后的称为 A。在图3.39中，有一个有理环面（在这里表现为圆环）和两个无理 KAM 环面。假设图3.39对应于1 ： 3共振，并设 α（J）是 J 的增函数。可以确定外层的无理环面在映射作用下顺时针旋转，里面的无理环面反时针旋转。在小摄动下，无理环面只有小的变形（图3.39未画），但仍然得以保留。在这两个 KAM 环面（圆环）之间必然有另外一条曲线，它上面的点在 A 作用下 Q 坐标不变化，用（1）记之。因为 A 为保面积映射，所以（1）在 A 作用下生成（2），（1）与（2）必围住相同的面积，因此它们必横截出 $2kq$ 个点（通常 R=1），这些点显然是 A 的不动点。有理环面原来正好通过这些不动点。在摄动作用下，有理环面被破坏，生成了三个椭圆点和三个双曲点，如图3.39所示。在椭圆点附近有一些闭曲线围绕着它，但在双曲点附近情况比较复杂。双曲点的不稳定流形无穷多次地横截稳定流形，形成了同宿点和异宿点，结构类似图3.38中的栅栏。

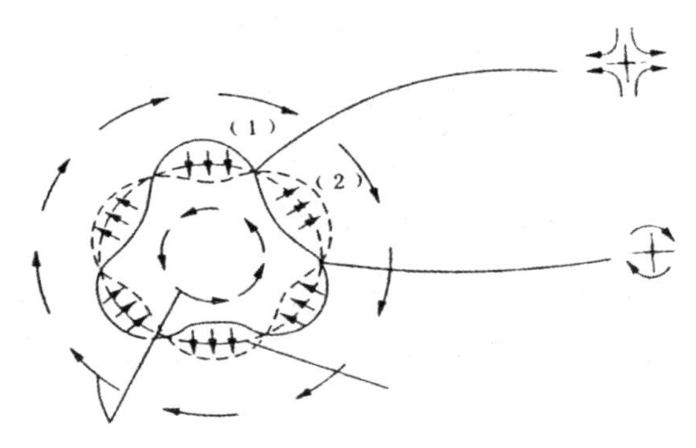

图 3.39　KAM 环面的破坏

环面的破坏总是从有理环面开始，然后无理环面被破坏。那么环面按什么顺序破坏呢？每一环面都与一共振相联系，容易满足低阶共振条件的

环面最先被破坏。一般地讲，容易用有理数逼近的无理数代表的无理环面也容易被破坏。哪些无理数容易逼近呢？设 σ 为一无理数，σ 最好的有理近似可通过连分数得到。定义

$$\sigma = a_0 + \cfrac{1}{a_1 + \cfrac{1}{a_2 + \cfrac{1}{a_3 + \cdots}}} \tag{3.46}$$

$$= [a_0,\ a_1,\ a_2,\ a_3,\ \cdots]$$

例如 π 和 e 可写作

$$\pi = [3,\ 7,\ 15,\ 1,\ 292,\ \cdots]$$
$$\mathrm{e} = [2,\ 1,\ 2,\ 1,\ 1,\ 4,\ 1,\ \cdots]$$

由数论知识知道，二次无理数（$A+B\sqrt{D}$ 型，$B\neq 0$，D 不是完全平方数）用连分数逼近收敛得很慢，其中黄金数 τ 收敛得最慢[①]，它有奇怪的连分数展开式

$$\tau = \frac{1}{2}(\sqrt{5}+1) = [1,\ 1,\ 1,\ 1,\ 1,\ \cdots]$$

因为黄金数最难逼近，它所代表的黄金环面也就最难破坏。综上所述，分子分母都较小（p，q 较小）的有理数代表的有理环面最先破坏，其次容易逼近的无理数代表的环面遭到破坏，二次无理数代表的无理环面较难破坏，而黄金环面最后被破坏。

在环面破坏过程中，剩下的环面测度是多少？对于两自由度系统，根据 KAM 定理，保持下来的环面满足条件

$$\left|\frac{\omega_1}{\omega_2} - \frac{r}{s}\right| > \frac{K(\varepsilon)}{S^{2.5}}\text{，对所有的 } r\text{、}s \tag{3.47}$$

其中 r、s 为互素整数，对于 $K(\varepsilon)$，一般并不知道许多信息，但知

① 黄金数 τ 是方程 $x^2-x-1=0$ 的正根。

道当$\varepsilon \to 0$时，即小扰动趋于无穷小时，$K(\varepsilon) \to 0$。破坏了的环面的集合正好是上一集合的补集，满足

$$\left|\frac{\omega_1}{\omega_2}-\frac{r}{s}\right|<\frac{K(\varepsilon)}{S^{2.5}} \tag{3.48}$$

可以看出，此条件强于可通约（共振）条件

$$n_1\omega_1+n_2\omega_2=0 \tag{3.49}$$

不过，这仍然足以保证当ε较小时，剩下来的环面的测度为一有限正数。从单位区间上删掉宽度为$K/S^2.^5$的一系列小区间后剩下的长度不为0。实际上删去的小区间的总长度$L \approx K(\varepsilon)$，当$\varepsilon \to 0$时，$L \to 0$。但是，当ε很大时，剩下的KAM环面的测度逐渐减小，由正数变得趋于0，最后系统出现全局浑沌。

现在我们看一个实例。标准映射

$$\begin{aligned} J_{n+1} &= J_n + K\sin\theta_n \\ \theta_{n+1} &= \theta_n + J_{n+1} \end{aligned} \tag{3.50}$$

当参数K变化时，此系统可以出现浑沌。映射（3.50）的不动点为

$$J=2\pi m\ (m=0,\ 51,\ 52,\ \cdots) \tag{3.51}$$

$$\theta= 0,\ \pi$$

雅可比行列式为

$$|J_n|=\begin{vmatrix} 1 & K\cos\theta \\ 1 & 1+K\cos\theta \end{vmatrix}=1 \tag{3.52}$$

当K=0.9时，浑沌区由很小的随机层构成，系统的不变环面清楚可见，如图3.40（a）所示。当K变大到1.0时，随机层加厚，在中央小岛两侧双曲点附近又生成了新的随机层，如图3.40（b）所示。当K增大到3.0时，系统的浑沌运动占主导地位，已进入全局浑沌，只有两个小岛还保持着规则运

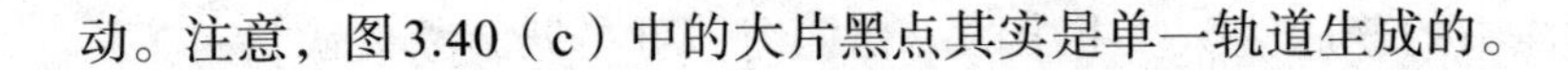
动。注意，图3.40（c）中的大片黑点其实是单一轨道生成的。

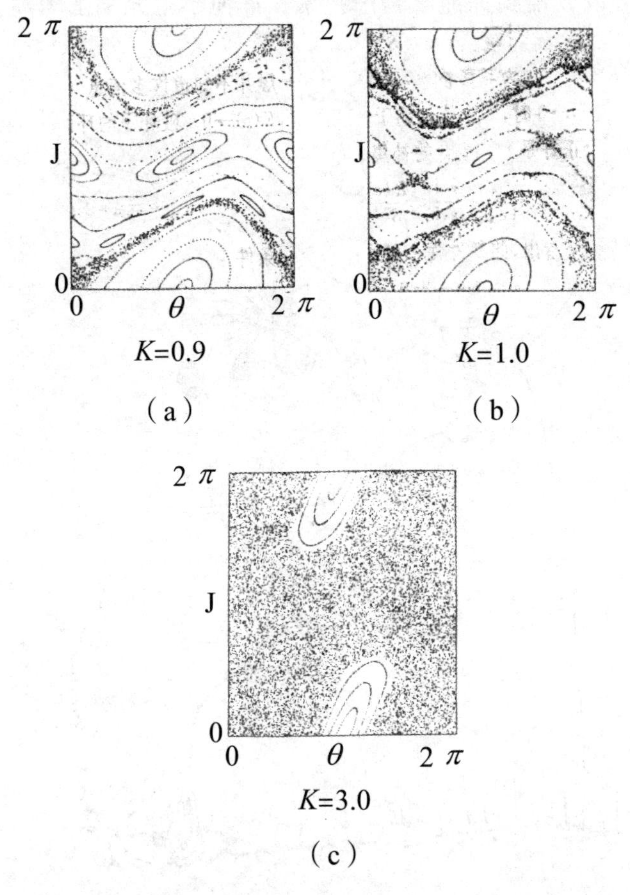

（a）通过计算机迭代生成的标准映射相图，共振重迭之前

（b）标准映射相图，共振重迭之后

（c）标准映射相图，强非线性条件之下

图 3.40

作为第3章的总结，我们看一幅有趣的漫画，见图3.41。原名叫“非线性动力学家的相图”，实际是浑沌学家的一幅风光照。中间站立者是浑沌学家，全身都用浑沌学中的特征曲线描绘。双眼为不稳定焦点，发际穴处为一稳定结点，两耳为保守系统 KAM 环。嘴用一双曲点表示。两脚为同宿轨道的横截栅栏。地面是浑沌时间序列或浑沌频谱。左边为费根鲍姆倍周期分叉树，最左上角为一霍普夫分叉。右上角为洛伦兹吸引子构成的“蝴蝶”。类似的漫画还有一些，著名的有斯维丹诺维奇（P.Cvitanovic）

编辑的《浑沌中的普适性》一书中的一幅插图，可参见参考文献 [12]。从这些漫画中可以领悟到浑沌学是门艺术，浑沌学家充满了幽默。

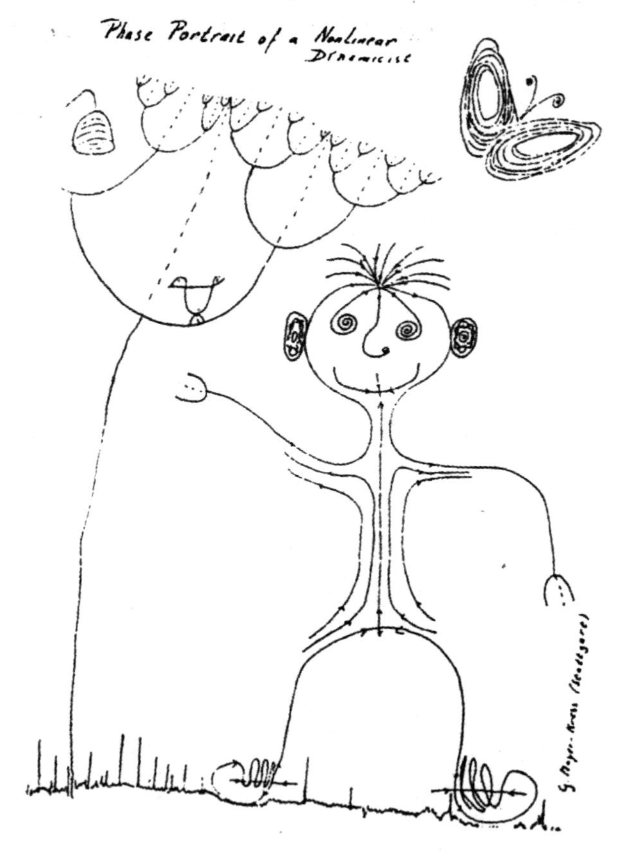

图 3.41　非线性动力学家的相图（肖像）

第4章　浑沌研究的方法

> 现代自然科学和技术的发展，正在改变着传统的学科划分和科学研究的方法。……电子计算机和计算科学的长足进步，使科学方法的武库鼎立于实验、理论和计算三根支柱之上。……得力于理论、实验、计算三大方法的重要典型之一便是非线性科学的突飞猛进。[100]
>
> ——郝柏林

浑沌学是在现代科学前沿探索过程中，由数学、物理学、天文学、生物学、系统科学、计算机科学等诸多学科相互交叉与渗透的产物。研究浑沌现象不能离开现代科学方法的康庄大道去独辟蹊径，只能遵循科学方法论的基本规范，从各门有关科学中吸取、借鉴和提炼它的方法。

现代科学方法的基本环节（要素）可概括为：建立模型，理论描述，数值计算，实验观察，哲学思辨。浑沌研究也不例外。但浑沌是一类新发现的、特别复杂的运动形式，研究浑沌必须依据本领域的问题和特点对其他学科发展起来的方法进行选择、改造、综合、创新，形成自己的特色。作为一门尚未成熟的新学科，浑沌学的方法论也是正在探索的课题。任何一门学科的研究方法都是在该学科的发展过程中不断发展的，用新的方法去发现和解决新的问题，新问题的解决又丰富和发展了它的方法。作为新学科的浑沌研究尤其如此。

§4.1 建立模型

模型方法日益成为现代科学方法的核心。理论描述、数值计算、实验观测和检验，都是针对一定的模型进行的。首先要有模型，特别是数学模型，然后才能进行数值计算和理论分析，而实验的设计也往往受到对模型如何理解的制约。系统方法特别注重数学模型。从应用模型的角度看，系统方法可以归结为：建立模型，求解模型，分析解的特性，预测系统的未来演化，制定控制方案等。浑沌学是一门精确科学，一门系统理论，建立数学模型尤为关键。

描述浑沌现象的数学模型一般有下述特点。

1. 动力学特性

浑沌是系统的时间演化行为，状态量 q 是时间 t 的函数，$q=q(t)$。时间演化有两种基本方式，一种是连续的，一种是离散的。描述连续系统演化过程的数学模型主要是微分方程。广义的物理过程（包括生物的、生理的、经济的乃至某些社会的真实过程），一般都用微分方程来描述。根据不同的物理问题，这些方程或者从所谓“第一原理”导出，或者采用唯象方法建立。目前浑沌研究所涉及的方程大都是其他学科早已发现和论述过的，浑沌学把它们作为模型，从新的角度重新审视它们，引出新的结论。浑沌研究的一个目的就是要证明许多长期被认为简单的运动方程可以产生出复杂行为，向传统观念冲击。因此，至少在目前这个时期，浑沌学要把其他学科已经研究过的非线性微分方程拿来重新研究。但随着浑沌学的进一步发展，将会发现许多新的微分方程模型。若斯勒方程（3.2）是一个适当的例子。若斯勒是德国图宾根大学的一位理论生物学家，为了简化洛伦兹吸引子，受浑沌系统的几何变换（伸缩与折叠）搅乱相空间的启发，创造了一个最简单的三阶非线性方程组，画出了一个较简单的吸引子。后来的研究表明，若斯勒吸引子并非没有实际意义的单纯思维抽象，而是在许多系统中可以观察到的事实。既然经典科学只认识了确定性系统中的很小一部分，未来的浑沌研究将发现更多新的微分方程模型，乃是意料之中的事。

1990年，里希特（P.H.Richter）等人提出一个新的浑沌模型，并自称发现了通向浑沌的一条新道路，称为吸呼浑沌（breathing chaos）。他们考虑在一斜板与垂直的墙面所夹成的楔形区内，一个刚性小球在重力场作用下的弹跳。很容易写出能量函数，并确定边界条件，然后将能量函数进行重新标度，使一些常数都等于1；接下去是用初等方法直接得出迭代关系，确定所要研究的映射。与其他人的研究方法类似，最终得出彭加勒映射的一种具体解析式，然后便开始理论分析和数值计算。

2. 依赖于控制参量

能够出现浑沌运动的系统都是开放的远离平衡态的系统。与环境进行物质和能量交换，并受到环境的制约，是这类系统的基本特征之一。环境对系统的作用和制约通过两种方式表示出来：一种是方程中外作用项，一般是随时间而改变的量；另一种是方程中的系数 k，k 不因时间而改变。参数 k 反映系统受环境制约的方式，或系统与环境的耦合方式。如虫口模型（2.5）中的系数 a 代表种群系统的生长率。环境的改变，种群规模的伸缩，都会导致 a 值的改变。这类参数值的大小影响和制约着系统的动力学特性，在某些临界值上可以导致系统动力学特性的定性性质的改变。在实验和计算中，常常通过改变这些参数来控制系统的定性特性。鉴于这些理由，动力学家称它们为控制参量。当参数变化时考察系统的结构稳定性，是浑沌研究的中心课题之一。

3. 非线性特性

浑沌是系统内部非线性相互作用的结果，凡线性系统都不可能发生浑沌行为。反映在数学模型上，就是运动方程中包含有状态量 q 及其导数的非线性项（至少有一个非线性项，如若斯勒方程）。目前见到的浑沌模型，一般只出现二次、三次非线性项，四次以上的很少见。另外，有些非线性系统是用分段线性函数描述的，由于形成尖峰或间断点，系统整体上表现出强烈的非线性，可以出现浑沌，如3.7节所介绍的几个例子。不可把这些系统误认为是线性系统。

4. 空间分布

复杂的浑沌系统不仅有时间演化，同时还有空间演化，状态量 q 也是空间坐标 z 的函数，$q=q(x, t)$。反映在演化方程中，就是包含偏导数项，

或者用拉普拉斯算子

$$\Delta=\frac{\partial^2}{\partial x^2}+\frac{\partial^2}{\partial y^2}+\frac{\partial^2}{\partial z^2} \tag{4.1}$$

表示。有时，方程中还可能出现表示更复杂的空间分布特性的因子。不过目前浑沌研究还很少涉及偏微分方程，空间浑沌研究刚刚开展。

5. 确定性

许多动力学系统存在环境的随机作用，需用随机微分方程描述。至少目前的浑沌学还没有涉及这类系统，它所处理的系统都是以确定性微分方程为模型的。

综上所述，浑沌系统的运动方程具有以下一般形式

$$\dot{q}=N(q,x,k,\Delta,t) \tag{4.2}$$

N 记非线性函数。（4.2）为确定性非线性偏微分方程。有时，基本动力学方程中还包含外激励项 u（t），如杜芬方程（2.3）、强迫布鲁塞尔振子等。一个重要的事实是，没有强迫项的连续系统至少是三阶微分方程才能出现浑沌，如果包含强迫项，二阶微分方程就可以产生浑沌，杜芬方程（2.3）和范德波方程（2.4）即为实例。离散动力学系统的数学模型是差分方程，或者用离散映射（迭代）来刻画。能产生浑沌运动的模型是非线性映射。一个 m 维映射的一般形式为

$$x_{n+1}^i=\varphi_i\left(x_n^i,\ \cdots,\ x_n^m\right)\ i=1,\ 2,\ \cdots,\ m \tag{4.3}$$

x^i 为第 i 个状态变量，n 记迭代次数（离散时间变量）。

要对一般演化方程（4.2）或（4.3）进行研究是不可能的。必须针对实际问题，给出模型的具体形式，选出典型方程。即使如此，做一般的研究也相当困难。需要对原始方程做简化处理，这是系统建模中很关键的一步。

一种简化处理的目标是，把偏微分方程转化为常微分方程，即把分布参数系统简化为集中参数系统。这意味着略去与空间分布有关的演化现象，仅仅考察作为时间演化的浑沌。典型的例子是在创立和发展浑沌理论中起了重大作用的洛伦兹模型。这个问题的物理起源是无限平板间的流体

热对流问题，支配方程是关于二维流函数的偏微分方程组。简化手续是，将流函数展开为傅利叶级数，得到一个包含无穷多个运动模式的无穷阶常微分方程组；根据物理考虑确定最重要的运动模，进行保留主要运动模的截断，得到一个阶数不高的常微分方程组；再对这个方程组做无量纲化处理。不同模的截断，得到不同的简化模型。若进行三次截断，就得到洛伦兹模型（3.1）。洛伦兹的截断模式中动量的非线性交换项消去了，因而由于切变引起的阻尼并不存在。刘式达考虑了切变阻尼，得到了推广的洛伦兹方程组

$$\begin{aligned}\dot{X} &= (-\sigma+S)X+\sigma Y\\ \dot{Y} &= rX-Y-XZ\\ \dot{Z} &= XY-bZ\end{aligned} \qquad (4.5)$$

（4.5）式当 $S=0$ 时就化为洛伦兹方程（3.1）了。

研究以常微分方程为模型的浑沌仍然显得困难。另一种重要的简化方案是把连续系统离散化，主要是把常微分方程简化为离散映射。通常是简化为二维迭代，它的一般形式为

$$\varphi: \begin{aligned} x_{n+1} &= f(x_n, y_n)\\ y_{n+1} &= g(x_n, y_n)\end{aligned} \qquad (4.5)$$

一个著名的例子是埃农模型（3.6）。埃农的目的是应用简化方法获得一个尽可能简单的模型，同时能够呈现出与洛伦兹方程相同的主要特性。但离散模型的处理（包括数值计算）要简单得多。

离散化也可应用于一维连续映射。上章提及的许多迭代方程都有一个区间到自身的连续映射作背景。许多数学定理（如李—约克定理）也是针对连续映射塑述的。但通过离散化，就简化为简单的一维迭代。典型之一是逻辑斯蒂映射。

$$f: x \to ax(1-x) \qquad (4.6)$$

它本身是连续的。引入离散时间变量 n，就可以简化为迭代方程（2.5）。

实施连续系统离散化的一个重要方法是作彭加勒映射。在高维相空间中，由方程（4.2）决定的系统行为是一条连续轨道，又称连续流。如果取一个适当的平面与连续轨道相交，可得到一个离散点序列 p_0，p_1，p_2，…，如图4.1所示。设截平面记作（x，y），则截点为 p_n=p_n（x_n，y_n）。由于微分方程是确定性的，点 p_n 与 p_n+1之间的关系也是确定的

$$\varphi: \ p_n \rightarrow p_{n+1} \tag{4.7}$$

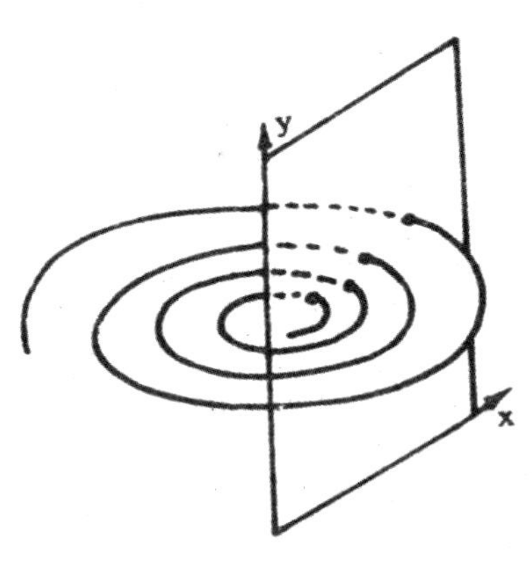

图 4.1　彭加勒映射

这就是彭加勒映射，平面（x，y）称为彭加勒截面。彭加勒截面未必是二维的，一般它比相空间少一维，为 n–1 维超曲面。

既然离散点序列 p_i 只是原系统连续轨道上的少数点，必然包含原有轨道的许多信息。只要截面取得适当（通常应通过原来稳定而后失稳的不动点附近），离散映射就可以反映原来连续系统的主要动力学特性，观察到分叉与浑沌现象。由于离散化显著地压缩了大量次要信息，数学处理大大方便了。彭加勒映射已成为研究浑沌现象的重要手段，在耗散系统和保守系统两方面都有广泛应用。

简化模型一般都会降低模型的维数。上述两种情形都是用低维模型代替高维模型。特别有意义的一类模型是一维非线性迭代。高维耗散系统的相空间体积在时间演化中不断缩小，其结果，从许多截面上看去很像一维映射。一维映射表现出丰富的动力学特性。如通向浑沌的三条典型道路，都已在一维映射中观察到。一维映射相当简单，往往只需用初等手段即可处理。但从一维映射中揭示出来的许多普适特点，在高维映射中仍然保留

下来。因此，一维映射成为浑沌研究的代表性模型，浑沌学的大量科学内容是围绕这个模型叙述的。麻雀虽小，五脏俱全。一维映射就是浑沌研究的麻雀。从浑沌学的建立过程看，KAM定理未能掀起浑沌研究的高潮，一个重要原因是它未能给出代表性模型。浑沌研究高潮于20世纪70年代兴起，一个重要的原因是发现了一维映射这种代表性模型。70年代浑沌探索的代表人物大多数解剖过一维映射这只麻雀，他们是通过一维映射而掌握了浑沌的基本特征的。

浑沌事业的开创者们都曾受到批评，他们的模型被认为过分简化，不能反映他们所研究的真实系统。但他们正是从这种简化中得到了别人未能得到的报偿。以洛伦兹为例，如果他当时接受了马库斯等同事的批评，为了更多地体现气象系统的特点而采用偏微分方程或高阶常微分方程为模型，很可能要把数值结果显示的长期行为不可预见性归咎于方程复杂、缺乏有效数学手段所造成的假象，因而不能发现浑沌。洛伦兹没有这样做，他把气象系统的特殊性统统抛开，抽象出一个干干净净的三阶常微分方程。在这样一个简单的模型中观察到奇异的复杂行为，完全不能用其他原因来解释，只能承认这是确定性系统内在的随机性。当马库斯后来接受了浑沌时，他终于理解了洛伦兹当时所用方法的科学性。科学的简化处理能避开迷惑人的表面现象，把事物的本质澄明地呈现于研究者的面前。浑沌探索反复证明了这一点。

但是，简化毕竟意味着损失信息，复杂系统的浑沌运动的丰富内容不可能在简单模型中全面反映出来。二维映射的长期行为与初值有关，相空间被划分为不同吸引域，甚至同时存在周期吸引子与浑沌吸引子，这些特性是一维映射不具备的。离散映射不能完全反映连续系统的分叉与浑沌，埃农吸引子与洛伦兹吸引子完全不是一回事。对同一组偏微分方程的傅氏展开实行不同模的截断，例如对无限平板间的热对流问题，实行3个模、5个模或7个模的不同截断，所得不同简化模型表现出不同的动力学特性。不论常微分方程组阶数多高、方程多复杂，只能刻画时间演化中的浑沌，不能刻画空间演化所显示的浑沌。简化是必要的，但对浑沌现象做更精致、更详尽的研究，就应当直接考察高维模型、连续模型或分布参数模型本身。

§4.2 理论描述

有了模型之后，求解和分析模型的解便成为中心课题。浑沌研究的基本内容是：浑沌的定义、分类，基本特征的定性、定量刻画，浑沌的发生机制，存在条件，通向浑沌的途径，浑沌的预测、控制和利用。解决这些问题，需要建立精确定义的概念和严格证明的定理，形成理论体系。浑沌研究的许多问题，如极长周期运动、准周期运动和非周期运动的性质完全不同，靠数值计算和实验观测难以确切区分开来，只有严格的理论方法才能有效地解决。像 KAM 定理这样重大的成果，就是在力学理论指导下提出来的，并利用拓扑学、分析学、数论等高深数学工具严格证明，从而成为一项表明理论方法在浑沌研究中具有极端重要性的典型工作。

浑沌研究中的理论方法主要有下述几方面。

1. 系统方法

在传统科学方法论思想中居支配地位的是还原论，相信整体的性质可以而且必须还原为部分的性质去认识。相应的方法是分析—累加的方法。这种方法适用于描述线性系统或可积系统。浑沌则是强非线性、强不可积性系统的典型行为，是一种根本的非加和性。一切浑沌运动都是本质上无法还原为部分特性去认识的整体特性，必须用系统观点和方法处理。

浑沌研究创造了一系列对系统做整体描述的概念和方法。确定性系统的内在随机性，对初条件的敏感依赖性，层次结构的自相似性，都是系统的整体特性。同宿点、异宿点、捕捉区、非游荡集、奇怪吸引子、斯梅尔马蹄、分叉序列、周期窗口等，都是刻画系统整体特征的概念。其中有些是经典理论已经提出的概念，在浑沌研究中获得新的含义和作用（如测度熵、拓扑熵、李亚普诺夫指数），有的则是浑沌研究独创的新概念（如倍周期分叉、阵发浑沌）。浑沌学也创造了许多定量描述系统特征的新概念，如费根鲍姆常数、分数维数等。随着浑沌研究的深入开展，有关描述整体特征的分析工具将会逐步完善起来。

值得指出的是，浑沌研究中整体描述方法的发展与局部描述方法的发展相辅相成，协同前进。动力学系统的整体特性是一种拓扑性质，但不能刻画局部性质的经典拓扑方法局限性很大，20世纪30年代兴起的拓扑动力学未能得到发展，原因就在于此。微分动力系统理论引入可微性和微分结构这些刻画局部性质的概念，以微分流形为相空间，才使拓扑学方法成为描述系统演化的整体特性的有效工具。现代数学中的微分几何、微分流形、微分动力系统理论都为浑沌研究提供了局部与整体相结合的强有力的描述方法，反过来，浑沌研究又促进了这种整体描述与局部描述相结合的方法的进一步发展。

2. 动力学方法

浑沌运动是一种动力学行为，理论分析的主要任务是描述浑沌系统的动力学特性，动力学方法是基本方法。动态系统理论的主要内容，如稳定性理论、分叉理论、吸引子理论等，在浑沌研究中都有重要应用。

稳定性理论在浑沌研究中起关键作用。浑沌是周期运动失稳后导致的行为方式，揭示浑沌发生机制必须做稳定性分析。在不动点或周期点附近考察动态特性，传统的线性稳定性分析方法足以胜任。要了解大范围或全局的动态特性，须在大范围分析和非线性理论中寻找工具。目前还缺乏普适方法。埃农的捕捉区概念是有益的。系统在奇怪吸引子上的运动，既是稳定的，又是不稳定的（后面将详细讨论）。经典稳定性理论不适于描述这种特点。浑沌研究需要推广稳定性概念，发展稳定性分析方法。这方面已有所收获，为动力学的稳定性理论增添新内容，但还有许多问题有待探讨。

浑沌是一类非周期运动。有些学者认为，有关倍周期分叉、费根鲍姆标度律等内容都属于描述周期运动的工具，与浑沌无关。这种看法有片面性。动力学研究揭示，周期分叉与浑沌密切相关，哪里发现分叉序列，哪里就可能出现浑沌运动；通向浑沌的各条道路都要用周期与分叉概念来刻画，浑沌区内嵌套着周期窗口，周期窗口内又再生浑沌。无序、无规这些复杂现象必须从它们的反面寻找规定性，加以刻画。从这个角度讲，浑沌研究必然要使用以前熟知的概念。这些事实表明，对于阐述浑沌发生机制和描述浑沌区的精细结构，动力学的分叉理论是常用的武器。经典分叉理论研究的是静态分叉和动态分叉（霍普夫分叉），浑沌学提出同宿分叉甚至“蓝天突变”分叉的新概念。经典理论主要针对单个分叉现象，研究的是有序演化；浑沌学研究的是分叉序列的整体，分叉与浑沌的联系，如何通过分叉走向浑沌或走出浑沌，等等，大大丰富了分叉理论。

鉴于浑沌与周期运动的密切联系，依据系统的数学模型用理论方法确定可能出现的所有周期轨道，厘清它们出现的顺序，对周期轨道进行分类，弄清周期窗口的分布，就成为浑沌研究的重要课题。迄今有关浑沌理论的文献中相当大的一部分属于这一方面。对于解决这些问题，现代数学，甚至初等数学，有大量成果可资利用。值得注意的是，从应用拓扑学的抽象概念而发展起来的符号动力学，已成为常规武器。前面提到的马蹄、MSS 方法、沙可夫斯基序列等，都属于符号动力学方法，下面略加介绍。

给定一个由 N 个符号组成的集合 $S(N)$，例如由 0、1 两个数字组成的集合 $S(2)=\{0, 1\}$。由这些符号组成各种双向序列，如

$$A=\cdots, a_{-n}, \cdots, a_{-2}, a_{-1}; a_0, a_1, \cdots, a_n, \cdots \qquad (4.8)$$

$$B=\cdots, b_{-n}, \cdots, b_{-2}, b_{-1}; b_0, b_1, \cdots, b_n, \cdots \qquad (4.9)$$

由所有这些符号构成的符号序列的集合 Φ，称为符号空间或状态空间。在状态空间上定义两点（状态）之间的距离为

$$\rho(A,B)=|a_0-b_0|+\sum_{\substack{i=-\infty \\ i\neq 0}}^{\infty}\frac{1}{n^2}|a_i-b_i| \qquad (4.10)$$

这样，Φ 就是一个度量空间。在 Φ 上定义一个移位映射

$$F: \Phi\rightarrow\Phi \qquad (4.11)$$

F 的作用是使序列移位，例如向右移一位：

$$F(A)=\cdots, a_{-n+1}, \cdots, a_{-1}, a_0; a_1, a_2, a_3, \cdots, a_{n+1}, \cdots \qquad (4.12)$$

F 的作用是在状态空间中把一个状态点转移到另一个状态点，相当于一种动力学过程。因此，F 本身是一个动力学系统，称为符号动力系统。可以证明，F 具有无穷多个周期轨道；F 上每一点的附近总有其他点。在“右移”变换下，它们之间的距离时而趋于0，时而大于某个正数，表现出对初值的敏感依赖性。F 是一个浑沌系统，可用来作为任意动力学系统的模型。把实际动力学系统抽象成为符号动力学系统，通过研究这种简单

模型的浑沌运动去了解实际系统的浑沌运动，称为符号动力系统方法。这是目前掌握的描述浑沌现象的严格方法之一。郝柏林的英文专著《初等符号动力学》对此有深入讨论。在1979年以前，人们对埃农映射一直缺乏严格的数学分析，虽然已从计算机实验中认识到，奇怪吸引子具有康托集与一维流形的笛卡尔积组成的拓扑结构。德万尼（R.Devaney）与尼太基（Z.Nitecki）的论文《埃农映射中的移位自同构》解决了这个问题，该文采用了符号动力学方法，证明捕捉区内有马蹄。

研究系统演化，主要关心的是系统的长期渐近行为，即演化过程趋于怎样的终态。浑沌也是系统演化的一类长期渐近行为，需用吸引子概念描述。但浑沌系统的吸引特性与非浑沌系统有原则上的区别。经典的吸引子理论不能简单地应用于浑沌研究。奇怪吸引子概念及刻画其特性的方法的提出，是对吸引子理论的重要发展。

现代数学的许多分支能够向浑沌探索提供武器。有许多抽象的数学内容长期找不到实际应用，今天却在浑沌研究中大放异彩。数论在KAM定理证明中的应用就是一个例子，沙可夫斯基定理的应用又是一例（法瑞树的应用见下一节）。数学宫殿中充满神奇的法宝，它们就像东海龙宫中的定海神针，长期被闲置而无人问津，不知哪一天会突然大放异彩，成为孙悟空战胜各路妖魔的金箍棒。浑沌学家应当到数学大厦中仔细查寻更多的有效工具。物理学家也向浑沌探索提供了重要武器，重正化群方法是著名的一例。费根鲍姆的发现及理论验证就得力于重正化群方法。

最后应提一下著名的麦尔尼可夫方法。它实质上是一种测量技术，但理论性很强。通过测度彭加勒映射的双曲不动点的稳定流形与不稳定流形之间的距离来确定系统是否存在横截同宿点，进而判断系统是否出现浑沌。

§4.3　数值计算

数值计算是研究浑沌现象的另一基本手段。浑沌学建立过程中的著名工作，大都是用数值计算方法完成的。洛伦兹、李天岩与约克、梅、埃农、肖（R.Shaw）等人关于耗散系统浑沌运动的研究，都得力于数值计算。标志着浑沌学产生的费根鲍姆常数，更是在无数次的数值计算之后才发现的。在反复枯燥的迭代计算中，费根鲍姆有种直觉，猜想到分叉序列可能按几何级数收敛。再通过大量的数值计算，猜想得到了确认。费根鲍姆常数是20世纪物理学的重大发现之一。在保守系统方面，KAM条件的破坏导致浑沌的思想，也是通过数值计算而得以明确的。鉴于不可积系统无法获得解析解，数值计算成为定量分析的唯一手段。最早也是最著名的工作，是埃农等人1964年对系统（2.8）的研究。通过数值计算，埃农、福特等人获得了有关破坏KAM条件而走向浑沌的大量形象化材料，丰富了对保守系统浑沌运动的理解。可以毫不夸张地说，没有大规模数值计算，就没有浑沌学的产生和发展。

用数值计算研究浑沌，首先要选择有效的计算方法，善于使用示像技术。数值计算已成为一门独立的学科，这里无须讨论它的方法和技巧。为研究浑沌现象，要选择适当的控制参量进行计算，再改变参量作新的计算，以便在参数空间进行考察（分叉及由周期向浑沌的转变只能在参数空间考察）。研究一维迭代，最有效的是在由状态量和控制量形成的二维空间中考察（参见图3.10）。埃农对方程（2.8）的数值计算，以总能量 E 为参数，在 E 值逐步提高的过程中考察KAM条件的破坏过程。这是对浑沌系统做整体考察必须使用的方法。

处理数值计算的结果，可归结为确认周期解和刻画吸引子（郝柏林）。周期分叉与浑沌都是系统的定态行为，计算结果中包括反映初值扰动引起的暂态过程，应当排除。不太长的周期解，要以通过彭加勒截面法、分频（或叫频闪）采样、功率谱分析、符号动力学等方法确认出来。在彭加勒截面上，周期运动表现为一个点或多个点；准周期运动或者表现为有限个点，或者表现为一条曲线；浑沌运动则表现为随机分布的点。周期运动的功率谱 $D(\omega)$ 是点谱，浑沌运动的功率谱 $p(\omega)$ 是具有一系列峰值的连续谱。有些系统可以通过与符号动力系统或法瑞（Farey）树建立对应关系，从数值结果中把周期解确认出来。法瑞树来自数论中的法瑞序列：

1阶：$\frac{0}{1}$，$\frac{1}{1}$

2阶：$\frac{0}{1}$，$\frac{1}{2}$，$\frac{1}{1}$

3阶：$\frac{0}{1}$，$\frac{1}{3}$，$\frac{1}{2}$，$\frac{2}{3}$，$\frac{1}{1}$

4阶：$\frac{0}{1}$，$\frac{1}{4}$，$\frac{1}{3}$，$\frac{1}{2}$，$\frac{2}{3}$，$\frac{3}{4}$，$\frac{1}{1}$

5阶：$\frac{0}{1}$，$\frac{1}{5}$，$\frac{1}{4}$，$\frac{1}{3}$，$\frac{2}{5}$，$\frac{1}{2}$，$\frac{3}{5}$，$\frac{2}{3}$，$\frac{3}{4}$，$\frac{4}{5}$，$\frac{1}{1}$

…：……

可以看出，所有分数都由0/1和1/1通过分子加和除以分母加和得到。法瑞序列有一个重要性质，对于序列中任意三个相邻的分数 a/b、c/d、e/f，中间一个分数 c/d 的值必等于其他两个数的分子之和除以分母之和，即

$$\frac{a+e}{b+f}=\frac{c}{d} \tag{4.13}$$

如果 a/b、e/f 比 c/d 低一阶，则称 c/d 为“法瑞女儿”，a/b 和 e/f 为“法瑞父亲”。最终只有0/1和1/1是“父亲”，其余所有分数都是“女儿”。我们可以随便验证（4.13）。例如，0/1、1/4、1/3这三个相邻分数（对第4阶而言），（0+1）/（1+3）= 1/4。法瑞序列的这一构造方式原来只是纯数论的内容，如今在浑沌研究中派上了用场，用它可以预言“共振”和周期轨的位置，可以确定“阿诺德舌头”的位置，并估计相对宽度。比如，已经知道了系统有1/3和1/2共振，则系统必有（1+1）/（3+2）=2/5共振，而且周期小岛的位置恰在1/3小岛与1/2小岛之间。对于阿诺德舌头，情况也差不多。过去人们只知道法瑞序列与皮克（Pick）定理有关，但做梦也想不到在非线性动力学中还有如此奇妙的应用。

刻画吸引子是一项有趣而困难的工作。奇怪吸引子的无穷层次嵌套，各种层次上大小不一的孔洞，结构的不连续变化，等等，需作为分形几何对象来描述。但传统几何学中的许多方法也有用途。奇怪吸引子上的运动

不但是遍历的，而且是混合的，表现为随机运动，需要引入分布函数概念，使用统计描述方法。频谱是最常用的统计特征，频谱分析方法已大量应用于浑沌研究。各种分数维数实质上是统计特征，是刻画浑沌运动的重要特征量。另一种统计特征量是李亚普诺夫指数，用以刻画奇怪吸引子上轨道指数式分离的速度。李氏指数的一般定义比较复杂，这里只介绍一维映射（2.5）的情形：

$$\lambda(a)=\lim_{N\to\infty}\frac{1}{N}\sum_{n=1}^{\infty}\left|f'(a,x_n)\right| \tag{4.14}$$

其中，当 $a=4$ 时，λ（4）可以严格求出：[39P56]

$$\lambda(4)=\frac{1}{\pi}\int_0^1\frac{\ln\left|4(1-2x)\right|}{\sqrt{x(10x)}}dx=\ln 2 \tag{4.15}$$

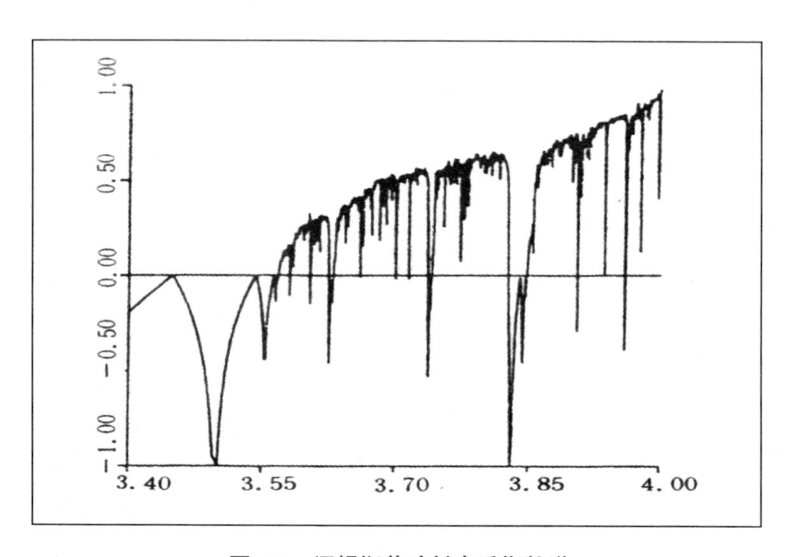

图 4.2　逻辑斯蒂映射李氏指数谱

$\lambda<0$ 代表稳定、收敛性因素，$\lambda>0$ 代表不稳定、发散性因素。对于一维映射，除了零测度的集合外，λ 与初值无关，当 $\lambda>0$ 时系统有浑沌轨道；$\lambda<0$ 时系统有最终周期轨道。图4.2给出逻辑斯蒂映射（2.5）的参数范围为 [3.40，4.00）的李亚普诺夫指数。将此图与第3章有关图对比，不难发现，周期窗口处的李氏指数小于0（当然，由于精度限制，多数小窗口的值没有很好地反映出来），表明系统处于周期运动。简单、有序运动的吸

引子不能有正的李氏指数，一般至少要有一个负指数。浑沌运动的吸引子不能没有正指数，因为奇怪吸引子上的轨道敏感地依赖于初值，轨道局部指数地分离（不能无限制地分离，因为相空间有界），正的李亚普诺夫指数能反映这种特点。但也不能没有负指数（高维系统），因为奇怪吸引子对外部有吸引作用，吸引子整体上稳定、有界，负的李亚普诺夫指数能反映这种特点。三维系统有三个李亚普诺夫指数 λ_1、λ_2、λ_3，按不同组合，分别表示不同动力学特性：

$$
(\lambda_1、\lambda_2、\lambda_3)=\begin{cases}(-,\ -,\ -)\ \text{稳定不动点}\\(-,\ -,\ 0\ )\ \text{稳定极限环}\\(-,\ 0,\ 0\ )\ \text{稳定二维环面}\\(+,\ 0,\ -)\ \text{奇怪吸引子}\end{cases}\qquad(4.16)
$$

例如，对于洛伦兹系统（3.1），当 δ= 16.0，r=45.92，b=4.0时，计算结果为 λ_1= 2.16，λ_2= 0.00，λ_3=−32.4。对于若斯勒系统（3.2），当 a=0.15，b=0.20，c=10.0时，计算结果为 λ_1= 0.13，λ_2= 0.00，λ_3= −14.1。

数值计算也有自身的问题。物理实验中常常出现由于偶然因素导致的随机过程，需设法排除，或加以控制。数值计算中由于方法近似、计算机有限字长等因素导致的误差、分叉与不稳定，有可能被认为是系统固有的特性。原则上讲，在有限字长的计算机上，在有限长的时间内，不可能产生出真正的非周期序列或浑沌解，长周期与非周期难以分开。用数值计算研究浑沌轨道的合理性虽少有人提出疑问，但需进一步从理论上论证，弄清必要的限制，制定适当的对策。既不能用数值计算代替严格的数学分析，也不能因数值计算目前存在的问题而贬低甚至否定它。

§4.4　实验观测

在浑沌研究中，真正的实验（物理的、化学的、生理的等）要比理论描述和数值计算开展得晚。但是，由于浑沌是自然界的普遍现象，传统的实验研究实际上早已有所触及，只是囿于传统观念的束缚，未被作为浑沌现象予以深入研究。例如，160年前法拉第在做受迫浅水波振动实验中遇到过二频分现象。20世纪70年代后期，以研究浑沌为目的的实验工作逐步展开，并取得越来越多的成果。尤其对倍周期分叉进入浑沌的问题，取得了系统而很有价值的实验结果。实验观测逐步成为研究浑沌的又一基本方法。

富有成果的实验研究首先要设计有效的实验方案，实验方案的选择以能够产生浑沌运动为前提。产生的浑沌现象愈丰富、典型，实验愈有效。这就需要有正确的物理思想作指导，要对浑沌发生机制有深入的理解。一些历史上有名的实验，如法拉第的实验，今天被放在对浑沌现象的现代认识的背景下，利用现代技术重新进行。更多的工作需要设计新的实验。许多在自组织理论研究中考察过的实验，如贝纳德流、BZ反应、激光系统等，在进一步增大控制参数的条件下就变成了浑沌实验。愈是能够精确控制的实验，愈富有成果。目前最完善的实验之一是在非线性振荡电路中进行的，已拍摄到一张与图3.10完全类似的分叉与浑沌图，引起人们的浓厚兴趣，其原因就在于实验条件可精确控制。

实验数据的处理，同样归结为两方面：确认周期解，刻画吸引子。数值计算中使用的方法，原则上也可以应用于这里。从实验数据中看到的分叉现象，由于外噪声的干扰，或者其他控制参数的影响，以及别的原因，可能另外形成某些难以解释的分叉序列。要设法从中分离出实验方案所关心的分叉序列。确认分叉序列是为了判断有无浑沌，并确定浑沌区的位置。郭勒卜和本森（S.v.Benson）在一个实验中发现频谱中有三个特征频率，他们猜测由此三个频率就可以产生几乎所有频率。先确定三个主要频率f_1、f_2、f_3，写出方程：

$$F = m_1 f_1 + m_2 f_2 + m_3 f_3 \qquad (4.17)$$

其中m_2、m_2、m_3为比较小的整数（可假定小于20）。文献[31]利用最小二乘法拟合方法去弥合频谱图上的所有频率，结果发现十分奏效，三个频率可以很好地拟合出浑沌频谱的所有主要峰值。进一步证明，三个频率是必须的，如果只用两个频率，不能拟合出浑沌频谱的主要峰值。

为了刻画吸引子，需要制定一些能够从实验数据中提取有关信息的方法。数值计算有系统数学模型为依据，背景空间（相空间）是明确的。实验观测一般不知道背景空间，又不能跟踪测定吸引子的一切变量。通常的做法是把吸引子投影到某个二维（平面）或一维（直线）子空间上来观测，只采集一两个变量的数据序列。要从这样的数据出发重构吸引子，难度很大。美国加州大学圣克鲁兹分校当年有过一个著名的“浑沌小集团”，由罗伯特·肖等四个年轻人组成。他们以滴水龙头为模型研究浑沌，创造了一种根据时间序列重构相空间并找出奇怪吸引子的方法。其基本思想是，系统任一分量的演化是由与之相互作用的其他分量决定的，这些相关分量的信息隐含在任一分量的发展过程中。为重构一个“等价的”相空间，只需考察一个分量。他们制定了一套具体的操作程序，泰肯斯从数学上为这一方法奠定了可靠的基础。这一方法在许多方面有点任意性，但可以将吸引子的一些重要性质反映出来，且不依赖于重构的具体细节。在实验中一般很容易得到一维的时间序列

$$X=\{x_1, x_2, \cdots, x_N\} \tag{4.18}$$

其中 N 很大。要从中构造出相空间吸引子，必须把一维数据拓展成多维数据。先估计一个嵌入维数 d，比如 $d=3$，则可以利用时间延迟法，重复使用一维数据，得到另外两维数据，三个坐标轴分别为 $X(t)$、$X(t+\tau)$ 和 $X(t+2\tau)$。τ 为选定的时间间隔，$\tau=m\Delta t$，m 为整数，Δt 为原来一维数据中相邻数据取样时的间隔时间。图4.3为罗克斯（J.c.Roux）等人1983年关于BZ反应构造的浑沌吸引子，横轴为 t 时刻的信号，纵轴为 $t+\tau$ 时刻的信号。

就浑沌研究的当前水平来看，理论研究与实验研究在许多方面相互脱节。有些理论成果尚无法用实验事实来检验，现有理论又远远不能概括实验研究所观察到的丰富事实。这种现象在浑沌学早期发展中是正常的。随着这类实验事实的积累，将会启发和推动浑沌学家寻找新的理论突破口，建立起浑沌学的完整体系。

§4.5 哲学思辨

科学哲学家库恩（T.Kuhn）认为："特别在公认的危机时期，科学家们必须转向哲学分析，作为解开他们的领域中的谜的工具。"① 浑沌探索中充满了各种谜团，不能不求助于哲学分析。为经典力学中新发现的异常复杂现象所困扰，彭加勒转而研究科学哲学，思考必然性与偶然性、决定论与非决定论的关系。这就使彭加勒早于同代人认识到，决定论是拉普拉斯造成的一种幻想。面对直觉、经验与权威理论之间的冲突，洛伦兹深入科学哲学的核心思想中寻找产生问题的根源，通过清算气象学传统理论中的拉普拉斯决定论，为科学概念上的突破扫清了道路。曼德勃罗的脑海里经常翻腾的是这样一类问题：奇形怪状有什么意义？维数的本质是什么？简单性能否产生复杂性？通过静心思索这些哲学味颇浓的问题，他摆脱了欧几里得以来统治几何学的权威思想，走上发现分形之路。埋头从事数值计算的费根鲍姆，同时也在思考客观性、普适性、有序与无序、物理事实与主观感觉的关系、宇宙观之类的问题。福特则热忠于思考一些全局性大问题：浑沌是什么？它意味着什么？人类是受限制的存在物吗？浑沌事业的开拓者们差不多都乐于提出哲学问题，并且给出极富启迪的解答。

每当新的科学事实与权威理论之间发生尖锐冲突而导致科学危机时，科学家们就会表现出两种截然相反的态度。一些人尊重客观，承认新事实，敢于修改原有理论，并创立新理论去解释新事实。一些人尊重权威，从维护既有理论出发去取舍事实。两种态度反映出两种基本哲学信念的对立。浑沌拓荒者们继承了自然科学的唯物主义传统，一旦确认了与经典有序理论相矛盾的新事实，便毫不痛惜地抛开经典理论的脚手架，全力

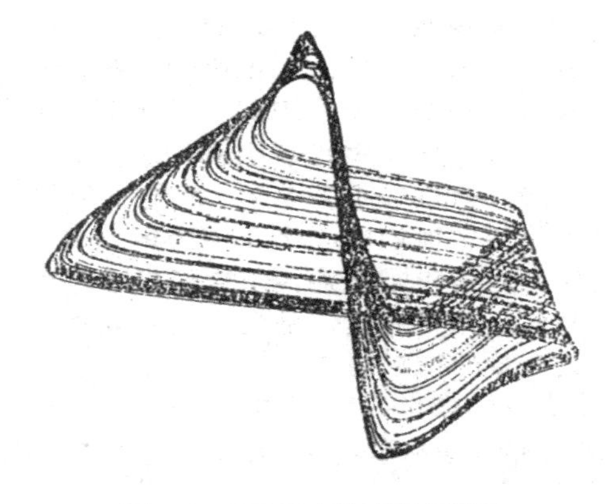

图 4.3 BZ 反应的奇怪吸引子

① 库恩：《科学革命的结构》，上海科学技术出版社1980年版，第73页。

建构新的理论以说明这些事实。而他们的同行中总有一些人，虽然也碰到浑沌现象，甚至更早些，但拒不承认它们是新的科学事实，没有发展理论的自觉性，结果让浑沌从身边溜掉了。典型的例子就是前面已经提到过的洛伦兹和上田皖亮的导师。如果日本物理学家们多一点唯物主义，多一点对客观事实的尊重，放下权威的架子，认真核查、思索一下年轻学子上田君的新发现，他们也就不会压制上田，浑沌发现史就得重写了。斯梅尔和范德波、梅和谢弗，他们之间都有过这样的经历对比。

每一位学者在走上科学舞台之前都经过长期的科学教育和训练，不但接受了科学知识，而且还接受了思维方式、工作方法、研究风格以及许多并未言明的假设和成见。如果他所在的工作领域还处在发展时期，这些继承过来的东西对他作出成绩是大有好处的。如果他恰巧赶上这个领域的革命来临时期，那么，从传统教育和科学共同体中接受的这些东西将成为他实行观念上的革命转变的严重障碍。要在科学急剧转变时期走在前头，就必须破除传统的束缚，解放思想，更新观念。谁先完成这种转变，谁转变得彻底，谁就容易在创建新科学的竞争中捷足先登。格莱克的《浑沌——开创新科学》一书列举出有关这一点的大量生动事例。浑沌学的创立者们无一不是在经典科学教育下成长的，许多人在非浑沌研究中曾有过杰出成就。在最先碰到浑沌现象时，他们同样是按照自己熟悉的理论和方法去处理的。但他们的思想一点也不僵化，能够从不太大的失败中迅速觉醒，率先完成了科学思想、研究方法和工作作风的转变。一些初期曾拒绝过浑沌这个新概念的学者，在他们皈依浑沌之后，曾总结过他们失误的原因。从这些人的谈吐中看到，他们与那些走在前面的学者相比，差距正在于传统观点太牢固，因而思想转变慢了一点。看来，这里也存在“小的初始差距导致重大不同后果”的现象。可以打这样一个比喻：浑沌好比一位围着丑陋面纱的美女，20世纪70年代以前多数人把她拒之门外，当少数人撕开面纱的一角，揭示出美女娇嫩的肌肤时，科学界震动了，个个来了激情，对于浑沌美女趋之若鹜，决心一睹风采。当然，首先受到青睐的是那些勇敢地撕开面纱的人，这足以让多数科学家嫉妒了。开拓者们何以知道丑陋面纱后竟是美女呢？他们凭的是洞察力、深刻的哲学智慧。哲学在科学中似乎经常是无用的，然而它有“无用之用”，即至用，它将引导科学家提前进入新的境界，发现新领域，革新旧方法。我们将在第10章说明，浑沌是科学革命，科学革命是科学发展这一系统的临界相变。相变理论早已明确指出，一切系统在临界点上都表现出这种对初值的敏感依赖性。

摆脱传统偏见并非易事。一般来说，一个人对传统科学贡献越大，对传统的研究方法、风格越熟悉，就越难于转变。这就需要学习哲学，树立哲学思考的自觉性，培养哲学洞悉力，练就一双猫头鹰的眼睛。当碰到理论困难时，能自觉地从具体的科学问题中跳出来，从哲学的高度审视问题，找出症结。从科学史上看，对于一个尚未开拓的研究领域，那些致力于拓荒和创业的学者都有浓厚的哲学兴趣，努力从哲学上为自己的大胆探索寻找精神支持和方法论启示。他们特别感兴趣的，是有关强调认识能动性和有助于克服两难困境的辩证思维。浑沌现象研究就属于这种情况，我们将在第8章中做进一步讨论。最后应当申明，哲学思辨方法不能代替其他科学方法，哲学思辨一般只能作为补充方法出现。科学界对哲学界的种种不满情绪很大程度上是因为许多哲学工作者缺少必要的科学素养和科学精神造成的。这种局面影响极坏，不能不引起重视。科技工作者应当主动学习马克思主义哲学，而哲学工作者更应补补课，学习些基本科学知识，多培养些科学精神。

第5章　浑沌探索对现代科学的影响

> 浑沌动力学的领域正在继续经历着爆炸性的增长，出现了许多进展和应用，它们是在横断一个广泛的学科范围，包括物理学、化学、工程学、流体动力学、生态学和经济学在内而取得的。……只是在最近，在遍及科学的各个领域中人们感受到了确定性浑沌的影响。①
>
> —— M.费根鲍姆

浑沌探索的成果，不仅仅是在现代科学知识体系中增加了一个新的分支，从一开始浑沌研究就是适应多学科的需要而提出来的。随着这一新学科的形成和发展，它对现代科学的影响更加广泛和深入。全面概括这些影响是不可能的，本章只就五个大的方面做一番概要的评介。

§5.1　浑沌与物理学

浑沌探索影响最深的领域是物理学，包括各种力学、声学、光学、固体物理学、粒子物理学、统计物理学、天体力学、宇宙学等，广义地还包括气象学、地质学、化学等。这仍然太宽泛。天体力学将在下一节专门讨论。统计物理学放在第9章讨论。本节只论及以下几方面。

1. 一般力学

浑沌是从力学中首先被发现的，它挑战的矛头直接指向经典力学的基

① 转引自刘洪主编:《新学科精览》，中国科学技术出版社1990年版，第91页。

本假设，对力学的影响无疑是巨大的。著名力学家J. 莱菲尔在一篇文章中写道："我必须以广大力学科学家们的全球集团的名义说话。我们集体一致请求原谅，因为我们把接受教育的人们引向谬误，传播了关于满足牛顿运动规律的系统遵从决定论的思想；然而1960年以后证明，情况并不是这样。"[①] 请求原谅实无必要，早先的错误认识在后来得到纠正，这是科学发展中的正常现象。而且，不能全责怪后人误解了牛顿等人的本意。不过，一个学科的代表人物请求对沿袭300年的错误予以原谅，这在科学史上是罕见的，反映了浑沌给力学带来的冲击是何等强烈。

我们着重谈谈浑沌对非线性力学的影响。动力学问题从开始便是非线性的，但长期以来只发展了线性力学理论。对非线性力学的现代探索起源于彭加勒的工作，这些工作与他对浑沌的探索密不可分。现代非线性力学的许多重要概念和方法是彭加勒首创的，由此引发了20世纪的一系列研究。这已反映了浑沌探索对力学的影响。彭加勒的工作标志着非线性力学第一阶段的终结和第二阶段的开始。20世纪30年代苏联非线性振动理论学派开创了力学非线性问题的现代研究，其中安德罗诺夫（A.A.Andronov）有突出贡献。他把彭加勒的极限环概念与范德波方程的自激振动结合起来，并与庞特里雅金（L.Pontryagin）一同提出"粗壮系统"（即结构稳定系统）的重要概念。这是非线性力学发展的第二阶段。浑沌学的创立代表非线性力学发展的第三阶段。早期的工作，如KAM定理、斯梅尔马蹄、洛伦兹的确定性非周期流、茹勒和泰肯斯的奇怪吸引子等，都是非线性力学的重要进展。浑沌探索对非线性力学的影响是全局性、深层次的，不但发现了许多过去未曾注意或重视的非线性问题，重新解释了许多非线性现象的机理，而且引起力学基本思想的转变。这使人们开始认识到确定论与随机论不是非此即彼、截然对立的，牛顿力学既是确定论的，又是随机论的，牛顿力学和统计力学之间是可以沟通的。面对这种根本性的变化，难怪莱菲尔要代表力学界表示歉意了。

2. 湍流理论

湍流是局部速度、压力等力学量在时间和空间中发生不规则脉动的流

① 转引自普利高津：《时间的新发现》，载《哲学译丛》1991年第2期，第28页。

体运动，基本特征是流体微团运动具有随机性。众所周知，湍流虽然已被研究了100多年，但一直没有找到很好的理论解释。研究湍流原来是从纳维—斯托克斯方程出发，从中导出湍流平均流场的基本方程，称为雷诺方程。20世纪30年代以来湍流统计理论有长足进步，但离解决实际问题还相去甚远。1960年代以来，现代数学工具（泛函、拓扑和群论）被引入湍流研究；70年代专家们确立了湍流相干结构的概念，确定性湍流理论开始创建。1971年茹勒和泰肯斯的《论湍流的本质》一文对湍流理论影响颇大，该文及随后的研究基本上否定了朗道和霍普夫关于湍流发生的旧理论，首次提出的奇怪吸引子概念，目前已得到普遍应用。浑沌理论为解决湍流理论的百年难题提供了启示，至少可以说明在进入发达湍流之前的演变过程。值得注意的是，尽管通常认为湍流是高度耗散的系统，但还可以从保守系统的角度考察湍流。在湍流中，规则运动之中包含着小尺度的浑沌运动，在浑沌运动之中又包含着更小尺度的规则运动，这使人立即联想到KAM定理所描绘的相空间结构。考虑拉格朗日型湍流，可在真实空间中借助计算机实验直接模拟湍流运动。目前研究较深入的有三维定常流动和二维不定常流动，典型的模型有ABC流等。基于浑沌理论的实验研究和理论分析已揭示出确定性湍流发生的几条道路，如准周期和锁相、次谐波分叉、三频率拟合、阵发噪声等。

3. 气象预报

1963年洛伦兹的《确定性非周期流》既是浑沌学的经典文献，也是气象学的名篇。“气象混沌”的说法在宋代严羽的《沧浪诗话·诗评》中已有，但“气象”指的是文学作品的意象与规模所呈现的整体风貌。洛伦兹第一次以一个简单的模型从理论上阐明了长期天气预报的不可能性，消除了误导气象学研究及天气预报工作的理论盲目性。从理论上搞清楚气象系统长期行为不可预测，按气象系统的本来面目去对待天气预报，应是气象科学的一大进步。

4. 地质学

地质学中许多专题与浑沌有关，如构造变动、岩浆运移、地磁反向、岩石矿化、浊流沉积等。其中前寒武复杂变质构造的研究与浑沌关系密切。每次叠加的构造活动相当于动力学的迭代过程、映射过程、群的作用过程。四川彭县的等斜褶曲、大金川的紧密褶曲、马角坝的尖棱褶曲等，与浑沌动力学中的拉伸、折叠作用相图极为相似，构造地质学家可从浑沌研究中得到启示。板块运动的地幔热对流假说可以结合计算机数值计算进行深入研究。G.A. 格兰兹麦耶（G.A.Glatzmier）等人已就地幔对流的一个球面碰撞模型做了数值计算研究〔29〕，结论是：下拖的厚板在地幔对流中起重要作用，对流的浑沌演化可能影响板块的时空行为，进而影响大陆的聚散方式。另外，古地磁反向年表的浑沌研究有重要意义。布拉德（E.C.Bullard）、奇林沃斯（D.R.J.Chillingworth）等人给出了类似洛伦兹方程的地磁反向模型〔39〕，能够解释一些现象，不过还显得粗糙。分形理论在地质学中大有用武之地，国内已有人开始做这方面的研究。

5. 量子力学

经典力学中存在浑沌已成定论，至于量子系统是否有浑沌，目前颇有争议。这是一个有关量子力学本质、量子力学与经典力学之间关系的基本性问题。福特等人认为没有量子浑沌，并指出著名的“对应原理”可能失效。也有一些人认为有量子浑沌，但多年来一直没有找到真正的量子浑沌。奇瑞克夫构造了一个量子浑沌模型，但福特也指出了它的漏洞。问题的关键在于 h → o 这一极限过程不是平滑的，有奇性，而且依不同系统而不同。

6. 无线电电子学

人们发现，电路中不同层次和不同程度的浑沌总是存在的，在 RLC 回路中就可以产生浑沌。工程师可以采用浑沌理论帮助自己理解、分析电子线路中的奇异行为。通信噪声的本质及控制，反馈不稳定及其镇定，都与浑沌有关，工程师也可以有意设计浑沌电路达到特殊的使用目的。浑沌理论不但开拓了无线电电子学的视野，而且暗示了它在通信工程、信号干扰等方面的应用可能性。有兴趣的读者可参看莱舍夫（J.Lesurf）的文章《线路板上的浑沌》〔42〕。

7. 轨道概念

轨道概念及轨道理论是从力学中发展起来的，但在其他物理学问题中也有重要应用。浑沌研究表明，在许多情形下，这个概念并不适用，物理学需要从根本上修正轨道概念（但不能抛弃它）。

早在20世纪初量子理论出现时，经典力学中的轨道概念就被修正过一次，这和量子理论的发生、发展的历史是相联系的。经典力学中轨道概念的直观解释，就是物体或抽象状态在真实空间或位形空间中运动所留下的轨迹。这种来自宏观经验的理解意味着，承认相继的运动之间始终保持确定性、连续性、唯一性的关系。玻尔（N.Bohr）1913年创立氢原子模型时突破了经典力学的框架，给出了轨道量子化条件，从理论上解释了氢原子光谱的经验公式，利用电子在量子化轨道之间的跃迁成功地解释了氢原子的一系列性质。但是，玻尔的理论也有明显的不足之处。突出的一点是他的理论是经典概念与量子论思想的某种杂拌体，继续保留了宏观客体运动的轨道概念。他的模型在解释具有两个以上电子的原子光谱时遇到了困难，甚至对于单电子原子，他的模型也只能计算光谱线的频率，不能计算光谱线的强度。量子理论在其后有系统的发展，到20年代发展出的量子力学完全革新了经典物理学。随着波粒二象性的发现和承认，经典轨道概念受到威胁。既然运动的实体不是单一的粒子，那么运动状态之间也绝不会划出一条单一的轨道。微观物理过程本质上具有波动性、概率性、不确定性，这些性质与传统的轨道概念是相矛盾的。玻恩对波函数作出全新的解释，德·布罗意波不是机械波和电磁波，而是一种概率波（以前译为几率波）。波函数是对微观“粒子”运动状态的统计描述。微观客体的运动只遵从统计规律，谈论它在某一时刻的确定位置和一段时间所划出的轨道是没有任何意义的。

我们看到，量子力学在微观层次上根本地否定了传统宏观经典物理学的轨道概念。那么，在宏观层次上轨道概念是否总可以作为合理的概念而幸免于质疑呢？绝不是这样，坚信确定性轨道的不可动摇性，是人为割裂确定性描述与概率性描述以及从根本上否定客观物理过程对立统一性的根本原因之一。实际上，今日浑沌理论真的第二次威胁轨道概念了。这一次不同于前一次，前一次是从本质上不同于经典物理学的量子力学的角度“外在地”否定经典力学的轨道概念；如今浑沌理论似乎是在经典力学内部，单纯由于经典力学本身的发展就引出了对立面，需要“内在地”否定（扬弃）经典轨道概念。从根本意义上讲，这第二次否定不亚于60年前的第一次否定。否定不是完全抛弃，我们只是说，轨道概念在某些系统的某些情况下是个不适用的、无法定义的概念，而在其他情形中它依然是个清晰的、可保留的概念。

轨道的确定性演化意味着轨道的存在性和唯一性。这两者是紧密相连的，对于物理系统而言，否定了一个也就否定了另一个。这里我们只考察唯一性。在经典动力学和微分方程定性理论中都有“唯一性定理”，在满足利普希茨条件（Lipschitz condition）下，运动轨道是唯一的，反之亦然。那么，利普希茨条件能否实现呢？对于比较稳定的系统，此条件无疑很容易满足，轨道唯一性得以保证。以前人们关心的总是比较稳定的系统，因而长期以来利普希茨条件只是一个“摆设”，很少有人用它分析系统，没有人怀疑在经典力学范围内轨道概念的普遍适用性。我们从浑沌理论知道，在具有高度不稳定的动力学系统中，局部上看相空间的某些给定区域（无论它如何小）总包含了使运动导致定性上不同轨道类型的相点。系统对初条件具有敏感依赖性，邻近相点迅速指数地分离（另一方向指数地收缩），分离程度由李亚普诺夫指数定量地刻画，系统复杂性以正的K熵为标志。此类系统的内部时间与外部时间的步调不一致，高度不稳定系统的时间标度比环境的时间标度小得多，一秒钟对于环境可能是很短的时间，对于不稳定系统可能是相当长的时间了，$t \to \infty$ 实际上可用 $t \to T$ 代替，T 并不需要很大。因而，基于 ε–δ 语言的数学分析用于此类物理系统时受到限制。利普希茨条件是用数学上的 ε–δ 语言阐述的，翻译成物理语言，说的无非是一种足够强的稳定性。恰恰是这种稳定性在许多不稳定系统中实现不了，浑沌系统中的运动不稳定性所代表的发散性与利普希茨条件所代表的收敛性是矛盾的。对于浑沌系统，沿相空间轨道确定性演化的概念不可能被操作性地定义，变成一种物理上不可实现的理想化的看法[52P3607]。在处理动力学上不稳定的系统时，经典力学的某些概念，特别是轨道概念，在应用上似乎达到了极限。这迫使人们必须采用一种新的方法研究动力学演化，以一种本质的方式看待分布函数。对于这一点，普利高津做过精彩描写：“只要动力系统足够复杂，在相空间中的一种运动类型初始条件附近的任意小区域中，存在着导致其它运动类型的初始条件。从一个已知初始条件的区域出发，我们不能完全定义一条轨道，以唯一的方式由相空间的有限区域的一点走到另一点。轨道成为一种理想化的东西。应当放弃把动力学当成只是对单个轨道的研究。必须研究轨道集合的发展，波函数集合的发展，分布函数的发展。”[1]1987年普利高津在第七届国际逻辑、方法论和科学哲学会议上的报告中再次指出：“一旦超出李亚普诺夫时间视界的范围，轨道概念便失去意义，我们也就必须运用其它的描述。”[2] 我们认为，这里讲的新方法就是整体分析方法与统计系综方法。前者是关于动力系统演化的定性理论，采用的是安德罗诺夫、斯梅尔、廖山涛等人的几何方法、拓扑方法，研究通有轨道（实际上是轨道簇，类似某种“系综”）的极限行为。后者是统计力学采用的方法，基于分布函数推导出宏观量，这方面的经验和成果十分丰富。值得注意的是，整体定性几何分析方法越来越受重视，这是20世纪数学家可以骄傲地献给物理学家的少有的重要礼物之一。

但是，轨道概念永远不可能消除掉，现在只不过指出了它适用的范围而已，甚至在考察有浑沌的系统时，在一定层次上仍需要某种轨道概念，流形分析仍有轨道的影子。修正后的轨道概念仍能发挥它的作用，很好地刻画物理过程。举例说，当浑沌只在小尺度上广泛存在，而我们在大尺度上考虑问题时，仍可以用轨道概念，浑沌不确定性只对轨道有些干扰，可能不影响其定性行为。归根到底，浑沌仍是某种稳定性，而不是单纯发散，这就使得它既破坏轨道概念，又能一定程度上保留轨道概念。

§5.2　浑沌与天体力学

彭加勒说，正是天文学教导我们存在着规律。人类对自然界有序性、稳定性和规律性的认识首先得自天文观测。实际上，人们对大自然稳定性的信念与对其规律性的信念总是联系在一起的。似乎正是由于稳定性，规律性才可能被识别，宇宙才体现出和谐。天体真的稳定地运动吗？这是个困扰几代科学家的难题。现在人们基本上搞清楚了，太阳系也有浑沌运动，这个令人震惊的发现打破了许多人天真的幻想，极大地推动了天体力学的研究。

几个世纪以来，人们一直在研究天体（特别是太阳系）的稳定性。牛

① 普利高津：《从存在到演化》，载《自然杂志》1980年第2期。

② 普利高津：《时间的新发现》，载《哲学译丛》1991年第2期。

顿力学创立以来，稳定性研究不断深入，迄今已有300多年的历史了。我们都知道行星沿椭圆轨道运行，太阳位于一个焦点上。也许多数人并不清楚，只是在一级近似下，行星才沿标准的椭圆轨道运行。天体系统一般都有非线性，各天体之间都存在引力相互作用，虽说两两之间的作用严格符合牛顿万有引力定律，但整个系统如何运动却很难研究。方程组可以不费力地写出来，但根本无法求解。这时只能作一些假设，采用各级近似方法。长期以来，天体力学家用摄动法来研究轨道的运动稳定性。在长期（secular）摄动下行星会不会被甩出太阳系，会不会与别的天体相碰撞？简单而言，这就是太阳系的稳定性问题。麻烦的是，从数学和逻辑可能性上讲，太阳系可以是不稳定的。比如，可设想一颗行星的轨道偏心率越来越大，它的近日点距太阳越来越近，最后可能不幸地撞在太阳上。不过，千百年来的观测，特别是近代科学兴起之后进行的各种观测，并未发现这种碰撞或者逃逸现象。这就为天文学家和数学家提出一个难题，能否从数学上严格证明太阳系是稳定的？

在科学史上，确实已有许多关于太阳系稳定性的“证明”。牛顿的《原理》发表后100年，拉格朗日就证明太阳系是稳定的，也就是说行星不会逃逸，也不会碰撞。后来拉普拉斯和普哇松（Poisson）也给出了太阳系稳定的证明。人们自然要问，为什么200多年后的今天还要考虑稳定性问题？实际上，以前的证明都是在一定的近似条件下，就稳定性的某一种提法给出的，他们的论证只表明太阳系几百年几千年是稳定的。拉普拉斯的证明只能称为一种虚假的证明，他并未能严格证明太阳系稳定。他把摄动表示为级数，只证明在展开式的前几项中不包含长期分量。后来才证明级数的所有项都不含长期项或混合项，但彭加勒发现级数本身是发散的。因此，虽然级数的前几项在有限时间范围内给出很好的近似，但不能据此判断轨道在以百万年计的宇宙时间尺度上的长期行为，我们并不知道行星的长期运动是否稳定。[53]要讨论太阳系在长期摄动下的行为，可先做数学上的分析，从太阳系中抽象出一个数学模型。忽略许多次要因素（如太阳风、相对论效应等），在三维空间中考虑按牛顿定律运动的 N 个质点，进一步假设只有一个质点质量较大（相当于太阳的角色），其余 $N-1$ 个质点质量都较小。现在想知道在有限（但足够长）的时间里，运动的发展情况。这是一个纯粹数学问题，100多年前就提出来了，可以粗略地称它为N体问题。在19世纪里，此问题激起了许多一流科学家的兴趣，如狄利克雷（P.G.L.Dirichlet）、维尔斯特拉斯（K.Weierstrass）、彭加勒等。后来逐渐认识到不但N体问题难以处理，三体问题就已相当复杂了。

1878年8月15日在给俄国女数学家卡瓦列夫斯卡娅的私人信件中维尔斯特拉斯构造了N体问题的级数准周期解，但不能证明级数的收敛性。维氏确信他的级数实际上收敛。在此20年前（1858年），狄利克雷告诉过他的学生克朗内克（Kronecker），已发现解决力学这一难题的一种全新的一般方法。翌年（1859年）狄氏逝世，他的发现遂成了千古之谜。不过，维氏对克朗内克后来透露的说法十分当真，因为狄利克雷一向学风严谨，不大可能证错或说大话。1885年在米塔格·莱夫勒（Mittag-Leffler）的活动下，瑞典国王为重大数学发现设立了一项奖金。维氏把N体问题做了严格表述提出来作为征解问题，题目是这样的：对于任意质点系统，质点间彼此按牛顿定律相互吸引，假设没有两点曾经碰撞过，请给出在所有时间里用一致收敛级数（各项均由已知函数构成）之和表示的每个质点的坐标。彭加勒写了一篇200多页的应征论文，实际上他并没有解决问题。他的研究近乎暗示级数解与期望的相反，可能发散，因而不存在。彭氏的结果破坏了维氏的希望，但维氏对彭的研究仍表示了极大的赞赏。1889年彭加勒获得了由瑞典国王奥斯卡二世颁发的奖金。在20世纪初，桑德曼（K.F.Sundman）为理解N体问题作出了许多重要贡献，但鲜为人知。他按照19世纪末和20世纪初的标准“解决”了三体问题。不幸的是他构造的级数解收敛得过慢，本质上说他的级数解对于任何实际目的都没有用处。

一直到KAM定理的发现和证明，N体问题才算得到正面的解决。KAM定理直接改变了人们关于稳定性的观念以及稳定性问题的提法。根据此定理，在近可积条件下，有些轨道可以是浑沌的，运动相当随机，但多数轨道是规则的、稳定的。天体系统是否稳定，很大程度上取决于初条件。现在问太阳系是稳定的吗？严格说，我们并不知道。但这个问题的提出已经导致了非常深刻的结果，这可能比单纯回答原来的问题更加重要。KAM定理可做如下引申：无阻尼系统在所有时间中的稳定性，原则上不可能通过有穷计算来判定，这个问题已超出了计算机的范围。[53] 在KAM

定理这一坚实基础上可以把稳定性具体化来讨论，而不是笼统地问稳定与否。事实上，科学研究只能判定在有穷时间内的稳定性。问题不仅在于浑沌是否出现，更在于浑沌出现的范围，以及在多长时间后出现大尺度的浑沌。在无穷长时间里所有天体都将否定自身，当然是不稳定的了。

现在我们转向讨论小行星带柯克伍德间隔（Kirkwood gaps）的成因。1800多年以前人们还不知道有小行星。1781年根据玻得法则（Bode rule）发现了天王星，按照此法则在2.8AU（1AU等于地球到太阳的距离，称一个天文单位）处应该有一个天体。1801年在2.8AU处果然发现了谷神星（Ceres）。（滑稽的是当时黑格尔从哲学上“证明”太阳系的行星不可能多于7个）到1890年共找到300多颗小行星，现在科学家已对2000多颗小行星做了分类，也许还有10万颗有待核实。大部分小行星集中在火星和木星之间的小行星带上，还有一些阿波罗小行星和特洛伊小行星不在此带上。

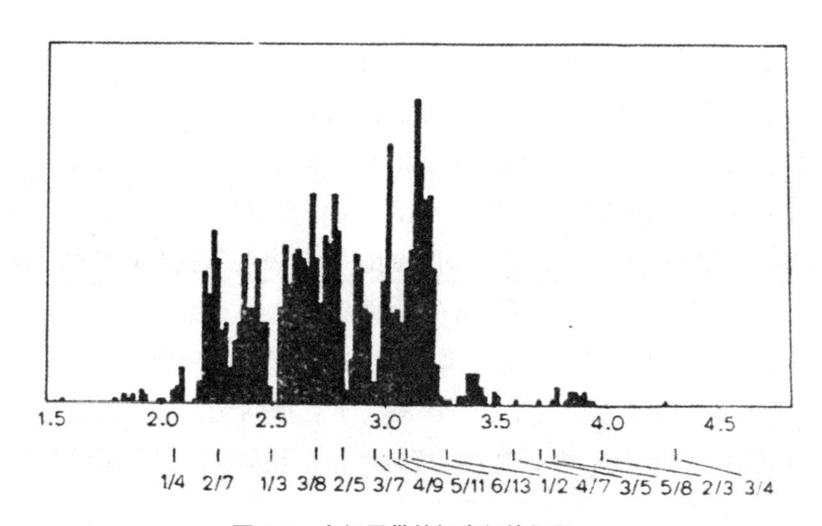

图5.1　小行星带的柯克伍德间隔

小行星的分布很奇特。以小行星数目为纵轴，小行星轨道半长轴为横轴作图，得图5.1。小行星并不是连续分布的，其间有许多间隙或窗口，称为柯克伍德间隔。其成因一直是行星动力学中的一个重要问题，对此大约有四种理论：（1）宇宙起源假说，认为在太阳系早期历史上，小行星目前的间隔就已存在；实际上这种观点回避了问题。（2）统计学假说，认为小行星在间隔附近有天平动，只是很少在共振处见到小行星罢了；这种观点实际上认为有关间隔成因不成其为问题。（3）碰撞假说，认为木星的引力作用增加了碰撞机会，使得间隔处的物质跑掉了。（4）引力假说，认为间隔纯粹由于木星的引力作用引起。

现在可用浑沌理论初步解释柯克伍德间隔。间隔正好对应于小行星与木星相互作用的共振区，最主要的几个间隔对应的共振分别是1/2、1/3、2/3、2/5、3/5、3/7。实际上柯克伍德间隔大致对应KAM环面被破坏的位置，因而在间隔附近，小行星运动是浑沌的（如果有的话）。与木星的共振相互作用导致小行星偏心率偶然的、不规则的变化，有时偏心率的无规变化相当强，可以导致小行星陨落。可以设想，正是这种抛掷小行星的机制形成了目前小行星带的柯克伍德间隔。1983年，红外天文卫星（IRAS）发现，在小行星带中存在环绕太阳的由尘埃组成的环，这可以解释为对应于相空间中共振轨道处KAM环面被破坏后留下的“魂”，代表不稳定小行星在此曾经相互碰撞，碎片大部分逃逸，只剩下少量尘埃。进而，间隔处可形成几乎为真空的“场”。于是，引力假说似乎比较有道理。如果是这样，演化过程必然经历了相当长的时间。德莫特（F.Dermott）和莫瑞（C.D.Murray）的研究表明，1/3共振和1/2共振间隔的结构存在差别，这暗示可能有多种动力学过程在起作用。关于小行星带间隔的本质，还有另外一些不同的观点。不论怎么说，浑沌动力学为其成因的研究注入了生机，用共振不稳定性解释小行星逃离间隔比较有说服力。

在计算机（特别是快速大容量计算机）问世以前，研究天体的长期演化行为几乎是不可能的，只能做非常艰难的数学分析，不得不忽略许多重要因素。如今，快速计算机使得天体力学家可以长期地“观察”行星的行为。近些年来，许多计算机数值计算和计算机模拟都暗示，在太阳系中浑沌几乎处处出现，有些在小的时间尺度上就存在，有的则在相当大的时间尺度上存在。威兹德姆（J.Wisdom）在加州理工学院做学生时就开始研究陨星如何从小行星带被甩到地球上。他对小行星与木星的引力相互作用的计算做了巧妙的简化，发现来自木星的引力作用有时可以把小行星驱向地球轨道。那些即将成为陨星的小行星的运动对其初条件（指其轨道运动与木星的轨道运动的关系）极其敏感，以致于未来的行为不可预测。这些小行星的行为变成浑沌的，无法知道不久的将来它们是继续绕太阳运行，还是不幸陨落。威兹德姆现在正继续研究太阳系其他浑沌行为，他指出，土星的第七个小卫星海皮龙（Hyperion）自身存在姿势不稳定性，在浑沌地翻滚。[76]现在计算机直接可以计算行星的长期行为。据拉斯卡（J.Laskar）1989年报告，对太阳系轨道运动的数值计算显示，内行星（包括地球）都有浑沌行为。不过这并不意味着地球在任何时候都可能飞向太阳或飞到星际空间。一般来说，行星轨道在四五百万年内还是相当规则的，可以保证在近期行星是稳定的。一旦证实上述研究，就可做如下推断：无论现在对行星运动我们知道得如何详细，在地质时间标度上都不足以精确预测行星的运动。这种对初条件的敏感依赖性对于今日太阳系的形成可能已起过重要作用。威兹德姆与MIT的计算机制造者舒斯曼（G.Sussman）合作计算四个大质量的外行星和冥王星的运动，采用最小的近似，使用了一台专门设计的大型数值计算机，以32.7天为时间步长，花了五个月时间，预演了84500万年中这些行星的运动状况。他们证明，冥王星的轨道行为在200万年之后就是浑沌的，不可预测的。冥王星可能是通过浑沌移位进入目前这一奇特轨道的。这一观点得到顿坎（M.Duncan）等人研究结果的支持。

外行星长期引力稳定性检验（LONGSTOP）计划的主要研究者诺比里（A.Nobili）和卡皮诺（M.Capino）计算了10000万年外行星的运动，声称有证据显示巨大质量的外层天体也存在浑沌行为。它们运动的周期并不按有限数目的离散周期轨道变化，相反，周期连续地变化，显示了浑沌的特征。研究者们发现，太阳系天体在长期积分中都存在浑沌，表明在宇宙间浑沌也是无孔不入的。我们太阳系的一般特征是，从长期行为看九大星和一些小天体的运动都由浑沌过程决定，也许只有那些行为受到高度限制的轨道上的天体才保存下来，免于与其他天体碰撞。下一步的研究是，确定浑沌的界限，以及何种原因促使它有其界限。

小行星在黄道带上的分布也可以用浑沌理论解释。彭加勒很早就有了这种思想。1908年他在《科学与方法》中指出，小行星的初始黄经可以是任意黄经，但它们的平均运动是不同的，它们已旋转了相当长的时间，以至现在可以说它们沿黄道带随意分布。小行星与太阳的初始距离十分微小的差别，亦即它们平均运动的十分微小的差别，都会导致它们目前黄经的巨大差异。比如说，若平均运动每天超出1/1000秒，事实上三年将超出一秒，一万年将超出一度，三至四百万年就可以超出一个圆周。

彗星起源问题在浑沌理论的推动下有了重大进展。过去人们认为在35AU处形成的彗星至少在4.5×10^9年（太阳系的年龄）内将以规则、稳定的轨道运动。现在完全否定了这种见解，在太阳系外层中浑沌轨道的范围相当大。如果慧星位于35~45AU，在四个大行星的远距离的弱摄动作用下，可以使其轨道与海王星轨道相交。一旦发生这类事，在木星的控制下彗星将演化出短周期的轨道。浑沌理论为短周期彗星起源提供了一种新的机制，加强了“紧密扁平内核”模型，发展了微星理论。微星理论认为多数彗星起源于原始星盘的外层，短周期的彗星与长周期的彗星来自太阳系的不同部分，经历了不同的历史。但从浑沌理论的角度看，寻找短周期彗星的另一种来源似乎是多余的。

浑沌理论在天体力学和天文学中的应用还很多，如木星大红斑成因问题，可从浑沌研究得到解释。最为重要的是，浑沌研究改变了物理学家对天体现象及天体力学的根本看法。从近代科学诞生以来，天体运动一直被视为确定性系统的典型，天体力学被视为决定论科学的典范。但在发现浑沌之后，天体力学家开始抛弃历代相承的决定论传统。当代著名天体力学家则比黑里（V.Szebehely）明确提出“天体力学是决定论科学吗？”的问题，批评那些坚持决定论的人是在自欺欺人，不是推动科学前进，而是倒退。激烈的言辞反映了浑沌在天体力学家中引起的反响是何等强烈！

§5.3　浑沌与数学

大数学家陈省身有诗云：“物理几何是一家，共同携手到天涯。”这里讲的几何应广义地理解为整个数学。诗的意思是，物理学与数学是相互影响、携手并进的。浑沌理论主要属于物理学，浑沌研究与数学的关系也是双向的，现代数学使浑沌理论成为真正严密的科学，浑沌研究又推动现代数学的发展。前一个方面已在上章讨论过，本节讨论后一方面。

我们在第2章曾说过，彭加勒在数学的各个分支中都有建树，他所提出的拓扑学、微分方程定性理论等已成为20世纪数学发展的重要方向，他的数学思想对20世纪数学发展的巨大影响直到今天仍然是明显的。但彭加勒在数学上的工作是为解决物理研究中的困难服务的，与他对浑沌现象的探索密切相关。彭加勒的贡献就是浑沌研究促进数学发展的明证。

希尔伯特是20世纪最伟大的数学家，他的思想对现代数学的影响是任何其他人不能比拟的。但希尔伯特是数学中决定论思想的突出代表，他深信任何简单的数学问题都必然有明确的答案。一般来说，希尔伯特与浑沌研究无关。但令人深思的是，在提出影响深远的著名的23个问题（1900年）之前，希尔伯特提到了三体问题，并把它与费马问题相提并论。今天的数学家发现，希尔伯特的第6个问题与第10个问题之间有微妙的联系，深入考察这种联系将会引出浑沌。[8]看来，只要对现代数学有全面的了解，即使笃信决定论的数学家也不能不触及浑沌，尽管他不可能发现浑沌。

考察20世纪数学的总体发展，不能不注意让·迪多内（J.Dieudonne）的文章《纯粹数学的当前趋势》。他是布尔巴基学派的重要成员，该学派的数学思想曾经驾驭了现代数学的发展方向。迪多内在总结现代数学的个别趋向时概括出13个方面，其中第2、3、4、8方面都直接与浑沌理论有关，这四个方面的数学成就同时也是浑沌研究的重要成就。不过，有一点需要指出，直到目前许多数学家仍不愿意使用浑沌一词，但这只是形式问题，他们用另外一些严格定义的术语表达了与浑沌相近的意思，具体工作与浑沌研究有内在联系。

1990年8—9月号的《美国数学月刊》上发表了保尔·哈莫斯（P.Halmos）的一篇总结性长篇报告。[35]在准备该报告时，他花费几个月时间翻检了75年来的《数学评论》和其他十几种数学杂志，最后在报告中提炼出22个主题，其中包括9个“概念”,2个“突破”和11个“进展”。9个概念分别是：穆尔—史密斯极限、广义函数、蒙特卡罗法、范畴、K理论、快速傅利叶变换、非标准分析、突变、浑沌。把浑沌单独列为22个主题之一，足以显示浑沌的地位。浑沌探索导致数学中一个新分支的产生，这是浑沌对数学发展的一大贡献。

浑沌对现代数学的影响是多方面的，在分析数学方面最突出的是微分动力系统。微分动力系统理论是浑沌研究的基本工具，数学浑沌是微分动力系统理论的重要内容，二者的关系难解难分。这里简略介绍两位学者的工作。美国数学家斯梅尔早期的兴趣主要是拓扑学。1958年他首次遇到皮克索托（M.Peixoto），了解到安德罗诺夫和庞特里雅金的结构稳定性概念，开始转向动力系统研究。根据莱温松（N.Levinson）和卡特赖特—李特尔伍德（Cartwright–Littlewood）的工作，斯梅尔于1959年抽象出“马蹄”概念。最早的马蹄形状如图5.2所示，而今天人们熟知的马蹄如图5.3所示。

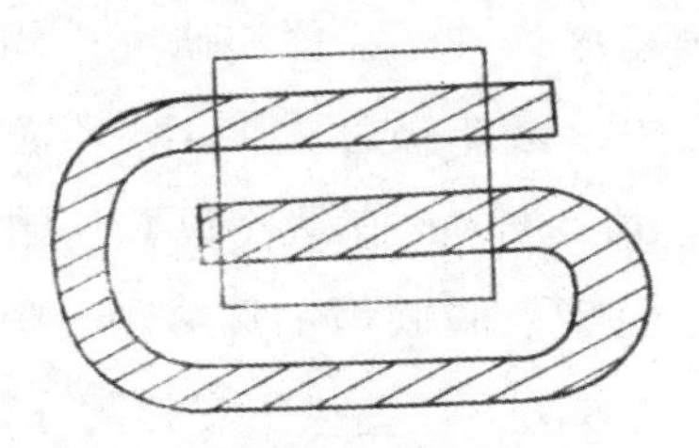

图5.2 最早的马蹄形状

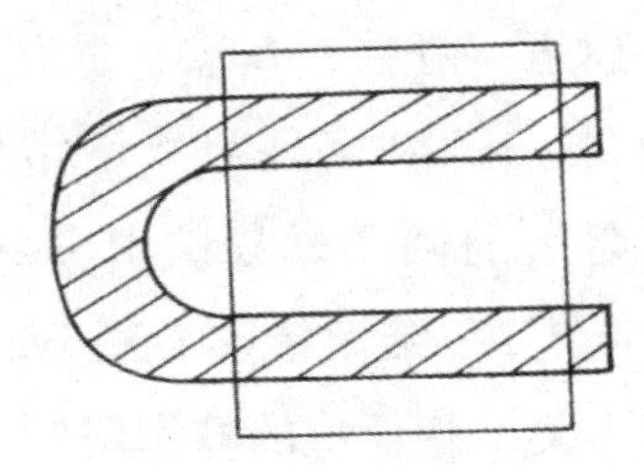

图5.3 斯梅尔马蹄形状

后者是斯梅尔1960年根据纽沃斯（L.Newwirth）的建议稍加改进得到的。[66] 正是这一修改才使它在历史上获得“马蹄”的名字，并成为浑沌的重要判据。古根海默和霍姆斯（通称G+H）在名著《非线性振动、动力系统与向量场的分叉》一书中，大量使用包括马蹄在内的微分动力系统理论和符号动力学方法，把当年安德罗诺夫的工作由二维推进到三维。这一维的推广并非易事，几乎花费了半个多世纪。这是革命性的一步。

廖山涛在一篇短文中指出：“数学中，20年前兴起的微分动力体系的研究着重于大范围的问题。大致可以说，前期以结构稳定性为核心展开各种数学问题的讨论，达到了相当的深度。近年来，注意力也逐渐转向非稳定性方面，涉及一些复杂的扰动问题，正在深入中。”① 他所讲的近年来的转向，就是由浑沌研究的蓬勃展开而触发的。早在微分动力系统理论的现代研究刚刚萌芽之时，廖先生就加入了开拓者的行列。他创造了典范方程组和阻碍集方法，对微分动力系统的遍历性质、结构稳定性以及斯梅尔稳定性猜想的研究作出了杰出贡献。廖山涛（1963）与B.N.奥谢列杰茨（1965）在微分动力系统研究中引入了李亚普诺夫指数的概念，已成为今日浑沌研究、微分动力系统研究的最重要工具之一。

浑沌研究对几何学的影响，突出表现于分形几何学的发展。分形几何

① 廖山涛：《微分动力体系的理论与实际》，载刘洪主编：《新学科精览》，中国科学技术出版社1990年版，第284页。

学几乎独立于浑沌研究而创立，但其大发展主要得力于浑沌研究的广泛开展。分形几何学开辟了几何学全新的研究领域，提出新的概念、方法，代表了几何学的一场革命。刻画奇怪吸引子，确定不同吸引域的分界线，描述KAM环面破坏过程，等等，都推动了分形几何学的发展、壮大。

浑沌研究使古老的数论大放异彩。数论中深奥、抽象的概念，如代数数、理想、范数、基数、素数、法瑞序列等，在浑沌研究中均可找到直接应用。KAM定理与数论密切相关，最难破坏的KAM环面为黄金环面。著名的阿诺德猫映射（cat map）的特征值是代数数。帕西瓦尔（I.Percival）和维瓦尔第（F.Vivaldi）证明，猫映射的许多动力学特征可以表述为关于特征值的算术问题。数论方法不仅提供了有效的计算工具，也使人看到不规则轨道的内在结构，这种不规则性与代数数理论一样有着丰富多彩的内容和不可预见性。“法瑞树”更是一个有趣的例子，它与浑沌有多种深层次的联系，这方面内容见第4章，另外可见郝柏林的《初等符号动力学》。反过来，浑沌研究也将向数论提供新的问题和研究思路。

浑沌研究也推动了统计数学的发展。近30年来，微分动力系统的遍历性质得到深入研究，提出了描述这类系统统计性质的一系列概念，如K熵、拓扑熵等。近20年又发展了算法信息论，给出刻画确定性随机性的一套完整、严密的数学语言。浑沌为算法信息论提供了很好的物理对象，作为内在随机性的浑沌也促进了算法信息论向纵深发展，蔡廷和福特的工作就是一例。

浑沌对数学发展还有更深层次的影响。斯特瓦尔特认为，浑沌向经典数学模式的整个哲学提出了挑战。[8]这并非危言耸听。全面论述这种挑战目前还不大可能，因为许多问题有待浑沌学与数学的进一步发展才能完全看清楚。作为引玉之砖，我们在这里只提及下面几点。

从世纪之交的那场数学基础严密化运动开始，20世纪的数学界掀起一股公理化浪潮，推崇完全形式化的描述，蔑视一切直观因素。数学的现实来源被掩盖，数学与物理等实证科学的联系被削弱。浑沌研究是对这一潮流的有力扼制，它重新揭示出纯数学的现实来源，促使数学与实证科学再次联姻，让人们看到纯数学的广泛应用前景。现代数学的发展并不像某些数学哲学学派所断言的那样，不必关心现实生活提出来的问题，只需研究数学本身提出来的题目。相反，现实生活中的数学问题层出不穷，永远是数学发展的源头活水。"为了继续前进，我们必须汲取真实的关系，来自现实物体的关系和空间形式。"① 浑沌和分形就是最新发现的真实关系和空间形式，是关于数学来源问题的唯物主义回答的极好证据。

希尔伯特在制定20世纪数学发展纲领时有一个自己并未明确意识到的假定，即认为每个数学问题必然有一定的解。他相信数学命题非假即真、非真即假，黑白分明，不是灰色的。希尔伯持的第6问题涉及概率论，他对概率的认识与拉普拉斯基本一致。他的第10问题与著名的丢番图问题有关，属于数论。蔡廷第一个注意到这两个问题之间有联系，并从这里发现了惊人的事实：在数论这个纯数学最传统的分支的心脏部位，存在着随机性。与希尔伯特的信念相反，简单的数学问题未必一定有清楚的答案。在初等数论中，涉及丢番图方程这类问题的答案是完全随机的，或者说是灰色的，而非黑白分明。蔡廷基于算法信息论严格论证了这种随机性的来源，并针对爱因斯坦的著名命题，提出另一个令人震惊的结论："上帝不仅在物理学中，同时也在纯数学中掷骰子，数学真理有时并不比投掷硬币包含更多的东西。"〔5〕蔡廷的工作在有关数学的本质、数学真理观等根本哲学问题上提出挑战。我们知道，哥德尔定理、图灵定理、札德的模糊学已先此提出类似的挑战。其实，恩格斯在100多年前就已否定了数学真理的绝对性，提出："数学上的一切东西的绝对适用性、不可争辩的确定性的童贞状态一去不复返了。"② 但这些事实并不会削弱蔡廷的工作的新意，因为他的结论是基于浑沌之类复杂性科学提出来的，对数学哲学有特殊的贡献。浑沌研究也促进了算法信息论这门数学的发展，可以预测算法信息论将显得越来越重要。

牛顿以来300年的数学发展，本质上是研究连续性、光滑性的，一系列基本原理和方法都建立在实数连续统之上。浑沌与分形探索从多方面向实数连续统提出挑战，发现许多理论困难都可以追溯到实数连续统。浑沌学、分形几何学、元胞自动机理论、符号动力学等研究，要求发展离散数学。目前的离散数学是从连续数学中演化出来的，其中常常可以发现连续数学的影子。看来应当在彻

① 恩格斯：《反杜林论》，人民出版社1970年版，第37页。

② 恩格斯：《自然辩证法》，第85页。

底否定实数连续统假设的基础上发展一套真正的离散数学，才能满足离散动力系统及其他复杂性科学的需要。这涉及数学基础的重建，福特等人早就有这种思想。① 但目前还完全不清楚应当如何着手。

浑沌与分形的研究对于改变数学家的传统工作方式也有重要推动作用。传统的数学研究只要纸、笔就可以进行，无须任何实验。但现在情况改变了，“对于浑沌研究者，数学已变成一门实验科学，计算机代替了充满试管和显微镜的实验室”〔30P38〕。数学家在获得一个需要严格证明的命题之前，首先进行计算实验，分析数值结果，观察计算机显示的图像，以便产生直觉和猜想，寻找新思路，抽象出新的概念和命题，然后再回到标准的逻辑证明上去。这种新的工作方式，日益为更多的数学家所采用。数学开始转变为一种新型的“实验科学”。这对数学未来发展的影响，现在尚难以估量。

§5.4 浑沌与生物学

浑沌理论的兴起最先得力于生物学领域提出的简单数学模型。浑沌理论研究取得一定进展后，生物学（或生命科学）又成为物理科学之外的最早的应用领域。目前采用浑沌动力学研究生物现象的工作已广泛开展起来。这可以从几部专著中看出来，如1985年的《理论生物学与复杂性》、1987年的《应用于生物学信息处理的浑沌动力学》和《生物学系统中的浑沌》。中文版《混沌动力学》第四章编译了“浑沌学在生物学系统中的应用”一文，从中可以发现浑沌学对生物学的巨大影响。在这里我们只谈及两个方面的影响：（1）浑沌与生态学中种群演变理论；（2）浑沌与生物进化理论。

种群生态学与个体生态学、群落生态学、生态系统生态学构成生态学四个分支，或不同研究层次，种群生态学最重要的问题是种群增长。一类较容易研究的系统是虫口各代没有重叠，繁殖和滋生都是季节性的种群。前面对逻辑斯蒂方程（2.5）的讨论发现，这些简单的系统就可以出现不动点、极限环和浑沌行为。但生态学家在浑沌热之前却从未自觉地讨论这些行为，尽管这些行为可以与实际种群的各种复杂演化对应起来。

① 福特1990年10月12日在给我们的来信中再次肯定了数学和物理学的基础需要重建。

哈塞尔（Hassell）等人曾用下述模型

$$x_{n+1} = x_n \lambda [1 + a x_n]^{-b} \tag{5.1}$$

分析过24个田野节肢动物种群和4个实验室节肢动物种群数据。他在参数空间 b—λ 中描出28个点，并根据稳定性对其进行了分区。后来斯塔勃斯（Stubbs）和贝洛斯（Bellows）也做过类似研究。他们有一个共同结论，认为所有种群都有稳定点行为；特别地，没有一种田野种群的参数位于浑沌区域，似乎自然种群总有趋向不动点的行为，极少表现出浑沌行为。托马斯（Thomas）等人的看法更概括些，认定自然选择总是朝稳定的方向发展，种群水平涨落的激烈变化不符合自然界中各种种群在长期发展过程中得以生存下来的事实。

在浑沌理论出现之前，生物学家通常以这种传统的方式思维，普遍认为种群演化不可能无限地增长下去，因而开始时增长快些，后来逐渐减慢，最后种群都应该稳定在一定水平上，或者围绕某一稳定水平在其附近波动。J.M. 史密斯在经典著作《生物学中的数学思想》中就说过，种群通常保持在近似常数处，或者在可以预测的极其规则的平衡态附近有点小涨落。不论怎么说，只要种群数在上下跳动，生态学家们就假定它是在围绕着某种平衡背景振荡，平衡是件重要事情。但实际情况并非如此，生态学家似乎也了解这一点。那么，为什么生态学家长期以来得出错误的结论呢？首先，人们总是认为只有相对稳定的种群才会有长期适用的数据。由于这种先入为主的观点作祟，经受激烈振荡或浑沌变化的种群数据很少有人记录下来，更没有人愿意找麻烦去研究记录下来的少数“不可靠”的数据。实际上哈塞尔等人本来可以发现浑沌，但他们把可能出现的复杂行为在收集数据时事先人为地去掉了。显然，他们的工作并不足以说明自然界真的全是稳定不动点行为。用他们的数据当然也不能发现浑沌，这好比先假定2+3=4，再论证2+3=5 一样。

现代浑沌研究终于使生态学家们从这种传统观点的阴影中走了出来。首先是 R. 梅，然后是谢弗（M.Schaffer）等人，理解了种群系统的典型行为是浑沌运动，稳定平衡不过是一种过分简化的假定。1983年8月在波兰华沙召开的国际数学家大会上，斯维莱基夫（Yu.M.Svirezhev）做了《数学生物学的近代问题》的发言，指出在食物链系统中存在奇怪吸引子，也发现了费根鲍姆的倍周期分叉现象，算出 $k=4.5+\beta$，其中 $0<\beta<0.1$，k 近似等于 δ。接受浑沌理论，意味着放弃生态学理论的标准观点，改变生态学长期沿用的基本假定，在非线性动力学的基础上重建这一学科。这最终将导致生态学革命。

1859年《物种起源》的发表标志着达尔文进化论的创立。恩格斯评价道：不管这个理论在细节上还会有什么改变，但总的说来，它现在已经把问题解答得令人再满意没有了。今天看来，这个评论过于乐观了。在达尔文之后关于进化还是出现了一系列重大的理论突破，并且不仅仅是细节上的纠正。19世纪末20世纪初，遗传学领域出现了摩尔根理论与米丘林理论之争，到20世纪50年代以前基因论占主导地位，后来分子遗传学获得迅速发展。在此过程中，达尔文的自然选择学说也不断改头换面，自然选择学说与基因学说综合，出现了现代达尔文主义的综合进化论。与此同时，一些科学家创立了分子进化论，自称是非达尔文主义的进化论。

达尔文进化论的中心概念是“选择”。分子生物学研究在发现“中性突变”后，提出了“中性说”，开始怀疑选择作用。DNA 分子结构的突变是随机的，无须区分有利突变和有害突变，中性突变并不产生对环境适应度不同的等位基因。自然选择对表现型水平上的进化有重要作用，但对分子水平上的进化意义不大。总之，旧达尔文进化论的基本原则是“物竞天择，适者生存”；新达尔文进化论把进化机制归结为基因突变、基因重组、自然选择和隔离，但其核心仍是自然选择。“中性说”直接违背达尔文主义的原则，认为分子进化是最根本的，自然选择是次要的。这两种学说之间需要认真协调。

从浑沌理论看，一个确定性系统自身就可以产生内部随机性。基因突变是一种浑沌动力学过程，从分子层次看，各种突变具有近似等可能性，突变本质上正如分子生物学所揭示的，是中性的随机突变。基因突变是浑沌的，但浑沌不能归结为纯粹随机性和偶然性，浑沌是有结构的，隐藏着某种深层的秩序，当条件适合时，这种秩序必以某种方式显现出来。从浑沌理论来看，进化是随机性加反馈，或者说好比多次抛掷灌了铅的骰子。[20]进化可以区分为随机性和非随机性两个环节。作为第一环节的随机性是由浑沌动力学过程产生的，相当于中性突变，在这里偶然性起支配作用（但必然性同样在起作用，浑沌本质上是确定性随机性）。第二环节是反馈，在生物学中对应于遗传信息的复制，或由于环境作用导致的世代更替。在这一过程中并不是所有的突变都得到了正反馈，反馈中有所抛弃，长期反馈作用必然产生某种定向选择作用，由此引出了达尔文进化论的核心观点。具体讲，定向选择主要指生殖作用不是随机的，生物种群通过非随机交配、非随机生育率和非随机的生存这三种主要定向作用，基因频率发生改变。遗传漂变也会导致基因频率的变化。因此，本质上说，达尔文进化论与分子进化论并不矛盾，只是侧重点不同。达尔文进化论一开始就是一种由宏观统计归纳出来的理论，它虽不断接受来自深层次理论的修正，但最终还是一种忽略了小涨落的宏观的、长时间的理论。现代达尔文主义认为，物种进化的基本单位不是个体而是种群。达尔文进化论的选择效应是系统层次上不可还原为分子层次的整体效应。这与统计力学中的情况相似，不过方向正好相反，那里系统层次表示为随机性，这里系统层次表现为确定性的选择性。分子进化论是近几十年兴起的理论，它首先来源于分子层次遗传分子的多方面研究，实证性比较强。不过，正由于是微观理论，它注意的是个体的小尺度、短时间的进化，分子进化论讲的进化必然更多地重视进化的连续性、突变的均匀性。在小尺度、短时期内及分系统层次上，间断性、不均匀性、定向选择性不易发现，或者不明显。

达尔文进化论相对于分子进化论虽显粗糙，却有不可替代的作用。达尔文主义把自然选择作为进化的主导因素、把突变作为次要因素，固然片面；反过来，认为突变（特别是中性突变）是进化的主导因素或唯一因素，自然选择是次要的或不存在的，也是相当错误的。某些中性突变论者已经放松以前的观点，有人把等位基因分成严格中性的、准中性的、有条件中性的和假中性的等若干类，这实际上等于逐渐承认突变这种动力学浑沌不是纯随机性，不是完全中性的、对称的，而是非严格中性的、有差异的、好比灌了铅的骰子，这就为自然选择留下了余地。另外，中性进化学说只是从分子水平上考虑问题，不涉及表现型。它固然可以为宏观理论提供基础，但这种奠基是相对的，分子进化论有它固有的局限性。从中我们再次看到，还原是必要的，问题的深入研究必依赖于某种还原；但还原一定是相对的，宏观层次有些质的规定性是系统作为整体特有的规定性（考虑的系统为含时系统），是一种涌现质，它不可还原为分系统的质或分系统瞬间、短时间的质。当我们过分专注于微观、短时间现象时，更多地看到偶然性；当我们过多关注宏观、长期行为时，更多地看到必然性。真实过程是偶然性与必然性的对立统一，二者总是并存的。现代达尔文主义进化论必须与分子进化论结合起来，才能说明生物的进化规律。

§5.5 浑沌与经济学

经济学家的职责是对经济活动进行准确分析，对其发展作出有效的预测等。但是经济学家并没有做到这些。没有哪一领域像经济学这样，花费了如此庞大数目的资金、动用大量人力去研究，而得出精度如此低劣的结果。经济学家的条理分明的预测绝大多数与实际的经济发展不相干，甚至是自相矛盾的，难怪不断有人攻击经济学迄今仍不能算作堂堂正正的科学。可是如果经济学不算科学，那么社会学、政治学还算科学吗？

其实这并不能全怪经济学家。经济分析、预测、控制的不准确性和不恰当性，主要是因为经济现象客观上过分复杂。正如不能期望物理学家准确预测电子的运动状态、不能期望气象学家准确预报几周后的天气、不能指望生理学家准确预测心脏病人何时何分猝死一样，我们也不能苛求经济学家准确告诉我们当日的股市行情、明年的棉花价格、规模经济状况、边际成本变动等。经济过程涉及政治气候、自然条件、当事人的心理和意志等复杂因素，许多变量是无法定量估计的。随便翻开一本西方经济学书，都会发现消费者行为理论充满了臆想，是理想化的心理学假设的杂拌，并不真正符合实际。然而许多重要理论都建立在这些假设上。现代西方经济学，特别是数理经济学或计量经济学，使经济学发生了革命，经济学走向定量化、实证化方向。不过，这些理论的缺陷也十分突出。计量经济学家基于“严格”的数学推导和计算机运算，往往给出荒廖可笑的预测，发表结果时最后又不得不根据直观加以人为修正，充分暴露了经济学理论的种种弱点。经济学家计算一通后预测明年某水果1千克2.00元，结果实际上是1千克1.90元，这算不算预测对了？小孩子也会推断出如果价格今年是2.00元左右，明年也差不了多少。

经济学使用数学方法是大势所趋。第二次世界大战前大学、研究院已讲授数理经济学，但仅有少数几个。转折点是1947年萨缪尔森的《经济分析基础》，它用数学方法表达了新古典经济学思想。今天，没有坚实的数学基础是不可能研究经济理论的。这话虽有些过分，但至少说是一种普遍趋势。不过，与今日数学的宏伟大厦相比，经济学中用到的数学还是少得可怜的，多数经济学家的数学知识不超过微积分和线性代数，也许还加点概率论。即使数理经济学家也不关心代数拓扑和现代动力系统理论，虽然经济学中有关均衡存在性和稳定性的大量讨论的基石是不动点理论，与这些现代数学有密切关系。

浑沌理论震撼了科学的传统思维方式，对经济学也产生了强大影响。经济学中的均衡、稳定思想从此将受到动摇。经济学中使用的数学主要是线性理论，局部均衡分析、经济控制理论、投入产出规划、增长模型等都如此，而多数经济现象实际上是非线性的。线性模型根本不可能如实反映非线性系统丰富多彩的动态行为。另外，经济学中使用的数学假设和推导过程并不严格。瓦尔拉斯（Walras）的一般均衡论（GET）提出后，经利昂惕夫、廷伯根、弗里希和萨缪尔森的发展，已成为比较公认的经济理论。但很少有人问一问："经济均衡是如何达到的？为什么经济均衡是稳定的？凭什么认为一定存在均衡？"这些都是均衡理论的基本问题，它们的解决需要重建均衡理论的基础，经济过程的动力学研究将引起经济理论的一场革命。[66P113]经济现象的复杂性并不在于稳定性，而恰恰在于不稳定性，严格说在于这两种因素的纠缠，而这正是浑沌的基本特征。以前的经济理论无疑仅仅关心稳定性，这一点类似于一般力学和天文学中的情形。浑沌理论为人们广泛关注不稳定性扫除了思维障碍，为探索经济行为的复杂性开辟了道路，许多经济理论都可从中吸取教益。

有些经济学家总是想当然地认为任何经济过程都存在均衡，而他们实际上想说的是"稳定平衡"。20世纪30年代以前经济学家多数没有考虑过均衡的稳定性问题。搞经济的多少都相信经济过程有周期性，但经济过程从不重演过去的历史，通常理解的经济周期性不过是回复性、近似周期性，或干脆是某种振荡状态，其中包括浑沌。总之，除了收敛和发散外一切振荡都被他们称之为周期性，经济学文献充满了这类词语误用。今天人们不必责怪经济学家的偏见和马虎大意，因为其他学科也存在类似的弊病。浑沌理论打破了许多日常的信念，包括经济学家的神话，对于经济学中解放思想来说，它是革命性的。下面先举一个例子。

西方经济学中有著名的蛛网理论，涉及的是有关供给和需求的局部均衡的理论。它是舒尔茨、里西和廷伯根提出，由卡尔多命名的。假定在市场经济条件下某商品的需求量 D 只是价格的函数，供给量 S 也只是商品价格的函数，即

$$D=D(p), \quad S=S(p) \tag{5.2}$$

蛛网理论的基本假设有三个：（1）市场供给量对价格变动的反应是滞后的，即第 n 期供给量 S_n 取决于第 $n-1$ 期的价格 P_{n-1}；（2）市场需求量对价格变动的反应是瞬时的，即第 n 期市场需求量 D_n 取决于本期价格 P_n；（3）市场均衡条件是市场脱销，即 $S_n=D_n$。[①] 这些假设当然未必符合实际，但在这里姑且认为它们完全正确。

下一步是建立模型，即给出供给曲线和需求曲线。许多经济学著作给出了线性模型，即认为供给曲线与需求曲线都是直线。这里不必叙述根据“弹性理论”作出的具体“迭代”过程，只讲结论。第一种情形是供给弹性小于需求弹性，得到收敛型蛛网；第二种是供给弹性大于需求弹性，得到发散型蛛网；第三种是供给弹性等于需求弹性，得到周期循环的封闭型蛛网。如图5.4所示。初看起来这套理论天衣无缝，但是它给出的是完备分类吗？显然不是。但以前人们甚至从未想到过，蛛网理论忽略了最重要、最经常发生的一种情况，即不收敛，也不发散，又不周期循环的浑沌非周期运动体制。细心想一下，现实的经济过程的确很少像蛛网理论给出的三种类型中的某一种。问题出在哪里呢？蛛网理论的三条假设如果认为合理，问题只能出在模型上。线性模型不可能出现多于以上三种类型的运动方式。供给、需求曲线本质上都是非线性的，由非线性模型出发原则上可以发现浑沌行为，但也不尽然。我们的确找到一个有趣的例子。何维凌等在《经济控制论》中，关于价格与供给

① 参见厉以宁、秦宛顺：《现代西方经济学概论》，北京大学出版社1983年版，第395–396页。

量的关系虽然已给出非线性描述，但他们的讨论仍囿于传统，同样只给出三种类型的“完备”分类。[①] 从这里也可以看出，浑沌理论对传统思想的冲击是本质上的，对于没有思想准备的人来说，新现象在眼皮底下也照样看不见。《经济控制论》的作者1985年注意了耗散结构理论，但十分可惜的是没有留心当时正在展开的浑沌研究。

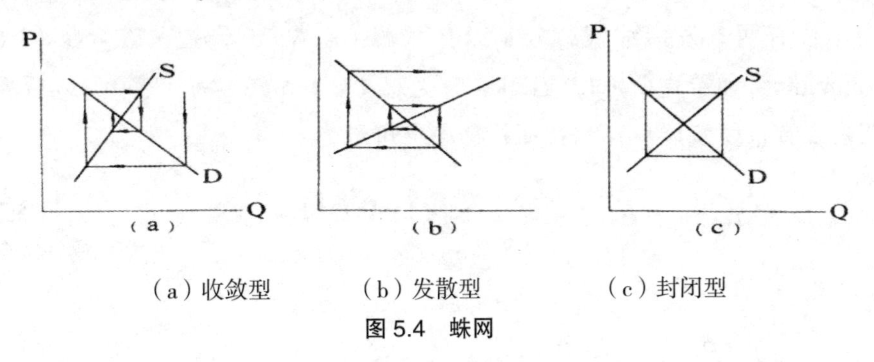

（a）收敛型　　（b）发散型　　（c）封闭型

图5.4　蛛网

在经济周期理论中，卡尔多提出了非线性模型，他认为储蓄函数和投资函数两者不能都是线性的。[②] 他引进了起主要作用的第二个变量，叫作资本存量，建立了多重均衡模型，如图5.5所示。卡尔多分6个阶段研究了均衡稳定性变化，但未能发现浑沌，对经济“周期”现象没有给出十分满意的解释。当然，在他那个时代也确实不大可能考虑“非周期”定态行为。

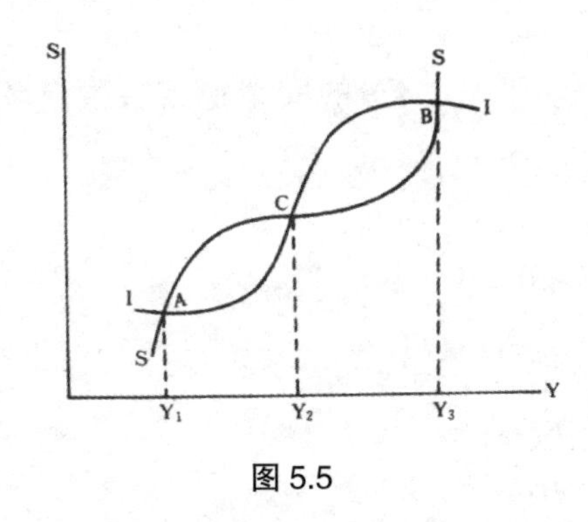

图5.5

最后我们回顾一下一般均衡理论的发展，指出问题，希望读者结合本书其他章节内容自己作出结论，这并不难办到。一般均衡论算得上著名的经济理论，它是由洛桑学派的创始人、边际主义三大奠基人之一、数理经

① 何维凌、邓英淘：《经济控制论》，四川人民出版社1984年版，第98-104页。

② 参见夏皮罗：《宏观经济分析》，中国社会科学出版社1985年版，第521-527页。

济学的主要代表瓦尔拉斯在19世纪提出来的。该理论的中心问题是在存在无穷多种商品种类的市场条件下，确定各种商品均衡价格形成的条件。[1]他的结论是，均衡价格形成条件为:（1）每种服务、每种产品、每种资本品的有效供给等于有效需求;（2）居民户实现收支平衡和消费效用最大化，企业家的产品价格和产品成本相等并实现利润最大化。该理论在20世纪30年代有两条发展线索，分别以瓦尔德（A.Wald）、冯·诺伊曼（J.von Neumann）和希克斯（J.R.Hicks）、兰格（O.Lange）为代表。[2]之后经萨缪尔森有重要发展。瓦尔拉斯均衡条件可示为

$$D_i(p_i,\cdots,p_n)-S_i(p_i,\cdots,p_n)=0, i=1,\cdots,n \tag{5.3}$$

或者

$$E_i(P_i,\cdots,p_n)=0, i=1,\cdots,n \tag{5.4}$$

其中 P_i 为第 i 种商品的价格，D_i、S_i 和 E_i 分别为第 i 种商品的需求、供给和额外需求。（5.4）的雅可比矩阵为

$$\left(\frac{dE_i}{dP_j}\right), i, j=1,\cdots,n \tag{5.5}$$

根据希克斯的理论，（5.4）的完全稳定性意味着矩阵（5.5）的行列式的主子式变号，即

$$\det\left(\frac{dE_i}{dP_1}\right)<0$$

$$\det\begin{pmatrix}\frac{dE_1}{dP_1} & \frac{dE_1}{dP_2}\\ \frac{dE_2}{dP_1} & \frac{dE_2}{dP_2}\end{pmatrix}>0 \tag{5.6}$$

---

① 参见莱昂·瓦尔拉斯:《纯粹经济学要义》，商务印书馆1989年版，序言第9–10页；第144–200页。

② 参见S.温因传博编:《现代经济思想》，宾夕法尼亚大学出版社1977年版，第107–123页。

等等。可以看出，以上定义完全是静态的，只与（5.4）有关，不涉及任何动力学调节过程。对于单一市场的线性系统，稳定性条件可进一步简化为：

$$|\text{需求曲线的斜率}|<|\text{供给曲线的斜率}| \tag{5.7}$$

萨缪尔森考虑了如下系统：

$$\frac{dp_i}{dt}=k_iE_i(p_1,\cdots,p_n),i=1,\cdots,n \tag{5.8}$$

进一步只考虑（5.8）的线性化系统

$$\frac{dp_i}{dt}=k_i(a_{ij}+b_{ij}p_{ij}),i,j=1,\cdots,n \tag{5.9}$$

（5.9）式可以写成向量和矩阵的形式

$$\frac{dp}{dt}=KA+KBP \tag{5.10}$$

其中 P=（p_i，…，p_n）^{T}，K=diag（k_1，…，k_n），A（a_{ij}），B=（b_{ij}）。萨氏取 K= diag（1，…，1），发现瓦尔拉斯均衡条件是稳定的，当且仅当矩阵B的特征值有负的实部。事实上萨氏的判据只适用于线性系统，（5.9）不稳定（5.8）必不稳定，但是（5.9）稳定并不能保证（5.8）也稳定。（5.8）式表示的系统可能出现浑沌运动。

20世纪50年代，K.J. 阿罗和G. 德伯莱发展了一般均衡论，提出A–D模型。对于A–D模型，有人利用李亚普诺夫第二法研究其稳定性。1960年H. 斯卡尔夫证明了一个惊人结果：在竞争经济中，不稳定性是普遍现象，而不是例外情形，全局稳定性只在少数系统中可以实现。[①]

经济系统的均衡稳定性问题由于非线性而一直未能很好地解决。这就促使人们反问：为什么一定要达到均衡？只有均衡才能达到帕累托最优吗？经济现象实际上充满了浑沌，再也不能用老眼光看待问题了。不均衡、不稳定性可能有积极意义，对经济系统而言，某些浑沌是必要的、简单的、可以认识可以控制的。

实际上，西方经济学界早就在关注浑沌研究对经济学的影响。美国著名经济学家阿曼、拉姆齐、布洛克等人认为，经济运行是一种非线性动力

① 参见《国际经济评论》1960年第1卷，第157–172页。

学过程，像“黑色星期一”之类的股市暴跌事件，可以从浑沌学中找到新的解释。经济学家与浑沌学家（如约克、曼德勃罗等）正在携手合作，试图建立经济过程的非线性动力学模型，计算经济系统的奇怪吸引子，用敏感依赖性等概念阐述一直无法解释的复杂混乱现象。许多人相信，浑沌开始改变金融家认识股票市场运行的方式，改变企业保险决策的方式，导致新的经济理论的产生。

§5.6 影响有多大?

浑沌探索对现代科学的影响，几乎覆盖了一切学科领域。凡是涉及动力学过程的研究领域，用今天的观点去审视，都会发现浑沌，都需要应用浑沌动力学的研究成果。浑沌探索对现代科学影响的广泛性，是其他新兴学科所无法比拟的。

在一切已由经典科学很好处理过的研究领域中，若按浑沌观点重新考察，将会发现新现象，提出新问题，作出新解释，建立新原理，形成新的学科分支。在那些经典科学方法不那么有效的领域，利用浑沌学知识可以解释一些过去无法解释的现象，处理一些历来无法处理的数据资料，形成另外一些新的学科分支。

更为重要的是，在所有这一切学科领域中，浑沌推翻了经典理论的一些基本假设，改变了那些领域的研究方法。“浑沌正在悄悄地接近每一科学学科”（帕西瓦尔），浑沌“正在改变着整个科学建筑的结构”（格莱克），浑沌“正在促使整个现代知识成为新科学”（郝柏林）。浑沌学家们的这些评论或许有些过高，但大体上还是有道理的。本章已给出初步的论证。在后面几章中，我们将从更深的层次上探讨浑沌研究的影响。应当指出，对浑沌现有成果的宣传还不够，大多数人还不甚了解。许多学科有应用浑沌理论的广阔前景，但目前显然尚未引起足够重视。可以预言，随着科学的进一步发展，浑沌学会显示出强大的应用价值，产生更大的影响。

第6章　浑沌学改变了科学世界图景

我们倾向于认为，当科学阐明了月亮如何围绕地球运行时，它便阐明了一切。但是，这种钟表式宇宙的想法与真实世界不相干。浑沌给我们一幅关于我们生活的这个世界的极其不同的图景。[59]

——J. 约克

科学理论的神圣使命是揭示客观世界的规律性，描绘科学的世界图景。每一种新的科学理论都对此有所贡献，或有所补充，或有所修正，或有所更新，或有所创建。而重大理论进展将会从某些基本方面改变原有的模式，建立令人耳目一新的新科学世界图景。浑沌学就是这样一种新理论，它正在从许多根本点上改变着科学世界图景。

§6.1　否定之否定：重绘科学世界图景

在《上帝掷骰子吗？——浑沌的数学》一书中，斯特瓦尔特劈头写道：有一种理论断言，历史是循环运动的，但不是简单地回到过去，而是沿着螺旋阶梯在新的水平上回归。[68] 他认为，从古代浑沌自然观，到近代科学排除了浑沌的自然观，再到现代浑沌自然观，就是这样一种发展模式。斯特瓦尔特所赞赏的这种理论，就是辩证法学说，就是否定之否定规律。出于某种原因，他不愿指明这一点。他的表述的另一个缺点是，关于古代东方浑沌观只讲到印度，未曾提及观点更为丰富的古代中国，看来他对中国古文明不甚了然。但他明确用否定之否定观点考察自然观的变革，颇有见地。

古代人类靠直接经验和思辨的想象去描绘世界图景，提出原始浑沌概念，直观生动，但缺乏科学性。人类理性发展史上第一个科学的世界图景，是由从哥白尼开始到牛顿完成的经典科学给出的，这就是牛顿理论描绘的科学世界图景。在牛顿那支改变了历史的神笔之下，浑沌被赶出科学研究的对象世界，宇宙被描绘成一架硕大无比的钟表，在上帝给它上紧发条之后，便按照确定的方式运行，从过去到现在，从现在到未来。科学的任务是阐明这架钟表的结构，揭示它的运行规律。拉普拉斯排除了上帝施加第一次推动的假设，把世界描绘成一架自动机器，无须借外部推动即可自己运行，但牛顿给出的钟表结构和运行方式全盘保留下来了。相应地，科学也增加了一项任务：揭示这架钟表是如何自己组织起来并自行运转的。

牛顿的钟表模式是从物理学领域提出来的，但它很快就影响渗透于一切其他科学领域。牛顿物理学被尊奉为一切科学的楷模。生物学家用钟表模式认识生物现象，断言动物是机器。生理学家按这个模式观察生理现象，认定人是机器。社会科学家按这个模式理解社会历史现象，声称国家是机器。从宏观世界（包括太阳系）提炼出来的钟表模式，又被科学家推而广之，用它去想象微观世界和星际空间。这样，一幅囊括一切层次和类别的完整的钟表式科学世界图景终于建立起来了。

钟表模式为人们认识世界提供了方便而有效的工具，但也是对科学理性的严重限制。经典科学自身的发展在准备着对这一模式的突破。相对论和量子力学的出现对牛顿理论描绘的科学世界图景有重要突破，相对论排除了对绝对空间和时间的牛顿幻觉，量子力学排除了对可控测量过程的牛顿迷梦。但是，第一，它们都未向宏观世界的牛顿理论提出挑战，对于我们在其中生活的这个层次，尽管人们深知湍流之类的现象与钟表模式全然不协调，但公认的科学世界图景仍然是牛顿式的。第二，在排除浑沌这一点上，相对论、量子力学与牛顿理论并无异见。从这两方面看，相对论和量子力学对科学世界图景的变革是不完全的。

浑沌探索犹如一场强烈地震，极大地破坏了钟表模式的科学根基。它带来科学哲学家库恩所说的那种“视觉转换”，使人们在几百年来只看见钟表式运动的老地方到处看到浑沌运动。从江河到大气层，从流体到固体，从机械的、声学的系统到光学的、电磁的系统，从地质运动到天体运动，从物理过程到化学过程，从无生命现象到生命现象，从生物个体到生态群体，从生理到心理，从自然界到社会，从经济到政治，从实体到思维，从理论模型到工程技术，理性的触角伸向哪里，哪里就发现有浑沌。今天的人们已掌握极为丰富翔实的材料，证明浑沌绝不仅仅是一些有趣的数学现象，它首先是一切实证的或具体的研究领域都存在的科学事实，是不能从实际生活中排除掉的客观实在。浑沌不是散落于某些偏僻角落的例外事件，而是一切领域的常规现象；不是对象世界的细枝末节，而是它的主干。相比之下，经典科学描述的非浑沌系统倒是少见的例外，是细枝末节。浑沌探索从理论上严格地证明，非浑沌运动是可积系统的典型行为，浑沌运动是不可积系统的典型行为。如何比较两类系统的多寡呢？用精确的数学语言讲，在一切解析哈密顿系统中，可积系统的测度为0，不可积系统的测度为1。形象点说，如果把所有的哈密顿系统装在一个框子里，你从框内任意抓一个，抓到的几乎都是不可积系统。这样讲还不足以显示两种系统多寡的悬殊程度。我们知道，在全体实数集合中，有理数比无理数少得多，前者的测度为0，后者的测度为1。但有理数是稠密的，稠到可以用有理数逼近无理数。而在所有解析哈密顿系统构成的空间中，可积系统是稀少的，少到不可能用它们来逼近不可积系统。我们今天才弄明白，经典科学是以可积系统的典型行为为基础建构科学世界图景的，钟表模式显然不能全面、正确地描绘客观世界。宏观层次的科学世界图景主要应依据不可积系统的典型行为来建构。

浑沌探索也必然要引导人们重新确定科学研究的任务。未来科学的任务不是阐明宇宙的钟表结构，而是从浑沌观点阐明客观世界这个超级巨系统的结构方式和运行机制，揭示它按照怎样的规律自己组织起来，并不断演化发展。如上一章所述，浑沌将在一定程度上导致整个知识体系的更新。

但是，钟表模式并非全错。约克认为钟表模式与真实世界不相干，看来言过其实了。问题在于钟表模式只适用于浑沌汪洋大海中的那些规则小岛。在通有的意义上，世界图景不是钟表式的，而是浑沌式的。于是要问：浑沌模式的科学世界图景是什么样子的？它与钟表模式的图景有什么不同？浑沌学告诉我们，这是：

一个有序与无序统一的世界，
一个确定性与不确定性统一的世界，
一个稳定性与不稳定性统一的世界，
一个完全性与不完全性统一的世界，
一个自相似性与非自相似性统一的世界，
一个尊循辩证法规律的世界。

是的，这是对古代浑沌观的一种回归，但不是简单的重复，而是在一个全新的科学水平上的回归。

§6.2 一个有序与无序统一的世界

日月轮回之类的周期性现象，使古代人类直观地形成有序性概念。“天有不测风云，人有旦夕祸福”之类的感受，使他们直观地形成无序性概念。在更多的现象中，古代人既看到有序的一面，又看到无序的一面，觉察到两方面有某种联系。但无论对有序还是无序，古人都没有找到科学刻画的门径。在他们的心目中，有序与无序混为一体，世界在整体上显得混混沌沌、渺渺蒙蒙。原始浑沌概念恰当地概括了这种世界图景。

近代科学首先找到了对时间有序性做科学刻画的门径。开普勒发现行星运动三定律，并用精确数学公式表示出来，标志着人类学会了用科学方法刻画周期性。借助于以整形几何为基础的科学方法，物理学又发现了对晶体规则结构之类的空间有序性做科学刻画的门径。有序成为一个科学概念，被理解为事物空间排列上的规整性和时间延续中的周期性，无序被理解为空间上的偶然堆砌和时间中的随机变化。科学技术的成功带来一种信念，相信客观世界是完全规则、秩序井然的。从牛顿到爱因斯坦，他们都相信，世界本质上是有序的，有序等于有规律，无序等于无规律，科学的任务是透过无序的现象去发现有序的本质。对于这种单纯由有序性构成的世界图景的科学性和完美性，人们在很长的历史时期均坚信不移。

现代科学在20世纪中叶以来的新发展，特别是浑沌与分形的发现，从根本上动摇了这种信念，暴露出它过分简单化、理想化的弊病。自组织理论启示我们，被经典科学视为纯粹无序的事物，其实都包含有序性因素。物理学认定热平衡态处处均匀、没有差异，是完全无序的。但物理学也证明一切实际系统都处于绝对零度以上，涨落必然存在。涨落是对均匀性、同一性的否定，因而是一种有序因素。正因为存在这种有序因素，才可能从最大无序态产生出晶体和耗散结构这些有序态。同样，经典科学讲的那种纯粹的有序是一种抽象，只能在纯数学中遇到。只要回到真实世界中，任何被视为有序的事物中都存在无序的方面或因素。太阳系运动一直被作为周期性的典型。但古代人已经发现它们并非严格周期的，一年不是严格的365天，一天不是严格的24小时。任何历法都采用某种闰年或闰月的办法调整回归年与历书年的偏差。这说明天体运动的周期性中有非周期性，有序中有无序。只是由于这些无序因素微小，理论上可以忽略不计，可以近似地作为周期运动来处理。

浑沌研究在这方面的启示要深刻得多。现已查明，虽然存在一类确定性动力学系统，它们只有周期运动，不会出现浑沌行为，但它们只是零测度的罕见情形。绝大多数（多到测度为1）动力学系统既有周期行为，又有浑沌行为。浑沌是非线性系统的通有行为。最早提供直观有序观念的太阳系又向人们提供了关于浑沌运动的第一个理论启示，目前的太阳系中就有浑沌运动，如土卫七。整个太阳系在未来呈现浑沌运动的可能性也是存在的。

经典科学把浑沌与无序等同起来，是完全错误的。浑沌包含无序的一面，但不等于无序，它同时还包含有序的一面。第3章对此已有详细的讨论。从简单的逻辑斯蒂映射可以看出，系统在浑沌区的行为绝非完全无序，而是在无序中存在着精致的结构，如倒分叉、周期窗口、周期轨道排序、自相似结构、普适性等，都是有序性的标志。我们赞赏郝柏林教授的说法，浑沌不是简单的无序，它更像是不具备周期性和其他明显对称性的有序态。周期态固然是有序性，非周期态也可能是有序性。看来，客观世界存在两类有序性。一类是简单有序性，可用平庸吸引子刻画，为经典科学和有序演化理论研究的对象，我们对它已有相当深入的了解。另一类是复杂有序性，须用奇怪吸引子来刻画，是浑沌研究才揭示出来的一类有序性。郝柏林称之为“浑沌序”[99]。浑沌序是一种嵌在无序中的有序，一种更“高级”、更复杂的有序，我们对它的探索刚刚开始，更多的奥秘还有待揭开。

如果说简单有序性（周期性）是一种无序性可以忽略不计的对象，那么，浑沌则是一种有序与无序两种倾向都很明显、哪一方面都不能忽略的对象，是有序与无序的统一。同一个庐山，既是岭又是峰，横看成岭侧成峰。同一个浑沌系统，从一方面看是有序的，从另一方面看又是无序的，两方面不可分割地统一于同一系统中。考虑图3.10中的2^k浑沌带。从数值计算结果在2^k个浑沌片之间的取位顺序看，这是一个2^k周期运动；但在每一个浑沌片中，计算结果的取位完全是随机的。周期性与随机性在这里有机地结合在一起。法默说得好：“这里是一枚有正反面的硬币。一面是有序，其中冒出随机性来；仅仅一步之差，另一面是随机，其中又隐含着有序。”[30P252]

让我们再次考察图3.10。每次分叉后，原来的周期轨道失稳，但仍然存在，一直向右延伸。失稳的周期轨道对于形成浑沌运动有重要作用。在浑沌区取定$\lambda=\bar{\lambda}$，考虑系统$X_{n+1}=1-\bar{\lambda}X_n^{\ 2}$，它的相空间是直线$\lambda=\bar{\lambda}$上的区间[-1，1]。失稳的周期轨道穿过这个区间，把它挖空成类似康托集的某种分形点集，即这一系统的奇怪吸引子。就整个$\lambda-X_n$平面看，失稳的周期轨道仿佛是某种篱笆或网线，对相空间进行分割、圈定，形成复杂的分形网格结构。浑沌是在这些网格中的随机运动。保守系统在KAM环面破坏后形成的全局浑沌，原则上与此类似。可见，失稳的周期轨道仿佛是一种“幽灵”，对于形成浑沌运动起着无形的作用，没有它们，便没有浑沌。这就是为什么在浑沌的分析定义（见3.4节）中规定系统必须具有无穷多（甚至稠的）周期轨道的缘故。

现代物理学把有序定义为对称破缺，把无序定义为对称显现，或对称恢复。但我们知道，任何系统都具有不同意义上的对称性。在系统演化中，有对称破缺就有对称恢复，就有新对称性的显现和产生。常常是这种对称性破缺的同时，另一种对称性又显现出来，使系统演化呈现出复杂的局面。浑沌系统也是典型例子。就伊农系统或洛伦兹系统看，在控制参数逐步增大的过程中，不同周期的有序运动相继破缺，达到一定阈值，一切周期运动都破缺掉，系统转化为奇怪吸引子上的浑沌运动。奇怪吸引子是相空间的分形几何体，具有层次自相似结构。自相似结构是层次变换下的一种不变性，因而也是一种对称性。周期对称性完全破缺，导致相空间层次对称性的产生和显现，二者是一个问题的两个方面。相空间某个部分层次对称性的形成是浑沌系统内在随机性的来源，但同时，层次嵌套的自相似结构又是一种典型的有序性。可见，有序与无序在浑沌运动中总是难解难分地联系在一起的。

空间有序无序也如此。整形几何描述的完全规整的空间排列也是一种抽象，现实的空间有序结构中都包含无序，规整性中包含不规整性因素。晶体点阵结构是典型的空间有序，但实际的晶体总有缺陷。这种近似的空间排列规整性也是稀少的，真正普遍的空间对象是分形体。分形不是简单的空间有序，也不是简单的空间无序，而是有序与无序、规整性与不规整性的统一。典型的分形中有序因素与无序因素都很明显，既不能简化为整形对象（忽略无序性）来处理，也不能作为偶然的空间堆砌（忽略有序性）来对待，必须把两方面统一起来处理。分形代表的是复杂的空间有序性，不妨称之为分形序。

有序与无序是构成现实世界的两极，一切实际系统都是这两方面的矛盾统一。在不同系统中，有序与无序实现统一的具体格局不同。在某些系统中，有序居支配地位，无序因素可以忽略不计，这就是简单有序性对象。在另一些系统中，无序居支配地位，有序因素可以忽略不计，这就是简单无序性对象。在更多的情况下，有序与无序都不能忽略，必须作为统一体的两个方面来描述，这就是浑沌序和分形序。

现实世界的秩序问题比传统的理解要更丰富、更多样、更复杂得多，其间充满了辩证法。只有把握有序与无序之间的辩证关系，才能描绘出完整的科学世界图景。浑沌学与分形几何学为此提供了极好的科学依据。

§6.3　一个确定性与随机性统一的世界

必然性与偶然性，确定性与不确定性（本书只涉及随机性这种不确定性），也是描绘科学世界图景的一对基本范畴。但在不同的历史背景和科学发展水平下，它们在建构世界图景中所扮演的角色极不相同。

古代人类既接触到世界的必然性、确定性的一面，也接触到偶然性、随机性的一面，猜测到两者之间的某些辩证联系。由于不能科学地解释其中任一面，他们不得不借助哲学思辨和艺术想象去理解，无法给出科学的世界图景。以牛顿理论为代表的近代科学创造了一种能够给必然性或确定性以精确刻画的方法，同时把偶然性或随机性逐出了科学园地。“必然的东西被说成是唯一在科学上值得注意的东西，而偶然的东西被说成是对科学无足轻重的东西。”[①] 从牛顿到拉普拉斯再到爱因斯坦，描绘的都是一幅完全确定性的科学世界图景。在这个世界中，一切事物的运行演化都遵循决定论规律，可用确定性动力学方程描述。确定性意味着存在唯一性，即方程解必然存在，并且是唯一的。只要知道了支配系统行为的动力学方程并给定初始条件，便可精确地回溯过去和预见未来。关于这种世界图景，维纳（N.Wiener）曾描述道：经典科学“所描述的宇宙是一个其中所有事物都是精确的依据规律而发生着宇宙，是一个细致而严密地组织起来的、其中全部未来事件都严格地取决于全部过去事件的宇宙”[②]。

相信决定论的科学家并非不晓得初始条件不可能精确给定。但他们有一条基本信念，相信动力学系统的行为一般都有收敛性或稳定性，轨道对初值的依赖不敏感，小的初始误差不会被放大到导致未来轨道的巨大偏离。他们想，尽管我们不能绝对精确地刻画系统，但总可以近似地刻画它，只要能使初始误差足够小，总可以保证轨道的偏离不超出允许的范围。不排除存在能把小误差戏剧性地放大的不稳定点，但相信这些点是极少的，且实际上可以避开它们。因此，对测量误差不可避免性的承认，未能引起对决定论世界图景的怀疑。

相信决定论的科学家也并非一定要拒绝统计方法，他们之中的一些大家甚至同时也是发展概率统计方法的大家。问题在于，他们仅仅把概率论作为一种数学工具，把统计描述的必要性归结为人类知识的不完备，拒绝在描绘科学世界图景时引入随机不确定性。他们这样做在逻辑上是自洽的。至于实践上，数千年中对日月运行的天文观测，近代关于存在天王星

① 《马克思恩格斯选集》第3卷，第541页。

② 维纳:《人有人的用处》，商务印书馆1989年版，第1页。

以及哈雷彗星回归的理论预见得到证实，这些事实强有力地支持了决定论世界观。直到19世纪末，这种世界观的统治地位一直非常牢固。

第一个冲破决定论禁锢的科学家是麦克斯韦（J.C.Maxwell）。通过对刚性气体分子小球所显示的飘浮不定行为的研究，他深信这个世界真正的逻辑是概率演算。玻尔兹曼（L.Boltzmann）和稍后的吉布斯（J.W.Gibbs）第一次向决定论科学世界图景提出认真的挑战，把随机性观点引入物理学，建立了统计力学。进一步的挑战来自量子力学，海森堡（W.K.Heisenberg）的不确定性原理（测不准原理）表明，获得严格精确的初值在原理上不可能。量子系统必然存在涨落是导致测不准关系的根本原因。统计物理和量子力学表明，偶然性或随机性是存在于宇宙结构中的一种基本要素，与人是否无知没有关系，描绘科学世界图景不能不考虑随机性。

经典物理和相对论给出决定论的世界图景，统计物理和量子力学给出随机论的世界图景。统一的客观世界被描绘成两种基本精神完全相反的科学图景，这是科学界不能接受的。为解决这一矛盾，建立统一的科学世界图景，有两种方案。一种方案认为统计规律是最后的，决定论规律是统计规律的一级近似，主张在随机论基础上解决矛盾。另一种方案深信存在一个原则上完全非统计性的关于实在的概念图像，坚持在决定论基础上消除矛盾。两种方案都有科学根据，但谁也无法说服对方。

浑沌探索激发了解决矛盾、建立统一的科学世界图景的新希望。浑沌使我们对随机性的分类、起源、实质、确定性与随机性的辩证关系获得全新的认识。由量子涨落和统计涨落所代表的随机性，通过随机作用项、随机系数的形式进入动力学方程，或通过初始条件影响系统行为，是一种外在随机性。基于外在随机性去修正科学世界图景，完全不涉及确定性动力学系统，不可避免要导致给统一的客观世界建构两种图景。浑沌学的深刻之处在于揭示出确定性系统的内在随机性，没有外部随机作用，没有随机系数，初始条件也是确定性的，但系统自身内在地产生出随机性。这一石破天惊的发现，以确凿无疑的科学事实表明，随机性是宇宙自身的普遍属性，完全决定论的世界观的根基被清除了，完整的科学世界图景必须包含随机性。

在发现浑沌之前，现代科学已经认识到随机性可以起源于大数现象或群体效应。由大量分子或原子组成的巨系统，微观层次的因果关系极为复杂，存在各种无法了解的复杂影响，造成微观粒子行为具有高度的随机性。随机性起源于复杂性，确定性联系着简单性，这似乎是不证自明的真理。浑沌研究出人预料地表明，随机行为在非常简单的系统中也会出现，并不一定需要什么复杂性或大数现象。在确定性系统中，浑沌运动不涉及大量微观粒子或无法了解的影响，随机性有完全不同的来源。如3.7节所述，确定性系统自身的非线性作用，即无穷无尽地伸缩、折叠变换，是产生浑沌这种内在随机性的根源。现在完全明白了，几乎所有的系统都具有这种非线性特性，随机性具有极为普遍的来源。

浑沌甚至可以为外在随机性提供进一步的解释。各种物理学理论都承认微观层次的原子、分子遵循牛顿定律，应当视为经典动力学系统。如福特所指出的，既然浑沌是确定性的随机性，这些微观系统之间相互作用的效果就是不可控制、不可预测的。一个浑沌系统对另一个浑沌系统弱的相互作用给整个复合系统带来更多的随机噪声；当这种系统的数目相当大时，就形成大数现象，产生宏观量的统计涨落。如果承认宏观系统中浑沌运动的普遍性，那么，一个浑沌系统与环境中其他浑沌系统之间弱的相互作用同样会产生不可控制、不可预测的随机噪声。似乎可以说，浑沌沟通了两类随机性，现实世界的随机性首先来源于浑沌运动。

浑沌为现代科学克服机械决定论提供了最新最有力的根据。然而，如果由此断言统一的科学世界图景应当单一地建立在随机论的基础上，则是违背浑沌学基本精神的。主张非决定论的人热烈欢呼发现了浑沌，认为浑沌最终判定统计规律是宇宙的最后规律，世界本质上是偶然的、不确定的。我们完全不能同意这种观点。从浑沌文献有时会看到这样一种说法，认为“浑沌是随机性”。这种说法至少在表述上有毛病，正确的表述应是“浑沌是确定性系统的内在随机性”，或为“确定性的随机性”。浑沌有随机性的一面，但它也有确定性的一面，并且首先是确定性的。因为浑沌是由完全确定性的原因引起的，可用确定性动力学方程描述，服从动力学规律，可用动力学方法分析。浑沌并不一般地否定决定论，它否定的是机械决定论。

确定性与随机性是一对矛盾，它们是辩证统一的。浑沌学生动地表明这一点。同一个浑沌系统既有周期运动（确定性），又有浑沌运动（随机性），在周期区及周期窗口处是确定性的，在其他地方是随机性的。确定性与随机性，这两种对立倾向共存于同一系统中，是以往的科学不敢想象的。什么是浑沌？它是系统中确定性与随机性两种成分都明显存在时所合成的一种运动体制，是客观存在的一种矛盾统一体。浑沌轨道指数分离、飘忽不定，具有典型的随机性。但控制空间中出现浑沌的阈值是确定的，奇怪吸引子作为相空间的一个低维集合是确定的，吸引域中每条轨道都要进入吸引子是确定的，吸引子上运动的统计特征是确定的。黑格尔说过，偶然的东西是必然的，必然性自己规定自己为偶然性。浑沌运动真正体现了，随机性存在于确定性之中，确定性自己规定自己为不确定性——确定性系统自己产生了随机运动。

那么，究竟如何利用浑沌学的成果来描绘统一的科学世界图景呢？这使我们想起爱因斯坦在评论光是粒子还是波动的争论时说过的话："不是这个，就是那个？为什么不可以既是这个，又是那个呢？"①世界不是确定的，就是不确定的？为什么不可以既是确定的，又是不确定的呢？"自然界喜欢矛盾。"②确定性与不确定性是构成世界的两级，决定论规律与统计规律都是宇宙的根本规律，不存在哪一个更根本的问题。世界是确定性与不确定性的辩证统一。在描绘科学世界图景时，必须把握这一基本点。

还应当承认，浑沌依然不能最终结束决定论与非决定论之间的悠久争论。说到底，这是一个哲学信念问题，不是理论或实验所能充分证明或驳斥的。浑沌使非决定论者欢欣鼓舞，不足为怪。但浑沌也可以成为另一些学者从宇宙结构中排除随机性、坚持决定论的根据。我们来考察一下著名学者钱学森的观点。钱学森设想，微观层次的量子力学所表现出来的非决定性，实际上是决定性的渺观层次中十维时空运动的浑沌所决定的，本来是决定性的运动，但看起来是非决定性的运动。这是因为超弦的渺观世界是十维时空，有六维在微观世界看不见，不掌握，而有六个因素没有考察，可以说是微观世界科学家的"无知"造成本来是决定性的客观世界变得好像非决定了。他的结论是："客观世界是决定性的，但由于不认识客观世界的限制，会有暂时要引入非决定性的必要。"〔115〕把随机性归于人的无知，把统计描述视为权宜方法，就差不多回到拉普拉斯的观点上了。

---

① 转引自肖前、李秀林、汪永祥主编：《辩证唯物主义原理》，人民出版社1981年版，第412页。

② 同上。

钱学森是力学、工程学大家，在工程问题中不论你用统计数学或模糊数学，最终付诸工程实践的设计数据必须确定无疑。这种科学经历使钱学森本人笃信决定论，毫不奇怪。

钱学森有个猜想对于我们理解辩证法的世界图景是有益的。他认为，一个系统在某一层次上运动的浑沌性，可能是高一层次上规则运动的基础。例如，物质系统微观层次上的浑沌，可能是宏观规则运动的基础。贝塔朗菲早已指出等级层次结构对系统的形成、存续、演化具有根本意义，但他没有找到阐明等级层次之间相互过渡的机制的原理。钱学森的猜想启示我们，浑沌可能是实现系统不同层次之间的过渡的机制。

§6.4 一个稳定性与不稳定性统一的世界

经典科学本质上是关于存在的科学，主要考察世界是如何构成的，强调世界的确定性和稳定性。现代科学对演化问题的兴趣越来越浓厚。世界是怎么来的？自然界的各种系统是如何自行组织起来的？世界最终向哪里去？从演化的观点看问题，就会到处发现不稳定性。不稳定性联系着不确定性。稳定与不稳定的问题日益显得至关紧要了。

关于存在的科学也考察事物的变化，但关心的是事物的运动，几乎不涉及发展问题。单从运动的角度看世界，稳定性是完全积极的、建设性的因素，不稳定性只有消极的、破坏性作用。几百年来，天体力学家都是从相信和期望太阳系稳定的信念出发研究太阳系的，许多大科学家致力于提出和证明关于太阳系稳定性定理，未曾想到要研究不稳定性。从工程角度看，一个机器系统必须是稳定的，才有可能讨论它的性能优劣，谁也不会选用一个不稳定的系统。这种对稳定性的偏爱，与决定论世界观是一致的。

但是，随着各种自组织理论（不限于通常属于系统科学范围的那些学科，还包括关于宇宙起源、生物进化等理论）的兴起，人们的观念渐渐改变了。首先是认识了不稳定性的普遍性。经典动力学模型是以稳定轨道为特征的系统，但浑沌动力学发现，这类系统是稀少的特例，绝大多数系统都可能出现不稳定轨道。经典科学主要讨论力学的不稳定性，现代科学的各个领域都发现了不稳定性，基本粒子不稳定性，流体不稳定性，化学不稳定性，生物不稳定性，经济不稳定性，等等。稳定性与不稳定性也是一枚硬币的两面，凡存在稳定性的地方，同时存在不稳定性。

我们对稳定性与不稳定性的类型也获得新认识。经典科学只考虑平衡态或周期态的稳定性与不稳定性，现代科学发现非周期态也有稳定与不稳定的区分。经典科学只了解运动（即轨道）的稳定性与不稳定性，现代科学则发现了更为重要的结构稳定性与不稳定性。轨道稳定性问题不涉及系统定性性质的改变，结构稳定性问题则涉及系统定性性质的改变。尤其令人深思的是，奇怪吸引子本身是结构稳定的（在周期窗口边界及发散边界除外），但吸引子上的轨道是极端不稳定的。浑沌是结构稳定性与轨道不稳定性的奇特统一体。

特别重要的是，现代科学否定了不稳定性只有消极甚至破坏作用的传统观念。自组织理论发现，在新结构取代旧结构的临界过程中，不稳定性起着非常积极的革命性作用，只有旧结构失去稳定性，新结构才可能产生出来。普利高津、哈肯、艾根、托姆都十分重视这一思想。哈肯把“模式的产生这类现象”定义为不稳定性，把不稳定性原理作为协同学的三个“硬核”之一，强调系统演化过程是一种由多次不稳定性构成的序列。相反，在结构转变的临界点上，稳定性是一种保守力量，对系统相变是消极因素。但在相变完成后，稳定性对于新结构的维持和发展又成为积极因素，不稳定性则转化为消极因素。稳定态与不稳定态可以相互转化，它们是积极因素还是消极因素，也是因时间和条件而相互转化的。

对于浑沌系统，稳定性与不稳定性的相互转化具有基本的重要性。所谓周期倍化过程，是较小的周期（2^r）失稳并为稳定的较大周期（2^{r+1}）取代的过程。这种转化走向极限，一切周期轨道失稳后，系统行为就发生质的改变，进入浑沌运动。无论哪条道路，没有周期轨道失稳，就没有浑沌运动。而在浑沌区，还存在无穷多次周期态与浑沌态的相互转化。由浑沌态向周期态的转化，也必须以浑沌态的失去稳定性为前提。

一切动力学过程都是稳定性与不稳定性的对立统一，但浑沌运动表现得最为分明。所谓“浑沌是不稳定性”的说法，如果没有具体的限定，乃是一种非常片面的甚至错误的说法。浑沌有不稳定的一面，也有稳定的一面，并且它首先是稳定的。浑沌是动力学系统的一种稳定定态。奇怪吸引子对外部的轨道有吸引性，一切在吸引子之外（但在吸引域之内）的轨道只有趋达吸引子，系统才肯罢休。这是一种强烈的稳定性因素。奇怪吸引子是稳定的，轨道一旦进入吸引子，就再也不可能走出来。但奇怪吸引子上的轨道彼此之间又相互排斥，出现指数分离，表现了高度的不稳定性。按浑沌学界惯用的说法，浑沌是整体稳定与局部不稳定相统一的一种运动体制。形象点说，就是对外吸引，对内排斥；出不去，又安定不下来；盘桓碌碌，聚散以成。

经典动力学把运动分为两类，一类是稳定的，一类是不稳定的，不承认同一种运动既是稳定的又是不稳定的。今天看来，显然过分简化了。这样描绘的科学世界图景与客观实际相去太远。浑沌是经典理论的反例，因为浑沌是动力学系统中稳定性与不稳定性两种对立倾向不相上下时达成的一种折中，一种矛盾统一体。只讲稳定性，或者只讲不稳定性，都不能说明浑沌是什么。其实，即使在非浑沌系统中也存在这种情形。这就是鞍点，如图6.1所示。鞍点是稳定流形与不稳定流形的交汇点，两者不能分离，分离了就不再是鞍点。有趣的还在于，同一个运动流形对于A点是稳定的，对于B点必是不稳定的；对于A点是不稳定的，对于B点必是稳定的。从稳定性和不稳定性的关系看，浑沌吸引子和鞍点是一身而二任的，或用西方人惯用的术语，它们是两刃刀，两种正相反对的倾向或属性不可分离地统一于同一事物之中。

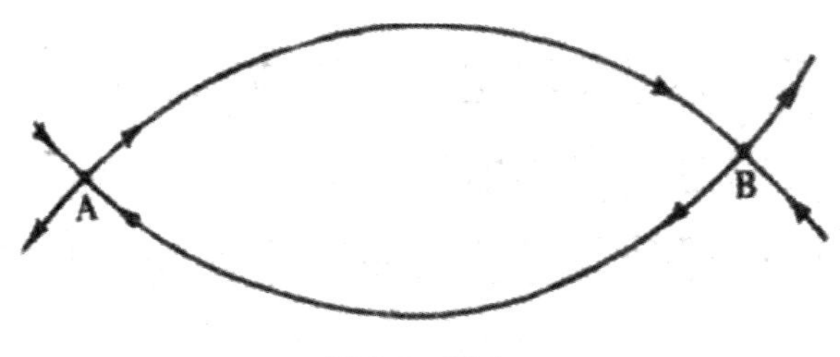

图6.1 鞍点

即使在偏爱稳定性的经典科学以及控制论之类的系统技术科学中，稳定性与不稳定性也是不可分离的两极。按照传统的理解，一个稳定平衡态是用结点或焦点描述的，稳定意味着小扰动只能产生状态的小偏离。一个稳定的周期态是用中心点或极限环描述的，小扰动只能导致周期轨道的小偏离。这意味着，在所谓稳定状态中仍然存在小的偏离和波动，只是被限制在许可的范围内。偏离和波动是一种不稳定因素，稳定态中实际存在着小的不稳定性因素，稳定性是对不稳定性的限制。能够把不稳定因素限制在许可范围内的，便是稳定系统。可见，这里讲的稳定态，其实仍是稳定性与不稳定性的某种统一体。

从演化的观点看世界，稳定性与不稳定性是一对基本矛盾。动力学世界是稳定性与不稳定性的对立统一。在经典科学研究的范围内，有时稳定性占支配地位，不稳定性可以忽略，这就是所谓稳定系统；有时不稳定性占支配地位，稳定性可以忽略，这就是所谓不稳定系统。在浑沌运动中，稳定性与不稳定性都不能忽略，浑沌只能作为稳定性与不稳定性的统一体去描述。既然浑沌是现实世界的通有现象，科学的世界图景必须把稳定性与不稳定性的对立统一作为基本特征反映出来。

浑沌学的世界图景是关于演化的图景。普利高津等人把热平衡态视为原始浑沌或热平衡浑沌，把浑沌学讲的浑沌称为远离平衡的湍流浑沌，由此来勾画世界演化的基本模式。国内学者对普利高津的观点加以发挥，[86]提出世界演化的基本模式为

$$\text{浑沌态（1）}\xrightarrow{\text{系统产生}}\text{低级有序态}\longrightarrow\text{高级有序态}$$
$$\longrightarrow\cdots\cdots\rightarrow\text{浑沌态（2）}$$

这一观点得到相当广泛的支持。我们不涉及宇宙是否起源于热平衡浑沌的问题，只讨论浑沌是否为世界的归宿。把浑沌作为远离平衡系统的一种归宿是没有疑问的，但若断言一切系统以及整个宇宙都以浑沌为最终归宿，难以令人信服。他们的立论根据是浑沌学。但浑沌学并不支持这种论点。以最简单的迭代系统（2.5）为例，只有当参数 a 单调递增时，才会以浑沌为“归宿”（实际上这也不对，当 a 大于4时，系统发散）。但有什么根据说，世界的演化是沿 a 单调增加的方向进行的？即使按 a 增加的方向看，在浑沌区内也存在无数次的浑沌向周期运动的转化。就洛伦兹系统而言，由表3.3可以看出，当 $r\rightarrow\infty$ 时，系统是以周期态为最终归宿的。洛伦兹系统有三个参数，若三者同时变化，系统演化方式极为复杂，很难断言系统演化的最终归宿是浑沌。何况，大多数系统要比逻辑斯蒂模型、

洛伦兹模型更复杂，它们的归宿问题更复杂，尚需留待未来去回答。

§6.5 一个既完全又不完全的世界

客观世界是完全的，还是不完全的？这是描述世界图景必须回答的一个基本问题。古代社会的科学水平低下，那时人们特别易于理解世界的不完全性。的确，在自然界、在人类生活的各个领域，在历史长河的不同时期，到处显现出世界的不完全性、不完备性、不完善性、不完美性。“月有阴晴圆缺，人有悲欢离合，此事古难全。”宋代大文豪苏东坡的这几句千古绝唱，说出了这个道理。明代小说家吴承恩的理解更深刻。《西游记》第九十九回写道，唐僧师徒取经归途中路经通天河陈家庄，老龟负气把他们连同经书摔入水中。经书后来虽晒干，经尾却被晒经石沾破，取回的本行经便残缺不全了。唐僧自责：“是我们怠慢了，不曾看顾得。”孙悟空则认定：“不在此！不在此！”凭借那双火眼金睛，孙大圣看出根本原因在于“盖天地不全”，经卷被沾破“乃是应不全之奥妙也。岂人力所与耶！”用现代语言表述，客观世界本身不完全，反映客观世界的人类认识也只能是不完全的，寻找完全的认识不过是超越人类认识能力的妄想。

近代科学兴起后，随着它在理论和实践方面成果的不断扩大，人们对理性的权威性和完善性寄予无限的期望，进而形成一种信念，相信客观世界本身是完全的，不完全的认识是科学不发达的表现。科学以描述完整的世界图景为己任。牛顿的钟表宇宙加上施加第一推动力的上帝，构成一个绝对完备的系统。拉普拉斯把上帝赶出科学领域，认定宇宙本身就是一个绝对完备的系统。爱因斯坦用相对论克服了牛顿理论的不足，但完全保留了决定论的世界观，毫不含糊地宣布自己信仰客观存在的世界中的完备性定律和秩序。事实上，决定论的世界观逻辑地包含着世界完全性的观点。完全有序的、完全确定的、完全可预见的，等等，是经典科学刻画的世界图景的显著特征。从牛顿到爱因斯坦，相信决定论的科学家都认为科学能够创造出完备的研究方法，获得完备的知识和信息，建立完备的理论体系，描绘完备的科学世界图景。19世纪末的大物理学家普遍相信物理学大厦已基本建成，就是这种信念的突出反映。

抛弃古代人类在大自然面前无所作为的悲观论点，认识到客观世界是自足的，本身拥有不断演化发展所需要的一切条件和因素，相信理智能全面领悟客观规律性，无疑是人类的一大进步。但是，一个绝对完全的系统还有必要和可能进一步发展吗？这是隐藏在决定论世界观中的一个深刻矛盾。当科学还主要是研究世界的存在性问题时，这个矛盾很难被发现。但当科学逐步向研究世界的演化性转变时，这个矛盾不可避免要暴露出来。20世纪是科学发展的伟大变革时期，是从存在的科学向演化的科学转变的时期。重新理解世界的不完全性，把握完全性与不完全性的辩证关系，已成为必须解决的问题。于是，又一个否定之否定的螺旋式上升趋势出现了。

最先洞悉完全性与不完全性这对矛盾的深刻性的是哥德尔（K.Gödel）。在研究形式系统问题时，哥德尔发现了两个完全性定理，又发现了两个不完全性定理。任何好的公理系统都应当是完全的，从该系统出发能够充分地确定所要处理的事物的特征，演绎出给定范围内的全部真命题。但一个相容的公理系统又必定具备不完全性。著名的哥德尔不完全性定理断言，如果一个形式系统是简单而无矛盾的，则其中一定存在不可判定（真而不可证实）的命题，即系统是简单而不完全的。形式系统既追求完全性，又具有不完全性，这似乎是矛盾的，其实是辩证的。一切合理的形式系统都是完全性与不完全性的辩证统一。

完全性定理与决定论吻合，不完全性定理是对决定论的挑战。在最崇尚形式逻辑无矛盾性原理的数学领域，它的深层基础竟然包含着如此根本性的矛盾，世界为之震惊了。但哥德尔定理纯粹是数学和逻辑的问题，完全不涉及物理学领域。在很长时期内，人们没有发现哥德尔定理在物理学领域中的对应物。是否存在有意义而不能回答的物理问题？物理学家还没有感受到需要考虑这一问题的压力。只要不完全性定理还局限于数学领域，就不会对经典科学的世界图景构成威胁，“世界是完全的”这一命题仍然被视为绝对真理。

在哥德尔之后，图灵（A.M.Turing）发现了著名的停机定理。后来证明，图灵的停机定理与哥德尔的不完全性定理是等价的，但图灵定理讨论的是计算机运行过程，它本身是一个物理系统。看来物理系统也可能有哥德尔定理的对应物。这就有点“危及物理学家的大门了”。不过，停机问题并非天然自然界的问题，不可能直接导致引入不完全性概念以修正科学世界图景的必要性。

浑沌的发现使形势发生了根本的改变。浑沌是确定性动力学系统的行为，方程的确定性形式及其解的存在性，保证了描述浑沌运动是一个有意义的物理问题。但浑沌意味着系统长期行为的不可预见性，表明浑沌的长期行为又是一个不可判定的物理问题。浑沌性在物理学中是有意义而不可判定的，并且在自然界普遍存在，浑沌就是哥德尔不完全性在物理学中的对应物。用浑沌学界名家福特的话来讲，浑沌是哥德尔的孩子。

现代算法信息论指出，如果一个输出数字序列不能用任何信息容量比输出要少的算法（程序）来计算，它就是随机的。浑沌恰是这种意义上的随机性。同一个确定性系统为什么在周期区完全可预测？因为周期吸引子上的运动不会有无限的信息自创生，描述它的输出序列是信息可压缩的，或可计算的。为什么在浑沌区就不可预测？因为一旦运动到奇怪吸引子上，系统就有了无穷的信息自创生能力，沿着浑沌轨道永远在产生新信息。所谓“浑沌是信息之源”（罗伯特·肖），说的就是这个意思。要预测一条浑沌轨道，需要无穷多的初始信息，但人在有限时间不可能掌握无穷多的信息。用有限的初始信息不可能预测无限产生新信息的运动。关于这一点，著名数学家蔡廷有一个非常幽默而又深刻的表述：“一个一镑重的理论不能产生一个十镑重的定理，这好比一个一百镑重的孕妇不能生出一个二百镑重的孩子一样。”[90]

我们的世界是完全的，因为它拥有使自己存续演化所必须的一切要素，世界的运动本质上是“自因”的。我们的世界又是不完全的，因为它的通有特征是浑沌，而浑沌轨道如此复杂，以至我们永远无法全部了解它的秘密。我们的世界是完全性与不完全性的辩证统一。

§6.6　一个自相似又非自相似的世界

现实世界有许多事物具有明显的自相似特征，部分呈现出与整体相同或相近的结构特征。在缺乏科学论证的条件下，古代人类直观地发现这类现象，猜测自相似结构是一种普遍存在，并把它作为一种由已知进到未知的想事推理的方便模式，由小世界推论大世界或者相反，由快事件推论慢事件或者相反。古代人类没有关于特征尺度的一般概念，未掌握处理标度特性的系统方法，不得不以自相似这个非科学概念为基础，描绘世界图景。从东方到西方，古代文明都独立地形成一种自相似的世界观。中华民族先祖们的自相似世界观就异常光辉。在占卜算卦活动的深层思想中，在中医的子午流柱学说中，不难发现明显的自相似人天观，把人作为天地间的分系统，天、地、人构成自相似结构。中医的五轮八廓说、耳穴分布说等理论，明显体现了自相似人体观，人体被当作一种部分与整体一一对应的结构。君臣、父子、夫妻关系的相似性，家庭与社会、地区与国家的相似性，金字塔式的层次自相似社会结构，反映于人们的头脑中，形成一种自相似社会观。"一粒沙含大千世界"，"一佛国在一沙中"，这些中国古代格言反映出那时的人们深信整个自然界、整个人类社会，都是具有自相似结构的系统。

以这种自相似性为基本色彩描绘的世界图景，既缺乏严密的逻辑论证，又同许多显而易见的事实不符，当然是非科学的。随着近代科学的兴起，自相似世界观不可挽回地衰落了。从考察力学系统起步的近代科学，以及相伴随的以制造和使用机器为主要内容的近代技术，到处遇到的是具有特征尺度的对象。要认识和处理这些对象基于自相似性的想事推理模式无济于事，关键是要回答这样一些问题：在空间广延方面它有多大？在时间延续方面它有多久？变化多快？在努力解决这些问题的探索过程中，人们逐步建立了关于特征尺度的一般概念，掌握了处理标度特性的系统方法。使用分析或"拆零"方法，现代科学向越来越小的空间和时间尺度探索，发现分子具有宏观物体所没有的特性和行为，原子具有分子所没有的特性和行为，基本粒子具有原子所没有的特性和行为。生命领域同样需要考虑特征尺度，不同尺度的动物具有显然不同的结构和特性，不同层次的生命运动具有质的差别。在社会领域，中小系统与巨系统的行为大不相同。近代和现代科学在不同领域和不同层次都发现，具有特征尺度的对象普遍存在，每个事物都有自己的特征尺度，事物的性质随尺度改变而改变，不同尺度的事物有不同的规定性。于是，人们在否定自相似性的前提下描绘科学世界图景。这是一幅处处呈现出标度特性的世界图景。在这个世界中，理解事物特性的关键是抓准特征尺度（特征时间、特征容量、特征长度等）。正确的描述（不论定性的还是定量的）是以正确选择特征尺度为前提的。特征尺度不对头，用斗去量海水，用大炮去打苍蝇，用牛刀去杀鸡，便不能正确认识和处理事物。这已成为现代社会的人们想事推理的常规模式。科学的巨大发展，技术的惊人进步，证明这种世界观及相关的思维方式是合乎科学的。

人们满意地看到科学技术的现代发展使这种世界图景日臻完善，却未曾料到它同时也在悄悄地准备着向这种世界图景发起挑战。以处理标度特性为轴心的科学技术自身发现和产生了许多不具特征尺度的现象和事物，再一次把自相似性问题摆在人们面前。分析数学是科学理论刻画标度特性十分有效的工具之一，但它的理论基础实数连续统却具有严格意义上的自相似结构，实数轴上任一开区间与整个实数轴一一对应。标度性科学的基础中存在无标度性的自相似结构，发人深思。如果有人说这只是自相似性的一个平庸的例子，可以不去管它，那么，全息照相技术、临界相变理论所展示的则是非常典型的自相似性，科学不再可以视而不见了。特别是浑沌学及其数学工具分形几何学，以标准的现代科学方法、严密的逻辑论证和精确的数学语言把无标度特性系统地揭示出来，使自相似性上升为一个科学概念。对浑沌和分形的探讨表明，以具有某种自相似性为基本特征的分形并非数学家书桌上的摆设，而是客观实在。在不同领域和层次上，已经发现了大量分形对象，即使一些没有直观形象的数据、资料、时间序列，也发现有内在的分形特性，经适当的可视化处理，就可以直观它们的分形特性。科学经过300多年的发展终于明白了，同整形对象相比，分形对象要更普遍得多。

曼德勃罗说过，分形几何考察的是一些“孩子们提的问题”：山是什么形状？云彩为什么这般模样？经验告诉我们，孩子们的天真而难以回答的问题，往往涉及描述世界图景的根本问题。分形几何学探索的恰好是这类问题。现已知道，从神秘的木星大红斑到宇宙深处的星体分布都呈现分形特征，描述宇观尺度的科学世界图景不能撇开自相似性。分形正在向研究微观现象的学科渗透，布朗运动的轨迹是典型的分形曲线，蛋白质的分子链和表面呈现分形特征，描述微观尺度的科学世界图景也不能不涉及自相似性。在我们的周围，分形更是无所不在。一切复杂系统都有分形特性，描述宏观尺度的科学世界图景更不能忽视自相似性。人体的血管、神经、经络等系统都具有分形特征，分形是人体这种复杂系统的自组织原理，科学的人体观应包含自相似概念。社会越现代化，部分所包含的整体的信息越多，古老命题“秀才不出门，能知天下事”的真值就越高。现代社会的通信网、交通网以及其他运输、调控系统的结构越来越具有分形特征，分形是未来社会的自组织原理。建立科学的社会观，同样离不开自相似概念。一言以蔽之，被经典科学否定了的自相似性，今天重为科学所接纳，并颇受青睐。运用自相似性重新描绘科学世界图景的时候正在到来。

但是，如何利用这些新认识来重绘世界图景，存在不同主张。有一种观点设想，宇宙的时空构造不是四维而是分维，我们生活的这个世界，不是迄今科学所宣称的时空四维空间，而是一种分形空间。一些哲学家全盘抛弃了从牛顿到爱因斯坦的世界图景，完全否定标度特性，代之以一种利用现代术语重新装扮起来的古代自相似性世界观。典型之一叫作“宇宙全息统一论”，它的基本命题是“部分包含着整体的全部信息”。据说，只要理解了宇宙全息统一论，就能掌握认识世界的“捷径”，可以从任意一部分了解整体的全部结构、特性、行为。例如，从一块石头或一片树叶足以认识宇宙的一切。浑沌与分形正被用作论证这种观点的科学依据。但我们无论如何不敢苟同。

基于标度特性的科学世界图景并非错了，只是有片面性，因为它完全排除了无标度性。但若走向另一极端，完全排除标度特性，就大错特错了，因为它否定了科学技术几百年来的成就。现实世界不是单色彩的，它既有整形又有分形，既有标度性又有无标度性，既是光滑的又是非光滑的，既有自相似性又有非自相似性。现实世界是这些矛盾的对立统一，是标度变换的可变性与不变性的统一。在不同条件不，这种对立统一的具体格局千差万别、形态各异，导致客观世界无限多样性和复杂性。在某一方面占支配地位时，人们看到的是典型的无标度性，自相似结构十分明显，因而提出自相似世界观。在另一方面占支配地位时，人们看到的是典型的标度特性，用通常的眼力似乎看不到自相似结构，因而提出非自相似性世界观。两者都有合理性，又有片面性。现代科学则把人们引向两种典型之间的中介地段，既有明显的标度性，又有明显的非标度性，既可以看到非相似结构，又可以看到相似结构。新的科学世界图景需要把两方面融为一体。新的思维模式也应当是两种模式的融汇贯通，既要善于区分不同特征尺度，又要善于跨越一切尺度，利用自相似性概念去想事推理。

标度性与无标度性，自相似性与非自相似性，它们的存在是有条件的、相对的和不完全的。临界现象没有特征尺度，意味着要考虑大小不同的各种尺度，重正化群理论在此大显身手。自然界的分形在大小两端都存在一定的特征尺度限制，超出这个范围便不会有自相似性。可见，无标度性是以有标度性为前提的。分形作为无标度性的几何对象，它的定量特征需用分维表示。但分维也是一种尺度，即复杂性程度的尺度，也可以区分大小。非自相似结构中有某种自相似性，因为任何部分中都包含着整体的许多信息。在自相似结构中，部分原则上不可能包含整体的全部信息，表现出一定的非相似性。不难发现，一切自然界的分形都具有这种特性，即不完全的自相似性。基于此，曼德勃罗在给分形下定义时，只要求部分与整体具有某种程度的自相似性。数学分形常有无穷多层次，但也有二重性，即自相似中包含非自相似性，如曼德勃罗集。统计分形只具有统计意义上的自相似性，承认有小概率的非自相似性。自仿射分形在不同方向上的伸缩比率不同，必然造成某种非自相似性，但变换若干次后，图像中可以显现出与原图相似的若干个新图。有人用彭加勒的头像做过计算机仿射变换实验，完全证实了这一点。浑沌吸引子很少有严格意义上的自相似性，说它们具有自相似层次结构，主要指在一定尺度上看去是一个层次，放大尺度看又包含许多层次，原则上这个过程可以是无穷的。在洛伦兹吸引子上取下一部分，放大后不会再看到整个吸引子类似蝴蝶翅膀的结构。由图3.25可以看到，把埃农吸引子上小方框中那部分放大，虽然可以发现它存在许多新的层次，却看不到整个吸引子的形状。就是严格意义上的数学线性分形，也不是绝对没有非自相似性，总可以发现整体的某种信息在部分中找不到。浑沌与分形不可能成为宇宙全息统一论的科学依据。

§6.7　一个遵循辩证法则的世界

从前面的分析中得到的一个总结论，就是客观世界是按照辩证法规律存续发展的。承认世界的辩证性质，是描绘科学世界图景的基本立脚点。浑沌和分形为此提供了最新的、最生动有力的科学根据。

长期以来，西方许多学者宣称，辩证法只是一种主观范畴，客观世界本身无所谓辩证法。有些人承认唯物论，但不承认辩证法。我们不能赞同这种观点。他们的认识局限于17世纪的经验论，还不如明代的吴承恩，吴承恩已经懂得主观认识的范畴（不完全性）有其客观的根源（天地不全）。如果不存在客观辩证法，主观辩证法岂不成了无源之水、无本之木了吗？不承认辩证法，唯物论也是要打折扣的。不管人们是否愿意承认，20世纪科学的发展越来越表明，我们的世界是一个遵循辩证法规律的世界。21世纪的科学成就将更加证明这一点。

熟悉现代西方语言哲学的人可能怀疑我们的上述论证，认为所谓“辩证法”不过是“命名”造成的假像，客观世界并不存在辩证法。这正是语言哲学鼓吹的观点。我们认为，讨论“命名”“指称”“意义”是有意义的，但并不能彻底解决问题。在终极意义上，范畴仍然来自客观世界，是思维对客观事物的反映。思维的辩证法反映的是客观世界的辩证法。这是一个聪明的、方便的假设。妄图用命名理论一举解决哲学问题，只是表面上深刻，实质上是人为地造成复杂性，不符合实际的认识过程，更与自然科学相矛盾。

第7章　浑沌学革新了科学方法论

某些人看来，它几乎是每一个领域都可应用的新型智力武器；但在另一些人看来，它不过是“哥德尔的孩子”：进入陌生世界的窗口。[59]

——R. 保尔

哈佛应用科学院院长马丁（P.Martin）是一位对浑沌学持怀疑态度的学者，他认为，浑沌研究“已经有了一些有趣的思想，有一些是已经存在，但许多科学家未曾意识到的，不过我不认为它正使我们考察科学的方法发生革命”[59]。本书第4章的内容似乎给人一种印象，浑沌研究的方法基本是继承性的，谈不上重大革新。因此，我们的论述有可能被当作对马丁教授上述观点的支持，但这是一种误解。可以把第4章的论述看作是对福特教授如下观点的纠正：由于浑沌，“我们观察世界的所有方法都将要被改变”[59]。科学史上没有也不可能有一种新理论，它能把以往的科学方法全部改变。但我们也不同意马丁的观点，他似乎过分保守和悲观了。我们赞成福特等人对浑沌学方法论意义的高度评价，断言这门新科学在许多根本点上革新了科学方法论，因而也革新了作为这种方法论的基础的科学思想。为什么面对差不多相同的情势，有些人抓住了浑沌，有些人失之交臂，另一些学者在他人发现了浑沌后仍然持否定甚至敌视态度呢？一个重要原因在于他们在科学思想和方法论观点上的不同。浑沌探索需要并且事实上促进了科学思想和方法论的一系列重大转变。那些从怀疑浑沌转向接受浑沌的学者对这种变革的深刻性有特别的体会。

§7.1　从还原论到整体论的转变

自伽利略、牛顿以来，支配科学发展的主导思想是还原论，认为整体的或高层次的性质可以还原为部分的或低层次的性质，认识了部分或低层次，通过加和即可认识整体或高层次。与还原论相适应的是分析—累加的方法，即还原方法。这种观点和方法在科学中统治了300多年，直到20世纪中叶，才由贝塔朗菲第一次提出明确而系统的批评。贝氏倡导系统论，认为整体或高层次的性质不可能都还原为部分或低层次的性质，若干部分一旦组织成为一个整体，或者从低层次上升为高层次，必然会产生出某些为低层次所没有的新性质，即非还原性的质。要了解这些性质必须用系统方法，即把对象作为整体或系统来认识和处理。从还原论向现代整体论的转变，是科学思想的一次伟大飞跃，贝塔朗菲称其为“科学的重新定向”。这一转变同时出现在各个科学领域，浑沌探索是这股历史潮流中十分突出的一个方面。

浑沌是系统的一种整体行为方式，浑沌运动本质上不能还原为部分特性，不能用分析—累加方法去把握。从数学上讲，浑沌系统有拓扑传递性，即某种不可分解性。以最简单的非线性系统（3.3）为例，浑沌是系统在区间 [0，1] 上的整体演化行为。若把该区间划分为若干子区间，在任一子区间上考察都不会发现浑沌，因为迭代运算（即系统演化过程）无法在子区间上进行，对区间的分划（还原）割断了产生浑沌的根源，即伸缩与折叠变换。浑沌现象俯拾即是，为什么一些人看到了，另一些人却视而不见呢？从科学思想和方法论角度看，一个重要的原因是，前者树立了系统观点，后者深受还原论的束缚。下面对浑沌探索中的一些重要人物做些简略的考察。

在彭加勒时代，还原论观点牢固地统治着科学界，现代系统思想还停留于哲学形态，向实证科学的转移尚未开始。但彭加勒通过自己的科学实践领悟了某种系统思想。与研究动力学的前辈和同代学者相比，彭加勒的特点是特别重视几何方法，倡导定性描述。“几何治整个空间”（陈省身语）。几何方法较之分析方法，定性描述较之定量描述，需要更多的整体性观点。应用相空间方法，考察的是相轨道的整体而不是它的片断，是所有相轨道而不是某一条。定性描述撇开测度问题而集中考察系统的结构，结构是整体地描述事物的范畴。善于给物理世界的运动规律提出几何想象，有意识地从整体上理解动力系统行为的复杂性，是彭加勒超前于时代发现浑沌的重要原因。

再看柯尔莫果洛夫。拓扑方法和统计方法是现代系统研究描述整体性的两种基本方法。柯氏在这两方面均有一流的工作，他深谙系统思想的真谛。柯氏的前辈（包括彭加勒）在考察保守系统时习惯于把对象区分为可积的与不可积的这样界限分明的两类，分别对它们做孤立的分析。他们过分地看重两类系统的不同，忽视了二者之间的联系与过渡。柯尔莫果洛夫的高明之处在于，他把一切保守系统的全体看作从可积的一端由于加上不同的不可积扰动项而向不可积的另一端过渡的序列，提出近可积系统这个中介概念。有了这个新的理论视角，人们便可以考察随着不可积性扰动项由弱到强地逐步变化，系统演化的定性图像如何从典型的可积系统逐步向典型的不可积系统过渡，获得关于这个过渡序列的整体形象。这种深层次的整体观点，是一般学者很难发现的。柯氏提出的 K 熵也是一种整体性概念，是利用统计方法度量浑沌系统整体复杂性的得力工具。

经典科学的确定性可预见性幻想，与还原论密切相关。确定性动力系统短期行为是可预测的，这在理论上毫无疑义，与人的实践经验也完全吻合。在经过还原论思想严格训练的科学家看来，既然系统的长期行为是由短期行为累积相加而构成的序列，由短期行为可预测推断长期行为是顺理成章的。经典动力学家的思想中毫无这样的念头：在研究确定性系统的时间演化时，需要实际考察一下长期行为会不会有不同于短期行为的奇异现象。洛伦兹不是这样，他在自己的气象模型上也观察到短期行为的可预见性，却未就此止步。他对系统长期行为进行了一番实际考察，做了计算机数值实验，果然发现了与传统认识不符合的事实。他的同行们却深信长期行为可以还原为短期行为来认识，把这些“反常现象”归咎于模型过分简化或理论分析工具不足。洛伦兹较早摆脱还原论的束缚，相信长期（整体）行为与短期（局部）行为可能有差别，努力理解这种差别的来源，终于发现了长期行为对初值的敏感依赖性。

摆或振子是物理学家和工程师最熟悉的系统。经典动力学家从局部看系统，对摆的微观机制和局部行为有透彻的理解，但忽视了整体研究。他们在理解摆的周期运动之后便以为一切都已理解了。当斯梅尔从拓扑学转向动力系统时，他也给后一领域带来了在拓扑研究中发展起来的整体思想。他把拓扑学对结构的整体描述与分析学对局部特性的描述结合起来，开辟了从数学上理解浑沌的道路。斯梅尔是“最早审慎而协调一致地试图理解整体行为怎么会与局部行为发生差异”的数学家之一。[30P45] 他理解了范德波当年未能理解的非线性振子的整体复杂性，并从这种整体复杂性中抽象出一种叫作马蹄的数学模型。

无论是洛伦兹方程或范德波方程，还是埃农映射或逻辑斯蒂映射，控制参数的不同取值使动力学家面对的不是个别系统，而是一个完整的系统族或系统序列。遵循还原论的学者一次只考察一个系统，在某些简单情况下看到周期运动，便推断一切情形下最复杂的运动体制不过是周期运动。洛伦兹、斯梅尔、埃农、R. 梅等人不同，他们考察的是整个系统族，力图一举把握全部可能性，因而能够在观察到周期运动后继续前进，终于发现了浑沌运动，获得了当控制参数变化时的全部分叉与浑沌序列的现象。

如果说彭加勒尚未自觉地运用整体观点看问题，那么，现代浑沌学家则大大前进了一步，他们相信自己的工作是在寻找整体，他们的事业正在扭转科学中的还原论倾向。许多浑沌学家在从事具体工作的同时，还从哲学和方法论的高度批判还原论，宣扬整体观。费根鲍姆就是一个代表。他指出：“物理学中有一条基本假定，就是理解世界的方法在于分隔出它的组成部分，直到你明白了你认为是真正基本的那些东西。然后，你就假定你还不懂的其他东西都是细节。”[30P185] 但是面对浑沌之类的复杂现象，物理学的全部传统“现在完全垮台了。这里你知道正确的方程，但它们简直无济于事。你把所有的微观小块拼起来，但是不能把它们延伸到长期行为，它们不是问题的重要之点。‘理解事物’的涵义完全改变了”[30P174]。还原的观点和单纯分析的方法不能理解浑沌，浑沌轨道指数地分离表明系统的内部时间存在一个特征尺度。大于这个尺度，系统行为不可预测，小于这个尺度则可预测。对于不同的系统，这个时间尺度不同。为了理解浑沌，科学家需要换一种方式来想问题。在实现由还原论向整体论的转变上，费根鲍姆是最彻底的学者之一。这无疑是他能够取得这一领域中最重要的突破的一个原因。

当浑沌研究从物理学向其他领域扩展时，那里的学者们之所以看中这一新学科，一个重要方面是因为它提供了传统方法缺少的整体观点。不妨看看生理学。人体内生物钟的机制是什么？特别地，心脏搏动节律的机制问题，具有重要的理论和实际意义。当生理学家对心脏的所有部分异常复杂而精致的工作机制已经有了很好的了解后，仍然不能很好地理解心脏的纤维性颤动。发生纤维性颤动时，心脏各部分仍然在工作，但整体上出了差错。问题出在哪里呢？温弗瑞（A.Winfree）在这方面是少数率先改变研究路线的人。这位美国理论生物学家具有强烈的几何意识，掌握了拓扑观点。这使他比同行较容易地开始用复杂系统理论和拓扑动力学来研究生物钟如何工作。他认识到，"被忽视的是另一方面，即寻求它究竟怎样工作的整体性认识"〔30P284〕。温弗瑞等人从浑沌动力学中找到从整体上研究心脏问题的共同基础。温弗瑞甚至认为，这类问题的整体的数学的前景，将孕育出一门新学科，他称为理论生物学。

§7.2 从线性观向非线性观的转变

浑沌探索的不平凡历程和惊人成就，促使科学家们对以往的科学发展进行回顾、检讨和反思，第一次明确意识到迄今为止科学所研究的主要是线性系统。理论家考察的大多是线性模型，经典科学方法武库中最引以骄傲的武器，如傅利叶变换、传递函数、回归技术、单纯形法等，都是线性分析方法。就是实验科学家，他们的工作主要也是进行设计得与线性分析相符合的实验。经典科学实质上是线性科学。

正如人的认识发展道路是从认识简单事物开始一样，近代科学的产生发展也是从研究线性系统这种简单对象开始的。物理学家首先考察没有摩擦的理想摆、没有粘滞的理想流体，数学家首先研究线性函数、线性方程，等等。这本来是合理的、必然的，线性模型是一大批现实系统的良好近似。事实上，线性科学在理论和实践上都有十分光辉的成果，迄今许多令人注目的重大理论和技术创造都是线性科学的贡献。但在线性科学成功发展的同时，也形成一种科学传统：不问是否有可能，总是力求在忽略非线性因素的前提下建立系统的模型，能够建立线性模型被当作科学研究获得成功的标志。如果不能在建模过程中把非线性因素排除掉，总是力求对非线性模型做线性化处理，用线性模型局部地代替非线性模型，或者借助于对线性行为的微小扰动来认识非线性效应，正则模分析方法成为经典分析的标准工具。只有在万不得已的情况下，才对某些非线性问题做特殊的非线性化处理。这种科学思想和方法论观点，就是科学研究中的线性观。它的主要表现为:

（1）把线性系统视为客观世界的常规现象、正常状态或本质特征，把非线性系统视为例外情形、病态现象或非本质特征，非线性系统仅仅是线性系统的扰动等。

（2）认为只有线性现象才有普遍规律，可以提出一般原理，制定普适的方法；非线性现象没有普遍的规律，不能建立一般的原理和普适的方法，只能具体问题具体处理，针对个别问题的特点制定特殊的处理方法。

（3）只看到非线性因素对理论分析和实验研究带来的困难，视之为完全消极的、必须尽力避开的因素，看不到非线性因素在形成客观世界的无限多样性、丰富性、奇异性、复杂性、演化性等方面起着根本的、建设性的积极作用。

这种线性观反映了一种错误的科学世界图景。在那些建立线性科学的大师以及在他们传帮带下走上科学研究道路的学者的心目中，客观世界是一种以线性关系为基本特征的对象集合，“世界本质上是非线性的”这一点被掩盖起来，科学的对象世界被描绘成一个线性叠加的简单世界，没有间断、没有突变、没有分叉，也没有浑沌。相应地，产生了线性科学观:线性系统是科学的基本对象，只有线性问题能够建立系统的理论体系，非线性问题是无法建立系统的理论体系的。在经典科学的长期发展中，确定研究方向，选择研究课题，制定理论分析方法，设计实验方案，主要都是在这种线性观的指导下进行的。

这种线性观在传统的教科书中得到充分的反映，并渗透于科学共同体的工作作风中。加州大学圣克鲁兹分校的法默曾对流行的教科书及其他科学著作作过这样的评论:“‘非线性’这个词你只能在书末看到。一位物理系学生可能选一门数学课，最后一章可能讲非线性方程。你可能跳过这一章，即使不跳，那里讲的不过是如何把这些方程约化成线性方程”；作为一个被这种教程“洗过脑筋”的学生，“非线性会给模型带来什么真正的差别，我们对此毫无概念”。[30P125]法默当时还是一个学生，他依据自己的切身体会作出的这一批评，是尖锐而中肯的。

当科学还处在主要以简单系统为研究对象的阶段时，线性观曾经是十分有效的。今天，当科学已经转向以复杂系统为主要对象时，线性观的弊病就日趋明显了。线性观颠倒了对象世界，特别是宏观复杂性现象领域的真实图景，扭曲了人们关于科学研究的目标、重点、方法的认识，成为妨碍科学进一步发展的思想障碍。

浑沌探索刮起一股强劲的非线性风暴，横扫线性观的各个角落，把各种颠倒了的认识重新颠倒过来。人们现在明白了，在现实世界中，非线性问题不是少见的例外而是常规现象，线性问题才是少见的例外；非线性特性不是细枝末节而是基本特征和本质的存在，线性特性才是非本质的存在和次要方面，线性系统是对一部分简单非线性系统的一种理论近似。非线性是现实世界的无限多样性、丰富性、曲折性、奇异性、多变性的真正根源，线性特性不能产生间断性、突变性、多值性、演化性、自组织性。线性化操作“化掉”的是系统产生分叉、浑沌的内在根据。线性观代表的是一种平庸的自然观，非线性观才是一种深刻的辩证的自然观。

浑沌探索也粉碎了所谓非线性问题没有普遍原理的神话。[①] 这种神话是人们基于线性科学的范畴和思维模式去想象非线性问题而生发出来的一种错误认识。浑沌等非线性研究告诉我们，分叉、突变、对初值敏感依赖性、长期行为不可预见性、分形几何特性等，是非线性系统的通有性质，分数维、李亚普诺夫指数、费根鲍姆常数等是对非线性系统作定量描述的普适概念。非线性问题有普遍成立的规律和原理，有普遍适用的方法工具，可以建立系统的理论体系，这就是非线性科学。非线性科学的研究范围颇广，洛斯阿拉莫斯国家实验室非线性中心主任康贝尔

① 1967年，海森堡在一次有关非线性物理学术会议的讲演中，对于“非线性问题只能是对具体问题做具体分析”的流行看法提出异议，他认为应该有一种非线性问题所具有的共性，并猜测所有非线性物理问题的一个共同特点是不可预测性。浑沌理论证实并大大发展了他的猜测。参见文献[125]。

（D.K.Campbell）说："让我们从一个虽然是循环的但却非常简单的定义出发：非线性科学是研究那些不是线性的数学系统和自然现象的学科。尽可能像格言那样，斯坦·乌拉姆（S.Ulam）有次曾讲过，这是'类似于通过把动物学的绝大部分称为研究"非大象的动物"来定义动物学'。他的要点显然是指绝大部分数学方程和自然现象是非线性的，而线性是例外却是重要的情况。"虽然目前的研究水平还不足以建立起非线性科学，但这个科学目标的实现是确定无疑的。线性科学只是科学发展的幼年，非线性科学才是科学发展的光辉未来。线性观是一种片面的肤浅的科学观，非线性观是一种深刻的辩证的科学观。完成从线性观到非线性观的转变，是建立非线性科学的必要思想前提。

浑沌探索者们是一批最早摆脱线性观束缚的人。他们不是绕过困难的非线性去开拓前进方向，而是有意寻找非线性问题，研究非线性模型，专门关注那些在线性科学看来是难以理解的、奇怪的、混乱的病态事例。他们不用驾轻就熟的线性化方法，而是着意寻找、创造新的方法去处理非线性问题。他们是线性科学观的叛逆者。

像R.梅这样的生态学家为什么能在建立浑沌学中起到重大作用呢？在他之前，几代生态学家已弄清楚了马尔萨斯模型中的线性增长函数不能真实反映种群生长规律，逐步提炼出逻辑斯蒂方程这个良好的非线性模型，积累了不少有关这个模型中非线性作用的事实。R.梅的生态学研究是从这个基础起步的，他面对的是本学科领域的一个公认的非线性模型。R.梅的独特之处在于，他不是用线性模型加微扰的传统方法考察这个非线性系统的局部行为，而是用刚刚发展起来的数值迭代方法去观察这个非线性系统的整体行为，考察不同参数值对应的不同非线性效应。R.梅最初也不理解数值迭代中出现的奇怪现象，但他既不把这些现象归咎于数值计算的差错，也没有把它归咎于违背线性科学标准结论的反常现象而扔在一边，他努力理解这些不能用现有理论解释的新事实，并通过讲演等方式，寻觅同道者，鼓动更多的人从事这方面的研究。在获悉李—约克的浑沌概念之后，R.梅终于明确地意识到需要清算线性科学观，发展非线性科学观。这一思想转变的结果，清楚地反映在1976年的那篇著名文章中。

浑沌学并非反对一切简化处理。任何模型都是对原型简化的结果。没有简化，就无所谓模型。浑沌学中常见的模型都是经过高度简化处理而建立的，并因此而常常受到“过度简化”的责备。但是，线性科学的简化是以消除非线性为目标，浑沌学的简化则是以保留非线性为前提的。建立浑沌模型时，一切力学的、物理的、化学的、生物的因素均被排除，甚至几何条件、大小量级等数学因素也被消除，但非线性特征和动态性这两个要素必须保留。洛伦兹的模型把原来方程中的流体力学的、空间分布的等因素排除掉，有人批评它不能代表气象预报系统，这一点没错。但是由于模型中保留了非线性特征，系统能够产生浑沌运动，洛伦兹模型能定性地说明气象系统的复杂行为的本质，因而洛伦兹的工作是气象科学中革命性的进展。若斯勒构造的理论模型非常简单，但方程中至少有一个非线性项，以保证出现浑沌。同样，埃农对洛伦兹模型实行简化，使连续运动离散化，却坚持不把这个离散模型的非线性特征化掉，因而能够保留洛伦兹模型中动力学特征的主要方面。浑沌学家们明白，尽管因不同场合、不同目的可以有不同的简化处理，但只有在模型中保留适当的非线性，才可能作为浑沌学的模型。

我们从浑沌学家与那些不理解或不接受浑沌概念的学者之间的争论中，也可窥见线性观与非线性观的尖锐对立。休伯曼（B.A.Huberman）是一位物理学家，研究过凝聚态问题，在转向浑沌理论后，对约瑟夫森器中的反常噪声作出很好的解释。对于生理学家长期研究的眼睛不规则运动模式，休伯曼试图从浑沌运动的角度开辟一个新的探索方向。在他看来，为了给精神分裂症患者眼睛乱动建立模型，重要的不是描述有关的神经生理数据或物理特性，而是眼睛非线性动力特性。他撇开一切细节的东西构建了一个最简单的非线性跟踪模型，它在一定参数下表现出内秉的无规运动。一些人从这个模型中领会了生理学新的研究路线，但另一些人则批评它没有反映具体的生理或物理特性，认为模型过分简单化。在他们的理解中，分叉和浑沌仅仅是科学中的一些“特殊成分”，因而责备休伯曼为什么要找非线性动力学中的这些“特殊成分”，而不是表现线性科学揭示的一般原理。正如对浑沌有长期兴趣的精神病学家曼德尔（A.Mandel）所指出的，这是“一位研究低维整体系统的非线性动力学专家同一位一直在使用数学工具的生物学家谈话时发生的事情”[30P278]。对于什么是科学普适性、用何种科学思想指导建立模型，双方持截然相反的观点，没有共同的标准。

不难看出，线性观与还原论之间有内在联系。线性系统的基本特征是可叠加性，几个因素对系统的联合作用（总体效应）等于各个因素单独作用（个体效应）的总和。这正是一种可还原性。可积非线性系统仍然有某种可还原成分，因为可积性概念建立在分割、近似、求和、取极限的数学操作之上。分割、求和是典型的分析（还原）操作，近似、取极限的手续包含"以直代曲"、用线性逼近非线性的思想。这是造成可积非线性系统与线性系统一样不会出现浑沌的原因。线性化方法的应用，要以数学模型连续可微为条件，主要研究局部性质，不能描述整体特性。而传统的"微扰法""唯一性定理"都是局部性的，推广到全局时要留心它们是否仍然适用。最典型的非还原特性，只能在本质非线性系统和不可积系统中充分表现出来。从线性观到非线性观的转变，从还原论向现代整体论的转变，两者的大方向是一致的。

但是，读者切忌从本节的论述中得出轻视甚至否定线性科学的结论。线性科学是经过长期实践检验的，今后还会继续发展。只要有可能，人们还是要把非线性问题简化为线性问题来近似处理，这是合理的、必要的、聪明的。在线性方法与非线性方法问题上，同样需要辩证地对待，绝不能因非线性方法而贬低线性方法。朱照宣先生对此有明确的说法。〔125P14〕

§7.3　科学兴趣从简单性向复杂性的转变

笃信决定论和还原论的经典科学，必定遵循把研究对象简单化的方法论原则。经典科学研究的对象主要是线性的、可解析表达的、平衡态的、规则的、有序的、确定的、可逆的、可做严格逻辑分析的对象，因而看到的主要是事物的简单性，建立起"现实世界简单性"的信念。一旦科学的注意力转向非线性的、非解析表达的、非平衡态的、不规则的、无序的、不确定的、不可逆的、不可做严格逻辑分析的对象，处处看到的都是复杂性，因而不得不放弃"现实世界简单性"的信念，越出把研究对象简单化的方法论框架。诚如普利高津所说，科学的兴趣正在从简单性转向复杂性。不同领域同时提出了建立复杂性科学的任务。浑沌学对于促成这一转变起着重大推动作用。

在传统观点看来，复杂性只存在于生命和社会历史领域，物理世界是简单的。物理系统存在浑沌这种异常复杂的运动，并且浑沌是普遍的、通有的行为，这一发现粉碎了物理世界简单性的幻梦。还原论的背后隐藏着一种信念，相信世界在某个层次（例如微观层次）上是简单的，那里的事物只受一些简单而确定的规律支配，只要把研究对象还原到那个层次，就可以把一切问题归结为这些简单规律。但现代科学证明，微观世界同样充满随机性、不可逆性、不稳定性和复杂性。并且，不管微观成分是否简单，一旦组织起来成为宏观巨系统，就会产生微观所没有的复杂性。只要用系统的观点看世界，复杂性便随处可见。把复杂性完全约化为简单性，实质上是人为地消除了复杂性。浑沌就是一种复杂性，它是不能通过完全消除复杂性而加以理解的。复杂性是系统的固有属性，不能用还原论来消灭它。

新的科学观和方法论并不否定和取消对研究对象做简单化处理的必要性。问题是如何简化，哪些因素可以或不可以忽略掉。经典科学方法要简化掉的是系统的非线性、非平衡性、不可逆性、不规则性、不确定性和无序性，这就把产生复杂性的根源去掉了。新的科学方法则要求在保留非线性、不规则性、不确定性等因素的前提下进行简化，保留产生复杂性的根源。我们从浑沌学的开创者们的工作中清楚地看到了这一点。在研究同一物理系统和它的动力学方程时，浑沌学家与非浑沌学家都采取简化手段，但由于简化的指导思想大相径庭，前者看到的是浑沌，后者看到的是简单有序运动。

传统观点对简单性和复杂性进行了形而上学的划分。简单的原因（作用）只能产生简单的结果（行为），复杂的结果（行为）必定来源于复杂的原因（作用）。浑沌使人们醒悟到，情形未必如此。像逻辑斯蒂射那样简单的系统，竟然呈现出意想不到的复杂行为，表明简单的原因可以产生复杂的结果。复杂性与简单性之间的界限远非想象的那么分明。简单性可以转化为复杂性，复杂性也可以转化为简单性。长期以来无法揭示其规律性的现象、数据、资料，今天在浑沌研究的启发下，用简单的非线性动力学模型给出很好的解释，给人们以深刻的方法论启示。浑沌学把简单性与复杂性的辩证关系直截了当地展示在我们面前。

简单性与复杂性的区别与对立是相对的，常因思考问题的观点不同而转化。从传统几何的整形观点来看，各种不规则的几何形状都是无法处理的复杂性。但若从分形几何的观点看，这种复杂性可能又是可以用科学方法刻画的，仅用几个特征量就可把握，因而可能显得非常简单。浑沌运动也一样，在经典科学看来它复杂得无法描述，但用浑沌学原理又是可以描述的。在这个意义上讲，只有在经典科学方法论框架中，才存在原则上无法描述的复杂性。

有一种观点认为，复杂性是由简单性逐步积累而产生的。经典科学家常用这个观点解释他们所面临的复杂事物。一个著名例子是朗道用频率叠加来解释湍流。现代系统理论，特别是浑沌学认为，除了简单性通过积累、由量变导致质变而引起复杂性这种熟知的机制外，更多的复杂性是在演化过程中某些关节点上通过系统结构的突变而产生的。茹勒和泰肯斯关于湍流发生机制的理论就是从这一观点中引伸出来的。

上一章已经指出，传统科学主要是关于存在的科学，浑沌学等新理论正在建立关于演化的科学。只要从存在的观点转变到演化的观点，就会发现客观世界总的来说是向着增加复杂性的方向演化的。复杂性是描述演化的基本概念。深受传统观点熏陶的人很难跟上这一转变，洛伦兹与马库斯在20世纪60年代初的分歧就反映了这一点。洛伦兹敢于承认动力学系统的定态行为可以是浑沌这种复杂运动；而在马库斯看来，洛伦兹气象模型中的确定性非周期流不可能是真实系统的定态行为，真实系统中复杂性属于动力学过程的暂态现象，一定会在系统进一步演化中被阻尼掉，稳定的规则运动才是动力学系统的真正归宿。尽管马库斯被公认为具有绅士风度，颇具充分评价他人工作的雅量，但由于传统观念的束缚，他对洛伦兹的划时代工作成果采取了礼貌的否定态度，直到20年后才觉察到自己的失误。

为更具体地了解浑沌给科学思想和方法论带来的变革之深广，让我们再考察一个生态学例子。在50—60年代的生态学领域占支配地位的是自然均衡论思想，假定生态过程都有平衡态。这是由于生态学家的思想深处都偏爱平衡，坚信平衡态保证了生物最有效地利用食物源，有利于生物稳定发展（直到今天，我国的生物学教科书一般仍坚持这种错误观点）。谢弗（M.W.Schaffer）是一位生态学家，做学生时从他的老师麦克阿瑟（R.MacArthur）那里接受了上述观点。他知道 R. 梅的工作，但不为浑沌热所动，坚持按线性的、平衡态的观点指导研究工作，完全不相信逻辑斯蒂迭代那样简单的模型能反映连续系统的演化。有的同事劝他读读洛伦兹的文章，也被他当作耳旁风。虽然他也从自己的模型中观察到无规则行为，但坚持用传统观点解释，用增加变量来对付复杂性。这注定是要失败的。然而，在他失败的地方别人取得了成功。这对谢弗是一个莫大的刺激，他终于恍然大悟，领悟到基于平衡观的生态模型不能反映生态系统的复杂性，浑沌可能破坏传统生态学的基本假定。谢弗终于抛弃了长期坚持的观点，向浑沌皈依了。

从自然界到社会历史，不同研究领域中都有大量振荡现象。各种专著和教科书都力图用周期运动模型来描述本领域的振荡现象，因为从传统科学的立场看，最复杂的振荡是准周期运动，但仍属于规则行为。浑沌学纠正了这个错误，说明许多振荡现象用浑沌模型描述要更合理。中国漫长的封建社会经历了多次王朝更替，表现为一种振荡现象。有的王朝延续400多年，有的只有几十年。一些学者为了用周期模型来描述，采用简单平均方法，得出周期 $T \approx 280$ 年的结论，令人难以接受。今天看来，中国封建社会的历史是一种非周期振荡。同样，把资本主义经济危机看作非周期振荡，似乎也更合理些；无论如何，经济危机不是周期爆发的。看来社会科学也要摆脱牛顿经典力学概念的束缚，努力从现代自然科学中汲取营养，提炼有用的概念。

那么，有没有复杂性科学呢？传统科学的回答是否定的，浑沌学的回答是肯定的。在传统观点看来，复杂性没有规律，没有普适行为，超出了科学的范围。浑沌研究使我们看到，复杂性的背后总有某种精致而“古怪”的结构，服从过去未曾认识的普适规律。浑沌运动就是一类复杂性，现已初步找到一套精确的描述方法。浑沌学的概念、原理和方法都完全符合现代科学的严格性、精确性标准。可以说，以往只有关于复杂性的思想，现在开始有了复杂性科学。浑沌学便是开始形成的复杂性科学的一个分支。

§7.4 从崇尚解析方法向重视非解析方法的转变

近代科学和现代科学的伟大成功，很大程度上得力于引入数学方法，给对象以严格的、精确的和定量化的描述。系统地使用数学公式描述物理运动始于牛顿时代。但牛顿同时也使用数值方法，《原理》中包含很多几何思想和方法。牛顿之后，定量化方法、解析方法受到越来越多的青睐，定性方法、非解析方法一度不受重视了。拉格朗日使解析方法达到登峰造极的地步，他的一本力学专著由于没有一幅插图而大受赞扬，被视为使用解析方法的典范。拉普拉斯更从方法论上抬高了解析方法的地位。19世纪的两位伟大学者，自然科学家开尔文（L.Kelvin）和社会科学家马克思，各自提出一个十分相近的方法论命题。前者认为，一门科学如果不是定量的，就不能算是科学。后者认为，一门科学只有在应用了数学工具时，才算是充分发展了的。精确科学的辉煌业绩，再加上两位学者的权威和影响，使这一方法论观点获得极为广泛的认同。20世纪的主流数学家，特别是布尔巴基学派，进一步强化了这一趋势。布尔巴基过分强调逻辑的严格性和数学的自身结构化发展，由此形成了一种系统的方法论思想：尊崇定量方法，否定定性方法；尊崇排除直观因素的纯逻辑方法，贬低借助几何形象进行思考的方法；尊崇方程的解析解法，蔑视数值解法等非解析方法。

科学上应当尊重什么，是一个反映科学思想和方法论原则的大问题。一种科学思想和方法取得成功后受到特殊的尊重是天经地义的，但若强调得过了头，变成一种盲目崇拜，变成对其他观点的排斥或否定，就成为有碍于科学进一步发展的东西了。每一种方法都有它的有效范围。当科学研究从这种方法最有效的领域扩展到它不大有效甚至不适用的范围时，这种盲目崇拜的危害就显露出来了。模糊理论的创立者札德（L.A.Zadeh）对此有精辟的分析。这位也曾对定量化、精确化方法有过盲目崇拜的学者，在觉悟之后批评道，对逻辑、精确、定量的东西充满敬意，对非严格逻辑的、近似的（模糊的）、定性的东西则显示轻蔑，这种态度是妨碍科学发展的。他大声疾呼，必须实现科学态度上的根本转变，放弃不现实的精确性标准。[1] 的确，当科学的主要对象转向非线性、复杂性系统时，必须破除对定量的、精确的、解析的、逻辑的方法的盲目崇拜，重新肯定定性的、近似的、非解析的、非逻辑的方法。这是斯特瓦尔特提到的另一个螺旋上升的循环。这种科学方法论思想的转变发生在许多领域，模糊理论是一个方面，浑沌理论是另一个方面。

长期以来形成一种看法，认为科学技术工作用的是逻辑思维（二值逻辑），文学艺术活动用的是形象思维。分析数学和代数的发展，甚至形成一种在科学技术工作中连几何形象也要排除的倾向，一切都要符号化、逻辑化、形式化。但今天，越来越多的学者认识到，“科学技术工作决不能只限于抽象思维的归纳推理法，即所谓的‘科学方法’，而必须兼用形象或直感思维，甚至要得助于灵感或顿悟思维”[2]。浑沌是迄今发现的最复杂的动力学行为，是单纯使用精确的、定量化的、纯逻辑的方法无法发现和描述的。在19世纪浑沌与那些致力于在分析数学中彻底根除直观因素的数学家无缘，唯独钟情于彭加勒，是因为在拉格朗日和拉普拉斯推崇解析方法的风格影响下，只有彭加勒强调在力学中使用几何方法，并且表现出非凡的形象思维能力。把几何方法重新引入力学领域，是彭加勒对现代科学方法论的一大贡献。

把定性方法一概当作非科学方法，是一种错误观点。特别是数学中的定性理论，同样是十分严格的。这种定性方法的中心是考察系统的结构及其演化，这对于认识浑沌至关重要。彭加勒能够发现浑沌，定性方法是功臣之一。在定量化方法极受推崇的时代氛围中，彭加勒单枪匹马，提出定性理论，强调定性方法，是对方法论思想的又一大贡献。科学愈向前发展，这一贡献的意义就愈显得重大。

现代浑沌研究的代表人物都重视并善于使用定性方法、非解析方法。斯梅尔继承了彭加勒的几何传统，发展了拓扑学方法，特别是把微分方程定性理论推进到微分动力系统理论，对研究复杂动态系统提供了强有力的定性方法。费根鲍姆深悉掌握几何形象对整体地认识浑沌的价值，他认为，研究浑沌、分形之类的复杂对象，写出数学方程并不算就该问题做了

① L.A. 札德:《如何处理现实世界中的不精确性》，载《模糊数学》1984年第4期。

② 钱学森主编:《关于思维科学》，上海人民出版社1986年版，第23页。

工作，必须寻找不同的方法。他试图弄清人的感觉机制，用非分析的观点理解复杂事物，甚至提倡向艺术家寻找方法，因为他认为艺术是人类怎样看待世界的方法论。费根鲍姆对浑沌的主要贡献在定量化描述上，但他对定性方法和形象思维对科学研究的重要性的认识是深刻的。更为突出的也许是曼德勃罗，他与布尔巴基崇尚分析方法的数学精神格格不入，特别擅长于借助几何形象来推理，不论什么数学问题，他几乎都能变为几何问题，用形状来思考。凭借这种独一无二的才能和长达数十年的探索，曼德勃罗建立了对研究浑沌等复杂性有独特奇效的语言和技术，即分形几何学。可以毫不夸张地说，浑沌学的创立者们大都是率先破除对定量化、精确化方法盲目崇拜的人，他们对发展定性方法、几何方法、科学中的形象思维有很大贡献。

对解析方法的长期崇尚，把运动方程的数值解法视为不得已的权宜之计，是可以理解的。给定系统的运动方程，只要我们获得它的解析解，一切问题就迎刃而解了。有了解析解，我们对系统行为可以作出毫不含糊的断言。数值解没有这种优点。像极长周期运动和非周期运动，由解析解可以确切地区分开，数值解则不可能。但科学界早就知道，可以解析求解的方程不很多，大多数方程不能不采用数值解法。直到20世纪50年代，普遍的态度仍然是把数值解法视为一种不完美的、非严格逻辑的方法，不愿接受把数值解法与解析解法视为两种同样有价值的方法论思想。这种局面在60年代末开始发生变化。浑沌学的开拓者们是最早转变方法论思想的学者。对于把数值解法提升为现代科学基本方法之一，费根鲍姆、洛伦兹、埃农、福特等人功不可没。

渥恩（J.Verns）在20世纪初曾说过，科学的进步是由过高的期望促成的。对定量的、精确的方法和逻辑思维的过高期望已经促成科学的巨大进步。但既然是一种“过高的期望”，在实践中碰到难以逾越的困难时，就不得不提出一些降低标准的方法，如札德所说：“形成对以前要求的一种放松或退步。”[1] 几十年来动力系统中的定性方法和数值方法就处于这种地位。但今天的形势不同了。解决非线性、复杂性问题，不仅要求对定性

① L.A. 札德：《如何处理现实世界中的不精确性》，载《模糊数学》1984年第4期。

方法、数值方法及形象思维采取容忍态度，而且真正要求实现科学根本态度和观点的转变，把定性方法、数值方法和形象思维作为必要的和基本的方法之一。既然几乎所有的系统都是不可积的，数值方法就成为唯一普遍可行的求解方法。当然，这同样不意味着对解析方法的贬抑。寻找浑沌的解析定义，在可能的情况下力求用解析方法分析问题，仍然是浑沌学家的行为准则之一。

§7.5 确定论和概率论两套描述体系从对立到沟通

牛顿物理学建立在确定论描述框架之上。尽管牛顿时代已经发展了概率方法，但被排除于经典物理之外。即使在拉普拉斯时代，概率论描述也只是一种辅助的方法。在近代科学200多年的发展中，确定论方法被视为客观世界唯一的科学描述体系。统计物理和量子力学产生后，概率论方法开始获得独立的学科地位，发展成为与确定论方法并驾齐驱的另一套描述体系。这是20世纪科学方法论的一大特点。

在一定意义上讲，这是两套基本精神相反的描述体系。确定性联系着有序性、可逆性、可预言性，随机性联系着无序性、不可逆性、不可预言性。确定论方法描述有序的、可逆的、可预见的过程，概率论方法描述无序的、不可逆的、不可预见的过程。两者各有自己的适用范围，其分界线是明确的。

在关心科学发展深层问题的科学大家看来，用两套完全不同的方法去描述统一的客观世界，是对科学理性的一种嘲弄。因此，从概率论方法取得平等地位之日起，科学界就有人试图寻找一种能够消除两种描述体系对立的途径，并取得一些进展。像耗散结构理论、协同学等现代系统理论，都同时使用确定论和概率论两套描述体系。它们认为，自组织过程有两种形态，即相变临界点上的质变和两个临界点之间的量变。自组织理论认为，对于系统在两个临界点之间的演化：确定性因素起决定性作用，需用确定论描述体系；在临界点上随机性因素起决定作用，需用概率论描述体系。自组织理论并未真正使两套描述体系沟通起来。

确定论描述的基础是动力学系统的轨道概念和无穷小分析方法（ε–δ 语言）。对于大数现象构成的系统，轨道概念失去意义，不可能使用确定论方法，由此产生了统计描述的必要性。浑沌学则证明，即使不存在大数现象，如果确定性非线性系统处在参数空间的浑沌区，由于对初值的敏感依赖性，轨道概念不再有效，ε–δ 语言失去了应用的前提。确定性系统自身的浑沌运动产生了统计描述的必要性。这一发现使人们强烈地意识到，把两套描述体系沟通起来是可能的。

浑沌研究进一步启示我们，确定论描述与概率论描述原来有一个共同的前提。完美的确定论描述不仅要求支配系统行为的规律是完全确定的，而且要求初始条件是绝对精确的。这就要求使用无限精确的测量手段，或者用无限测量过程的统计平均值去接近精确值。为了保证计算结果唯一确定，计算过程必须保留无限位小数。只有无限字长的计算机在无限长的过程中才能完成这一工作。类似地，完善的概率论描述要求一个完全的随机过程，可以通过无限长的随机性检验。因为概率论的基础是大数定律，只有 $n \to \infty$ 时才严格成立。真正的随机数必须由无穷多个不同的数组成。可见，两种描述体系都必须借助于某种无穷过程，承认这种无穷过程总是可以实现的。

然而，两种情形都是一种理想化的极限。无限精确的测量和无限字长的计算都是不可能的。实际的测量和计算都是有限过程（数学中的级数收敛、极限存在不算）。只要存在有限的误差，就可能构成一个随机过程，使它同确定论的轨道原则上不可区分。无限长的统计试验也不可能，实际的随机过程都是有限的。当一组数紊乱到一定程度，对于具体的事件或研究目的来说，就可以称为随机数。但只要随机过程不够长，就谈不上纯粹的随机数，可以设计某种确定性的公式来产生这种随机数，并很好地通过随机性检验。现代算法信息论给数字串重新定义了随机性，这种新定义建立在有限性原则基础上。因此，两套描述体系的对立是由于经典科学以某种无穷过程可实现为前提而造成的。只要回到实际的有限过程，确定性与随机性之间便不存在绝对的界限，彼此可以相互转化了。

基于以上分析，郝柏林提出，如果把有限性（包括测量精度的有限性、计算机字长的有限性、随机性检验的有限性等）作为认识自然的基本出发点，承认自然界的有限性，我们就可以从确定论和概率论根深蒂固的人为对立中解脱出来。[97]浑沌研究对方法论的最大贡献也许就在于此。当然，目前还不知道如何把这种有限性要求表述为新的物理原理，但科学发展明确提出这个任务乃是一大进步，前景无疑是诱人的。

福特从不同角度考虑了这个问题。确定论描述要求存在理想的时钟和标尺，以保证测量的精确性（即测量值序列收敛）。既然浑沌意味着确定性的随机性，浑沌又是宏观层次无处不在的现象，一般来说，时钟、标尺及其他给定的系统都是浑沌的。这些浑沌系统的相互作用尽管微弱，但可能导致一切测量（不限于量子力学讲的共轭量）都具有有限精度，测量活动给待测量带来一个小而不可控制的误差。福特由此猜想，存在广义的不确定原理

$$\Delta A / A \geqslant \beta \tag{7.1}$$

它对于所有经典观测量 A 都有效。[22]这里 ΔA 是 A 中的不确定性，β 为一常数。福特甚至猜想，存在一个与此类不确定性有关的普适常数 α，满足 $\Delta A/A \geqslant \alpha$。如果他的猜想得到证实，可以断言，经典力学也服从某种不确定性原理。这可能成为沟通两套描述体系的基础。

米什拉（B.Misra）、普利高津和柯尔巴基（M.Courbage）从另一角度考察了沟通问题。无论经典的还是量子的力学系统，状态的时间演化都服从具有时间反演对称性的确定论规律。另一方面，物理过程的不可逆性用热力学第二定律来刻画。阐明具有可逆确定性动力学描述与服从熵增加定律的热力学描述之间的关系，一向是统计物理学的基本问题。这几位作者通过采用非酉相似变换，发展了一种“等价”理论，证明如果所考虑的动力学系统有很高程度的运动不稳定性，则仅仅通过不涉及信息损失的一种表述上的变化，就可以从确定性动力学中获得随机马尔可夫过程，而后者可以提供服从熵增加定律的不可逆演化的适当模型。这就为沟通两套描述体系提供了另一种可能的观点。他们强调说，这种沟通的重要性不限于统计物理学，它涉及的是在整个自然科学中概率的意义问题。

不同学者对同一问题设想的不同解决方案，反映了这个问题的真正解决尚需时日。不过，有一点是肯定的，一旦我们把确定论和概率论两套

描述体系沟通了，科学方法将发生重大的革命性变革。科学方法论上的革命，必然带来科学内容上的重大革命，导致整个科学知识体系的更新。后一方面，我们将在10.5节中做进一步讨论。

这是否意味着建立在无限过程概念上的现有科学会过时呢？我们认为不会这样。有限与无限也是一对矛盾，必须辩证地理解，基于无限性的科学和基于有限性的科学应当是互补的，它们都有自己的适用范围。

第8章　浑沌与哲学

如果把哲学理解为在最普遍和最广泛的形式中对知识的追求，那么，显然，哲学就可以被认为是全部科学研究之母。可是，科学的各个领域对那些研究哲学的学者们也发生强烈的影响，此外，还强烈地影响着每一代的哲学思想。①

——爱因斯坦

浑沌探索需要哲学的指导。另一方面，浑沌现象研究一开始，人们就敏感地意识到它对哲学的特殊诱惑力。前面各章几乎都涉及这个问题，第6、7两章完全是哲学论述。在本章中，我们对浑沌学与哲学的关系做一个补充性的综合考察。

§8.1　浑沌学需要辩证思维

作为科学对象领域中前所未见的一类复杂运动，浑沌现象充满矛盾，呈现出一系列奇异特征，要求远非平庸的解释。不管浑沌探索者们是否自觉，为了把握这些错综复杂的矛盾，理解这类与传统理论大相径庭的现象，不能不求助于辩证思维。

把现有学科界限看得神圣不可侵犯，满足于在导师为自己指引的狭小圈子里安分守己地工作，没有跨越学科界限进行研究的眼力和勇气，这样

① 《爱因斯坦文集》第1卷，商务印书馆1976年版，第519页。

的人无缘发现浑沌。一个学者敢于选择浑沌这种研究方向，能够理解浑沌运动的复杂性，需要具有关于事物普遍联系的思想。浑沌探索者是一批跨越学科界限进行研究的人，他们相信不同学科领域之间有内在的联系，存在相同的基本问题，可以使用共同的概念、原理和方法，有志于建立一门把许多表面看来迥然不同的现象统一起来的新学科。约克是数学家，但他有物理学和哲学兴趣，经常与其他领域的学者交流，思考一些数学以外的问题。由于了解约克的这一特点，气象学家费勒（Feller）才把长期被埋藏在冷僻的气象学文献中的洛伦兹20世纪60年代的重大发现介绍给约克。跨学科知识背景使约克立即理解了，洛伦兹的发现正是当时物理学家理解无序所急需的，但尚未掌握的新思想。通过费勒和约克，物理学界终于发现了洛伦兹的功绩。这里有一定的偶然性，同时又是必然的。由于受到洛伦兹的启发，约克形成了"周期3意味着浑沌"那篇妙文的基本思想。纯数学家沙可夫斯基早于约克11年提供了研究浑沌的有用工具，但没有发现浑沌。具有跨学科知识背景、关心数学应用的约克不但重新发现了沙氏的（部分）结果，而且理解了它在数学之外的含义，从而发现了浑沌。这一对比是颇富启发性的。

R. 梅是另一个典型。这位数学出身的学者，一头扎进生态学中，用数学眼光审视生态现象。他还涉猎遗传学、流体力学和经济学，相信存在与这些领域的具体特性无关的普遍的动力学规律。安分守己的数学家也遇到过分叉现象，但仅仅视之为数学的技术性问题，不去思考它们是否有现实意义。标准的生态学家缺乏数学洞察力，不可能从似曾相识的分叉现象中看出动力学规律。R. 梅是两栖科学家，跨学科的知识背景和思维方式使他最先理解了倍周期分叉的本质，从挂着生态学特殊牌号的浑沌现象中发现了浑沌动力学的普适原理。

哲学上的普遍联系观点，常常表现为科学上的普适性观点。传统观点认为非线性、复杂性问题没有普适原理和方法。浑沌探索者们不接受这种看法，他们相信非线性、复杂性同样具有普遍规律，并致力于寻找这种规律性。在一般物理学家满足于选定一个小范围进行目标明确的研究这种学术氛围中，费根鲍姆任思维之马自由驰骋，时而考察湍流，时而思索云彩，时而又探讨时间的本质。费根鲍姆并非在浪费时间，他的进攻目标已指向经典科学极少问津的复杂性，深信复杂性问题有共性，致力于寻找复杂性的普适原理，并获得光辉的成果。

浑沌创业者们属于那些最先领悟了科学的兴趣正在从存在转变为演化的学者的行列。彭加勒关于数学的定性理论，标志着动力学的主攻方向从运动转向演化。从伯克霍夫到安德罗诺夫、庞特里雅金再到斯梅尔的几代学者，还有自组织理论的各个学派，共同为研究演化发展制定出一套科学概念，如开放性、结构稳定性、临界不稳定性、奇性、分叉、耗散结构等。斯梅尔把微分动力系统理论称为“时间的数学”，耐人寻味。现代动力系统理论是一门关于发展的定量化科学，标志着演化、发展问题已经从哲学母体中分离出来，成为实证科学的研究对象。到现代浑沌研究兴起的年代，辩证法关于发展的观点，即事物从简单到复杂、从低级到高级不断演化的观点，已经被科学界作为无须论证的常识，完全忘记了它的哲学来源。任何选择以系统演化问题为研究方向的学者，很自然地相信事物是发展的，无须再到哲学中去学习这种观点。当然，对发展观点缺乏深刻理解的人在科学界也不难发现。同这些人比较即可看到，明确的发展观对于浑沌学的创立者们所起的作用是不可低估的。

动力学过程是多种矛盾交汇之处，系统愈复杂，矛盾也愈复杂。前面几章已论及其中比较突出的几对矛盾。浑沌是这些矛盾方面不相上下时达成的一种运动体制，不能用忽略其中某一方面的传统方法来分析和处理。经典科学几乎没有涉及过这类对象，没有提供处理它们的必要的逻辑工具和方法手段。恩格斯说过：“对于日常应用，对于科学的小买卖，形而上学的范畴仍然是有效的。”[①] 发现浑沌是科学的“大买卖”，形而上学的范畴失效了。对于探索浑沌的奥秘，辩证思维是不可或缺的哲学武器。

概念作为一种思维规定，总是要两极化，形成种种矛盾范畴。在研究浑沌动力学时，经常碰到各种矛盾范畴，如可积性与不可积性、周期性与非周期性、稳定性与不稳定性、光滑性与非光滑性等。建立在形式逻辑基础上的传统科学观，习惯于把这些范畴固定化。要理解浑沌，必须把它们作为流动范畴，着眼于两极之间的相互过渡、相互转化。谁先从思维方式上实现这种

① 《马克思恩格斯选集》第3卷，第536页。

转变，承认矛盾范畴的流动性，谁就能率先把握浑沌的本质。从被誉为浑沌学产生的两大标志中，我们可以清楚地看到这一点。动力学界早就区分开可积的和不可积的两类系统，但在柯尔莫果洛夫之前，包括彭加勒在内，他们过分看重了可积性与不可积性之间的区别，看不到两者之间的联系和过渡，找不到解开问题的症结的钥匙。柯尔莫果洛夫第一个领会了可积性与不可积性这对范畴的流动性，提出近可积性概念，找到从可积系统向不可积系统过渡的桥梁，实现了理论突破。（十分类似，普利高津也懂得范畴的流动性，区分了近平衡态与远离平衡态，找到从平衡态向非平衡态过渡的桥梁，创立了耗散结构理论。）在耗散系统方面，虽然上田皖亮最先发现了一组美丽非凡的奇怪吸引子，但日本的物理学权威们不懂得周期性与非周期性这对范畴的流动性，他们的动力学词汇中只有周期性振荡这个词，不能理解非周期振荡也是一种可能的定态，因而讥讽上田发现的浑沌运动是什么“孤芳自赏的定态”，不予承认。可以设想，如果这些教授有一点辩证思维，容忍年轻学者探讨周期性与非周期性之间的相互转化，情形将是另外一种。相反，洛伦兹的头脑中没有把周期性与非周期性这对范畴固定化，在数值实验结果和天气预报实践经验的启发下，很快把研究的方向转向考察周期运动与非周期运动的相互转化，第一个理解了确定性非周期流也是一种定态，终于发现了从周期态向非周期态转变的动力学机制。

辩证法认为，两极对立发展到一定点，一极就会转化为另一极。“转化过程是一个伟大的基本过程，对自然的全部认识都综合于对这个过程的认识中。”[①] 浑沌探索者们都有转化观点，他们行将被载入科学发展史的全部理论贡献都可综合于对客观世界的转化过程的认识中。浑沌学家所做的工作，其实就是研究动力学过程中各种矛盾对立面是如何转化的。茹勒和泰肯斯研究流体如何从规则的周期流转化为紊乱的湍流，用奇怪吸引子说明这种转化的机制。R. 梅等人研究虫口模型如何由一种周期运动向另一种周期运动转化，如何从周期运动向浑沌运动转化，又如何从浑沌运动向周期运动转化（图3.10所示的就是这种相互转化的无穷序列）。费根鲍姆的重大发现，则是揭示这种转化过程的普遍规律性，包括普适结构（定性的）和普适常数（定量的）。此外，连续与不连续、光滑与不光滑、稳定与不稳定、量变与

① 恩格斯:《反杜林论》，第11页。

质变等，这些矛盾的相互转化在浑沌研究中随处可见，浑沌学家处理起来得心应手。相比之下，某些著名学者（如范德波）曾与浑沌迎面相遇却视而不见，究其原因，缺乏转化点是重要的一条。发展观与转化观是关于演化的科学的两块哲学基石，浑沌学表现得很明显。对于浑沌探索者，转化的观点也已成为科学思想的有机组成部分，他们运用得十分自然，完全不考虑它的哲学来源。

浑沌，这个新科学的基本概念，给它下定义需要应用辩证逻辑。让我们列举几位著名学者给出的浑沌定义：

哈肯："混沌性是来源于决定论性方程的无规运动。"[95P403]

福特："浑沌的最一般定义应该写作：浑沌意味着决定论的随机性。"[22]

郝柏林："混沌是确定论系统的内在随机性。"[99]

斯特瓦尔特："浑沌是'完全由规律支配的无规行为'。"[67P17]

上述每个定义中都包含着两种矛盾的规定性，这种定义方式在以往的科学中是见不到的。从辩证逻辑看，这样做是必要的，也是正确的；从传统逻辑看，却是必须避免的逻辑矛盾。但浑沌需要如此下定义，也不能不采用这种方法下定义。浑沌学家们从实践中认识到这一点，并力求给出它的理论根据。福特表现得尤为突出，公然声称他的上述定义"绝对没有矛盾"，自我裁定采用这种定义方式"非常合理"。[22]浑沌的独特性质逼使浑沌学家离开传统逻辑，向辩证逻辑靠拢。

§8.2　浑沌学丰富了辩证法

辩证法的核心是矛盾学说，即对立统一规律。由于动力学过程包含各种矛盾，浑沌是矛盾双方都很明显时形成的统一体，研究浑沌就特别需要运用对立统一规律，需要做矛盾分析。反过来，鉴于浑沌是一类全新的研究对象，具有一系列奇异特性，浑沌研究也有助于深化和丰富对立统一规律。这里只就本书介绍的浑沌学初步内容来讨论。（如果读者对浑沌学有更多方面和更深入的了解，又肯做哲学思考，一定会对浑沌学如何丰富矛盾学说有更好的理解。）

辩证法和形而上学都使用两极对立和自身同一这对范畴，但存在原则的不同。形而上学把两极对立绝对化，习惯于在固定的对立中思维。辩证法承认两极对立的不充分性，强调对立的两极之间相互依存、相互联系、相互过渡、相互转化。形而上学也把自身同一绝对化，是就是是，非就是非，一个事物不能同时是它自己，又是别的。辩证法承认自身同一是相对的，强调真实的具体的同一性包含着差别和变化，一个事物可以同时是它自己，又是别的。从浑沌学中可以找到大量材料支持上述辩证观点。

辩证法认为，不论什么样的两极对立，一极已作为胚胎存在于另一极之中。长期以来，这个命题只有凭借哲学思辨才能从具体的矛盾中发现出来，严格的实证的科学无法也不屑于阐述这种命题。但在浑沌动力学中，情形有了变化。可积性与不可积性是动力学系统中对立的两极，可积系统中只有周期运动，不存在浑沌行为，不可积系统的典型行为则是浑沌。然而，这两极的每一极中都包含另一极的种子或胚胎。最典型的不可积系统是KAM环面充分破坏后形成的全局浑沌，但其中仍有可积性的胚胎，即KAM环面破坏后留下的痕迹，浑沌学家喜欢称它们为KAM环面的“魂”。只要控制参数按一定方向变化到适当的阈值，这些“魂”就会死灰复燃，重新“投胎孕育”，发展为浑沌海洋中的周期岛。同样，浑沌也不是在不可积系统中突然冒出来的东西，在可积系统中可以找到它的种子。浑沌学家认为，浑沌是稳定性与不稳定性两种倾向势均力敌时达成的一种“妥协”。可积系统中存在它的对应物，这就是稳定流形与不稳定流形交汇而成的双曲点。考察图3.30，相点沿稳定流形走向A（B）点，沿不稳定流形离开A（B）点，A、B均为双曲点。双曲点代表的正是稳定性与不稳定性势均力敌时形成的奇特行为，在系统的有序演化中有特殊的意义。在图3.30中，两条流形又是两条分界线，具有某些非平庸特性，沿着它们的运动对初值极为敏感，从这些点出发的运动未来是不可预测的。可见，双曲型定态行为与浑沌有某些本质上的一致之处，只是由于不稳定流形未受到整体性限制，并且对初值敏感的点的测度为0，才不会出现真正的浑沌运动。双曲点是埋藏在可积系统中的浑沌之种，一旦加上不可积性扰动，它们就会萌发成为浑沌之芽。考察图3.31，不可积性扰动使有理环线在某些双曲点附近断开，形成小小的随机层。我们知道，存在同宿点是出现浑沌的征兆，而同宿点可以看作是恶性膨胀起来的双曲点，即不可积扰动使离开A（B）点的不稳定流形不是单调地进入B（A）点，而是在同另一个稳定流形无限次相交形成复杂的栅栏结构后才进入B（A）点（如图3.36所示），从而使运动图像异常复杂化。双曲点是同宿点或浑沌在把系统的不可积性抽象掉之后保留下来的遗迹。说到这里，我们又想起庄子关于浑沌的寓言。按照《九歌》的注释，浑沌是“倏而来兮忽而逝”。庄子的倏代表稳定流形，忽代表不稳定流形，倏与忽相会之地（帝）才是浑沌。两极相汇则浑沌兴，两极相离则浑沌亡。庄子是深刻的。但我们更感兴趣的是，浑沌学使我们看到“一极作为胚胎包含于另一极之中”的辩证命题，已经可以用科学的语言表述了。

辩证法关于“对立的两极相互渗透、相互贯通”命题，向来只可凭借哲学思辨加以把握，无法用科学语言来表述。许多科学家对哲学工作者有关科学内容中两极相互渗透思想的分析持怀疑态度，甚至相当反感，以为那不过是哲学家故弄玄虚、牵强附会，讽刺为“贴标签”，武断地认为这样做无助于科学研究。浑沌研究使人们欣喜地看到，这个命题也能够用科学的方法表述了。周期性与非周期性是对立的两极，但从图3.10可以看到，浑沌区有周期窗口，窗口内又有下一层次的浑沌区，其中又有周期窗口。如此层层嵌套，永无尽期。浑沌学讲的这种嵌套结构，就是周期运动与非周期运动的相互渗透和贯通的科学表述。在图3.34所示的保守系统中，浑沌海洋中有周期岛屿，周期岛上有浑沌河，河中又有小的周期岛屿，这种相互嵌套的结构也是无穷无尽的。它也是对周期性与非周期性相互贯通和渗透的一种科学表述。二维以上系统的相空间可以同时有周期吸引子和浑沌吸引子，各自形成一定的吸引域，不同吸引域之间由一定的边界线分开。包括浑沌探索者在内，人们开始时都认为这种分界线是简单分明的，可以用传统几何讲的曲线或曲面表示之。但实际的研究表明，这些把不同吸引域分隔开来的曲线或曲面一般都是复杂的分形几何对象。如图3.36所示，这种分界线实际上根本分不清楚。一个看来属于周期性吸引域的小区域，若放大观察镜的倍数，就会发现其中仍有属于浑沌吸引域的小区域。反之，在一定尺度上看完全属于浑沌吸引域的小区域，放大观察镜倍数看，也会发现其中有属于周期吸引域的更小区域。两种完全不同性质的运动方式，难解难分地相互渗透，你中有我，我中有你，要把它们区分开来是不可能的。这是造成长期行为对初值敏感依赖性的几何原因。分形概念成为用科学方法描述两个对立面相互渗透的几何手段。相互渗透、相互贯通从哲学命题变为科学思想，成为可以用几何方法直观描述的东西，这在科学发展史上似乎是空前的。

在《浑沌：开创新科学》一书中，格莱克多次赞扬斯梅尔、R. 梅等人在研究非线性系统时不是针对个别情形，而是把各种可能的系统作为一个连续过渡的序列去考察，以图一举阐明全部可能性。可以把这种整体论思想用于考察矛盾问题。设 A 和 $\overline{A}$ 是对立的两极，一切由这两极的对立和统一所构成的事物也构成一种序列。在序列的一极，A 居于支配地位，$\overline{A}$ 作为0测度的例外或微弱因素而存在，一般须凭借哲学思辨才能找出来。从实证科学的角度看，$\overline{A}$ 是可以而且应当忽略不计的因素，经过科学抽象把事物当作单纯由 A 构成的对象。在序列的另一端，$\overline{A}$ 居于支配地位，A 是可以忽略不计的因素，可以而且应该把事物当作单纯由 $\overline{A}$ 构成的对象。这两种典型情形就是传统科学处理的对象。在这两端之间存在一系列的中介过渡，它们是 A 与 $\overline{A}$ 都不能忽略的事物，传统科学一般不涉及这类对象，属于浑沌学等新科学处理的领域。这些新科学需要更多地运用辩证法，同时也将对丰富和发展辩证法关于中介过渡性原理提供更多的科学依据。

浑沌学也有助于我们深化对自身同一相对性的理解，这里谈两点。其一，对于浑沌概念，必须在肯定的理解的同时作否定的理解，因为浑沌概念的定义本身明确地包含着对立的两方面，不论从哪方面去看，都既是肯定的，又是否定的。由于浑沌是丝毫不带随机因素的固定规则所产生的，便否定浑沌是一种随机性；或者反过来，由于浑沌是一种随机性，便忘掉它是由确定性规则产生的行为。这两种理解都是错误的。其二，对于科学上划定的同一类对象，如不可积系统，要看到它内部存在差异，甚至存在质的不同。找出这种差异，给出恰当的分类，可能是解决疑难、实现理论突破的关键。柯尔莫果洛夫之前的动力学家未能意识到这一点，所以由彭加勒的发现所导致的科学危机长期无法解决。但柯尔莫果洛夫看出，不可积系统作为一种对象事物自身存在不可积性强弱的不同，可能导致根本动力学性质上的差异，把它划分为弱不可积（近可积）系统与强不可积系统两类，导致划时代的突破。

必然性与偶然性问题在哲学上有永恒的魅力。浑沌对此有新的启示。普列汉诺夫说过："偶然性是一种相对的东西。它只会在各个必然过程的交叉点上出现。"① 这个观点有助于理解浑沌作为内在随机性是从哪里来的。郝柏林曾以一个具体例子论证过这一观点。厄博（T.Erber）等人以一维映射

$$x_{n+1} = 2x_n^2 - 1 \tag{8.1}$$

为模型讨论浑沌行为，断言浑沌只不过是"维数投影"导致的幻觉。郝柏林对这个映射施以适当变换，化为以下形式的离散动力学过程，

$$x_n=\cos(t_n),\quad t_n=2^n t_0 \tag{8.2}$$

说明（8.1）式所表现的随机性，乃是（8.2）所示的两种必然过程相交叉时产生出来的。[96] 这一分析原则上适用于其他浑沌模型，表明一切浑沌行为都是在某些必然过程的交点上出现的随机性。还可以给出一般的分析。物理量都不能绝对精确测量，这是一种必然性。但如果仅仅有这一点，系统本身具有稳定性和收敛性，那么，只要把测量误差限制在小范围内，系统的偏离就不会很大，不可能出现浑沌。绝大多数非线性系统在一定参数范围内具有对初值的敏感依赖性，造成轨道的指数分离，这也是一种必然性。但如果仅有这一点，初始条件可以无限精确地给定，则任何轨道都可以同其他轨道区别开来，同样不会出现浑沌。只有当这两种必然性同时出现，即两种必然过程在某一点上相交汇，浑沌才会出现。浑沌作为内在随机性只能来源于必然性，两种必然过程相交可以产生出随机性和偶然性。这又一次把我们引向黑格尔的命题：偶然的东西是必然的，必然性自己规定自己为偶然性。

浑沌学可能为辩证逻辑带来福音。辩证逻辑这一概念是黑格尔在19世纪初提出的，又经过了马克思恩格斯的发展。然而至今它仍然局限于辩证哲学家的范围内，没有成为科学家手里的武器。许多科学家不知道有辩

---

① 普列汉诺夫：《论个人在历史上的作用》，三联书店1965年版，第26页。

证逻辑，有些人则公开拒绝这个概念。这是为什么呢？从逻辑学角度看，辩证逻辑一直未发展出一套可操作或半可操作的形式，没有创造出相应的“技术”手段使它融入具体科学的方法论宝库中。它仍然是一种哲学方法，一种艺术，除少数在哲学上训练有素的学者外，一般人难以掌握。相比之下，形式逻辑100多年来获得极大发展，创造出可操作的形式，成为一种经过学习人人都可以掌握的方便工具。从实证科学本身看，迄今为止研究工作要处理的问题大部分用形式逻辑就可以解决，科学本身没有发展到必须经常使用辩证逻辑的地步。但情形正在悄悄地发生着重要变化，辩证逻辑渐渐显示出是科学技术工作的必要工具了。从爱因斯坦等人的波粒二象性原理、波尔的互补原理到今天的浑沌概念，都需要运用辩证逻辑。本书在3.3节中介绍的浑沌定义包含两个对立的规定性，第一条刻画的是规则性，第二条刻画的是不规则性，浑沌概念是二者的辩证综合。这是一种矛盾结构。3.4节介绍的定义实质上也是一种矛盾结构，由两种相反的规定性共同来刻画浑沌运动。经典数学的基本概念，如微分、积分等，不需要也不允许有这种矛盾结构，但这两个定义都是用现代数学语言给出的，完全符合现代科学的精确性、严格性标准。由此可以得到两点启示：其一，现代科学所发展起来的一套精确语言和规则并非一定与辩证逻辑不相容，在现代科学的方法体系上加以改造，创建一种能够表述某些辩证思维的可操作模式，当是可能的；其二，研究辩证逻辑的学者不可就逻辑研究逻辑，应当跳出逻辑学的圈子，研究数学、自然科学、系统科学、社会科学的最新成果，从中吸取发展辩证逻辑的营养，把这些具体科学中自发产生出来的辩证思维模式与正在发展着的各种非标准逻辑结合起来，才可能建立起真正的辩证逻辑，使之成为科学工作者可操作的工具。如果继续局限于逻辑学圈子里，把黑格尔和恩格斯的论述改来变去，这样的辩证逻辑是不可能为科学界认可的。

§8.3 浑沌学丰富了认识论

浑沌运动长期行为不可预见性，这一发现直接触及哲学认识论的根本问题。浑沌可能被当作对不可知论的最新支持。某些浑沌学家可能受此影响，至少是不善于做准确的哲学表述，从而提出一些不正确的观点。如福特在1990年的一篇论文中写道："拉普拉斯、爱因斯坦甚至薛定谔的世界惊人的复杂，但它似乎仍然充分有序，处于人类可理解的范围之内。然而，由哥德尔和蔡廷描述的浑沌世界却远远超出了人类理解力的任何希望。"[20]这里涉及一个原则性的大问题：浑沌是否为可认识的？福特明确给出否定的回答。但我们要对他的论断作出明确的否定，强调浑沌同样是可认识的。证明浑沌可认识性的最有力证据，就是浑沌探索的历史和浑沌学学科本身。承认浑沌的可认识性，是一切浑沌研究（包括福特自己的工作）的前提。短短20年中，浑沌研究已取得丰硕的成果，正在形成全新的学科体系。如果浑沌超出人类的理解力范围，这一切成果便是不可想象的。

福特对哥德尔定理的理解也很不完全。按照哥德尔的观点，一个公理系统中的不可判定命题，若增加新的公理构成一个更大的公理系统，就可能成为可判定命题。这也适用于对整个客观世界的认识。爱因斯坦和薛定谔当年提出的新问题，从牛顿和拉普拉斯的理论看是不可理解的，从相对论和量子力学的观点看则是可以理解的。浑沌世界是包括相对论和量子力学在内的现有理论不能理解的，但一定存在某种新的理论框架可以给出正确的解释。这就是浑沌学。浑沌世界没有也不可能超出人类理解力的任何希望，它只超出现有理论的解释范围。浑沌学不支持不可知论。从科学发展史看，在一种范式下被作为不可理解的现象，在范式转换后就变成可以理解的了。

准确地讲，浑沌运动有不可预见的一面，也有可预见的一面。奇怪吸引子上的轨道在无穷的未来过程中，可能无限次地经过某一点附近，也可能无限次地远离该点，表现出强烈的随机性，无法精确预见它未来各时刻的状态。但是，从吸引域出发的一切轨道一定要进入吸引子，一旦进入吸引子便不会再走出来，在奇怪吸引子上的运动有一定的统计规律性，这些都是可预见的。毛泽东有诗曰："一万年太久，只争朝夕。"从人类社会的实际需要看，愈是长期行为，愈不需要了解它在每一时刻的细节，能对系统未来的整体趋势和总的走向作出大体符合实际的预测已经够用，因而就应该算作可预测的。短期行为才需要较为精确的预测。浑沌运动的短期行为是可以预测的，这是它与外随机性引起的无规运动的不同之处。长期行为是由一系列短期行为构成的。此刻算作长期行为的现象，总有一天会成为可以预见的短期行为。10天后的天气不可预报，再过9天之后，就变成明天的短期预报问题，可以得到较精确的预报。地球磁极反向很可能是一种浑沌行为，现在无法预测。但未来事件行将发生之前，总有某些征兆表现出来，有一定的可预测性。总之，人类大可不必由于发现浑沌而对预测未来抱悲观的态度。

要正确估计浑沌为世界可知性问题带来的影响，还需要正确理解所谓“浑沌无处不在”“浑沌是通有行为”之类命题。简单地引用这些说法容易引起误解。更准确的说法应是“浑沌系统无所不在”，或者说“绝大多数系统可以呈现浑沌行为”。但是，一个浑沌系统并不总是采取浑沌运动。逻辑斯蒂映射是一种浑沌系统，但它有很大的周期区，浑沌区内还有测度大于0的周期窗口。从整个参数空间看，实际的虫口系统处于近似周期态的可能性很大，没有理由说这种系统几乎总是选择浑沌运动。第6章曾提到，福特认为一般的时钟、标尺都是浑沌系统，它们与被测对象之间有弱的相互作用。就他所讨论的具体问题看，这是正确的。从人类的实践活动看，忽略这些弱浑沌，把时钟、标尺看作非浑沌系统来对待，要更合理些。我们强调浑沌的普遍性，但又反对那种“泛浑沌”观点，不能把一切系统都说成是浑沌的。清除了这种泛浑沌观点就易于看到，大量实际系统仍然可以按规则运动规律做近似的预测。

福特正确地指出，浑沌又一次提出人类局限性问题。我们不可能无限精确地给定初始条件，不可能无限精确地跟踪非线性造成的伸缩与折叠的无穷变换过程，不可能全面地了解一条浑沌轨道。这是一种客观存在的局限性。但人类已不是第一次发现自己有局限性，每次发现新的局限性都没有划出人类认识不可逾越的界限来。人不能看见红外线，但人仍然能够认识并利用红外线。浑沌带来的局限性也不例外，一种局限性只是给定了一种理论框架和技术手段的适用界限，人们可以提出新的理论框架去说明它，创造新的技术去突破它。“人每次承认一项限制，人在理解和控制环境方面就变得更丰富些。”〔21〕福特的这种观点完全符合辩证法。

正确理解浑沌的不可预见性，将对人类的认识和实践带来十分积极的影响。几百年来科学所传播的关于世界可认识性的信念，是以机械决定论为基础的，它给人类带来了盲目性。任何盲目性都是反科学的，不利于认识和实践的发展。发现浑沌长期行为的不可预见性，粉碎了拉普拉斯关于可预见性的狂想，消除了长期存在的理论盲目性，使人们对预测活动的要求建立在确实可靠的基础上，乃是科学理性的一大进步。其实，我们的祖先在实践中早已懂得长期行为的不可预见性。传说中被神话了的诸葛亮具有神仙般的预见力，但传说也仅仅赋予他前后500年的预见力，在历史的长河中仍然是短期行为。今天，浑沌学为我们理解这种局限性提供了科学根据。明于此，我们就不应该把命运完全寄托于个别伟大人物身上，靠他们把未来的一切都预见得明明白白，我们大家只要“照办”就行了。历史不喜欢这种懒汉哲学，每一代人都有责任对未来进行预测，规划自己的行动纲领。江山代有才人出，各可预见数十年。能对几十年内的历史发展作出大体正确的预见，就是最伟大的人物了。明于此，我们也不必因为前辈没有预见到我们面临的新问题而责备他们，我辈的问题应当由我辈来研究和解决。同样，我们也不要把我们现在对未来的预见强加给后代，因为对于我们算作长期行为的未来，也是我们无法精确预见的。

众所周知，关于人类认识能力的有限性和无限性问题，恩格斯有过极为精彩的论述。浑沌学又一次提出这个问题，更深刻地揭示出人类的认识既是有限的，又是无限的。人类每一代的认识都有限制，但人类是一个世代延续的序列，这个序列的认识是无限的。每一代都发现尚有大量问题是自己无法解决的，这是认识的有限性；但某一代不能解释的现象，其后的某一代就会找到解释的门径，这是认识的无限性。每一代的认识都不会穷尽大自然的奥秘，并且知识水平越高，不知的东西就越多，这是认识的有限性；但只要人类还存在，就不会达到那样一种时代——从那以后就没有什么未知的东西了，这是认识的无限性。其所以如此，原因之一在于世界是浑沌系统，它的动力学过程中无穷无尽地发生着信息自创生，新的东西层出不穷；也因为作为宇宙进化最高产物的人脑也是一个浑沌系统，只要激励它的客观信息不断更新，这个系统就会无穷无尽地产生出新的“主观”信息——科学知识。

生理学家运用浑沌理论研究人脑的生理特性，发现一个有趣的现象：

正常人的脑电波有浑沌特性，癫痫病患者的脑电波却呈规则波形。但我们知道，正常人的思维是条理分明、合乎逻辑的，癫痫病患者的思维显然是混乱的、不合逻辑的。不同层次运动的这种奇怪组合，一定反映某种规律性。5.3节所述钱学森关于浑沌在系统层次过渡中的作用的猜想，可以为这种现象提供解释。脑电波是脑系统微观层次的生化运动的外现特征，思维是脑系统宏观层次的运动。实验表明，微观层次生化运动的浑沌性是宏观层次思维运动有序性的基础；相反，微观生化运动的规则性是宏观思维运动无序性的根源。迄今为止的认识论本质上是关于宏观认识运动的描述，缺乏对思维活动微观机制的揭示。浑沌研究或许能给解决这一问题提供思路。

这个思想还可以推广应用于以巨大群体（如整个民族）为主体的认识活动。巨大群体的认识活动是宏观过程，个人的认识活动是微观过程，微观与宏观的联系与过渡是一个重要的认识论问题。拿科学研究来说，如果所有科学工作者都选择同一课题，按同一思路和方法进行研究，微观上似乎十分有序，但宏观上即整个民族的科学认识必然十分贫乏，也就是真正的无序。相反，如果微观上搞活，让不同人、不同科研群体自由选择课题，独立地决定研究方案、计划、程序，做到百家争鸣、百花齐放，那么，微观上看来似乎千头万绪、近乎浑沌，宏观上即整个民族的科学认识一定是高度有序的。文学、艺术、哲学等的发展也如此。微观搞活不等于不要宏观控制。浑沌的特性是局部看无拘无束，整体上则受约束，吸引子这个大框框是不许超出的。巨大群体的认识活动也应当如此。

关于人类个体智力差异的成因问题，千百年来一直未得到科学的解决。本来差别不大的两个孩子，后来的智力差异有时很大。仅仅归因于个人努力不同难以说明问题。浑沌学可以提供一种解释。个人或群体的智力发展也是一种动力学过程，内蕴各种强烈的非线性因素。每个人的先天素质和初始生活环境可看作这一动力学系统的初始条件。“人生南北多歧路”。一个人在社会上的成长过程（一个民族在国际大系统中的发展过程），处处都有分叉路口。强烈的非线性作用使系统产生了对初值的敏感依赖性，经过人生旅途中不断地分叉，不断地非线性放大，最后形成智力上的巨大差别是自然的。

浑沌观点也可以用来阐明主体认识过程的机制。古代人类，无论东方或西方，都把浑沌作为认识过程的早期阶段，作出大量很有见地的论述。这在第1章已有所论述。在《政治经济学导言》中，马克思关于浑沌在认识过程中的地位问题有一段精辟的文字。他以政治经济学研究过程为例子来说明，认识活动一开始，例如从研究人口问题开始，首先得到的是“一个浑沌的关于整体的表象”。经过科学的抽象，达到一些最简单的规定，即概念、原理等。然后研究的行程再回到具体对象，如人口问题，但已不是一个浑沌的整体表象，而是一个具有许多规定和关系的丰富总体了[①]。马克思的这段论述，是对古代和近代关于浑沌在认识过程中的作用的诸多论述的最好概括。

把现代浑沌观点运用于认识过程，应当有新的表述。个人认识过程开始阶段的思维状态，完全不同于现代浑沌概念描述的那种情形。华罗庚先生生前总结他读书和研究的经验时，曾提出所谓薄—厚—薄的模式。现代浑沌概念很像是这个模式中的那个“厚”。研究一个课题或一本书的写作在开始时，研究者已有一个大略的想法，问题一般显得简单明了。这是第一个“薄”。随着接触的材料不断增多，新的观察事实逐步积累，各种疑问、矛盾、猜想、线索等纷至沓来，千头万绪，纵横交错，俨然一种浑沌状态。表面上看来一片混乱，实际上乱中已经出现了大量精微的结构，新概念、新原理、新方法的胚芽就在其中。这就是中间那个“厚”。它往往是研究工作中最令人心烦的时期，有时可能因找不到头绪而萌发打退堂鼓的念头。但“凿开浑沌见乌金”。只要坚持下去，思维很快就会推进到某些临界点上，认识豁然开朗，新的发现和发明就出现了。这是第二个“薄”。这个过程也就是否定之否定。

§8.4　浑沌学丰富了实践观

毛泽东把实践定义为“主观见之于客观的东西”[②]。人在实践中见之于

---

① 参见《马克思恩格斯选集》第2卷，第103页。

② 《毛泽东著作选读》，人民出版社1986年版，第228页。

客观的那种主观的东西，首先是行动的方案、计划等，它们都以实践着的人们对未来的预测为前提。既然浑沌研究对科学预测提出全新的理解，它也就不能不影响人们关于实践的观点。

建立在决定论科学之上的哲学理论，把实践视为一切均可预见的过程，一种完全自觉的、有计划的、一切按规律办事的过程。从浑沌理论中可发引出对这种实践观的原则性批评和修正。（1）实践是自觉性与自发性的统一。实践是人类改造世界的自觉行动。但由于浑沌的普遍性和不可预言性，实践过程总有自发性的一面。新的发展趋势或模式常常在预测和计划之外以自发的形式产生出来，迫使人们认真对待它们。不承认实践有自发性，是一种盲目性。消除这种盲目性，随时准备发现实践中可能自发出现的新苗头、新事物，才能不断把自发性转化为自觉性。自觉性不是凭空产生的，它是不断地发现和消除自发性的结果。（2）实践是主动性与被动性的统一。能动性是人类实践的基本特征。但人们往往过分强调这一点而造成一种误解，只看到人在实践中主动地制订计划并付诸实施，忽略了实践还有被动性的一面。实际生活常常是这样的，一种实践过程在按计划顺利进行，似乎一切均不出所料，而实际上某些未曾料到的因素、倾向正在悄悄地逐步积累和放大，到达某些临界点，就会以明显的形态突然出现于人们的面前，打乱原有部署，使人们处于被动，被迫改变计划，调整部署，甚至不得不退让、妥协、作出重大牺牲。这是因为实践过程充满浑沌现象，新的信息不断自创生，初期的小偏差指数式放大将导致重大后果。只承认实践的能动性和主动性也是一种盲目性。消除这种盲目性，树立有可能被置于被动局面这种思想意识，才可能及时觉察问题，采取适当步骤，变被动为主动。主动性不是单纯靠预测和计划就能全部获得的，还须靠不断地认识和克服被动性才能实现。（3）实践是计划性与探索性的统一。凡事预则立。轻视科学预测和计划，一切靠干起来再去探索，是一种盲目性。拒绝任何探索和试验，一概否定边干边学的方针，以为一切都可以在实践之前预测、安排妥当，也是一种盲目性。凡实践总有某种试探性，越有创造性的实践试探性越强。人类是在不断地摸索试探中发展起来的。谚语“摸着石头过河”包含深刻的真理，在重大而急剧的变革时期尤其如此，不可简单地否定。既讲科学预测，又讲摸索前进，既强调铺路架桥，又准备在必要时摸着石头过河，是一切伟大实践家成功的诀窍之一。

实践是客观必然性与主观能动性的统一。浑沌研究对此提供了极有意义的科学根据。一向鼓吹非决定论、视实践为自由意志自我实现的哲学流派，不失时机地利用浑沌现象否定实践的客观性和规律性。一些浑沌学家也在谈论自由意志。我们不能同意这种哲学观点。本书多次讲过，浑沌不是单纯的偶然性，它有确定性和必然性的一面，浑沌运动同样有规律性可循。浑沌没有否定实践的客观性。当然，我们也不赞同拉普拉斯决定论。如果未来的一切都可以精确预见，人的主观能动性就失去了存在的必要；如果努力与不努力、干得好与干得不好都一样，积极参与实践生活的乐趣与价值也就不复存在了。浑沌的存在，未来的不可预见性，是人类发挥主观能动性的客观基础。浑沌学家多半是用词不当，他们讲的自由意志就是我们这里讲的主观能动性。浑沌否定了机械决定论，揭示了发挥主观能动性的客观必要性，这才是浑沌学家的本意。

20世纪60年代以来，数值计算作为社会实践一种新的形式，正在迅速发展之中。浑沌研究对于促成这一发展有着巨大的推动作用，浑沌学的建立是这一发展的重要标志。这是浑沌学对于实践观的最大贡献。

科学理论的形成和发展，要求不断发现新的科学现象，积累新的科学事实，形成新的科学直觉。在浑沌学诞生之前，科学研究的对象总体上属于简单系统，可以在实验室内进行可控性实验，或借助仪器直接观测。科学实验是获取新的科学现象、事实和直觉的基本手段。随着现代社会的生产和管理活动日益大型化、复杂化，随着大科学大技术的出现，科学研究的对象总体上越来越以复杂系统为主，单纯通过科学实验来获取新现象、新事实和新直觉越来越不够了。许多物理对象由于十分遥远或有害于人体健康而无法直接接触，许多真实过程（包括自然过程和社会过程）由于十分复杂庞大而无法在实验室或可控范围内进行可控性实验，人们无法通过传统的实验和观测获得有关这些过程的新现象、新事实和新直觉。这是人类活动早已涉足的许多领域长期未能建立起科学理论的首要原因。电子计算机的发明和现代计算方法的建立，为我们提供了大规模计算的手段，那些无法进行传统意义上的实验的真实过程可以在计算机上进行模拟计算，获取有关的数据和信息。计算机视像技术的发明，允许把本来的非视觉数据转化为视觉图像，为人们提供生动直观的感性材料，运用形象思维去理解那些本来缺乏直观形象的复杂过程，启示研究者形成科学猜想和观点，进行理论创造。大规模数值计算成为获取新现象、新事实、新直觉的重要手段，对于有些真实过程甚至是不可替代的手段，表明数值计算具备了实践活动的基本品格。越来越多的科学工作者和实际工作者把大规模数值计算称为数值实验或计算实验，表明人们开始承认这是人类实践的一种新的形式。

在以往的科学发展中，一种理论是否正确是由科学实验和生产实践来检验的。今天，数值计算日益显示出具有检验理论的功能。这是社会实践的另一个基本品格。超级计算机已被当作一种实验室。一个理论模型是否正确，常常先在计算机上进行数值实验的检验。原则上讲，一切复杂过程均可进行数值实验。对于那些无法进行真实实验的客观过程，理论描述是否正确只能在计算机上通过数值实验进行检验。在这种情形下，数值实验是检验理论假说的唯一途径。

通常认为，客观性、能动性和社会历史性是实践的三个基本特征。[①]利用电子计算机进行的大规模计算活动，计算主体、计算对象、计算手段都是可以感知的客观实在，计算结果也是外在于人们的意识的客观存在。数值计算是客观的感性活动，即能为人们的感官直接或间接感知的物质活动。这是数值计算的客观性。计算工作显然是一种与主观有联系的、主观见之于客观的实践活动，是根据明确的计算任务和程序展开的过程。数值计算归根结底服务于改造世界的实践，又能通过计算实验而能动地推动认识的产生和发展。这是数值计算的能动性。在超级计算机上进行的大规模数值计算，是一种社会化的劳动，是现代社会千丝万缕地联系在一起的社会劳动的一部分。数值计算已经能直接用于获取经济效益和社会效益。例如，在发展航空航天事业中，通过数值计算进行模拟试验，可以节省原来必须用于风洞试验的大笔资金。现代科学使人类的相互联系发展到全球范围和全人类的规模，离开计算机是不可能的。现代数值计算不是离开社会的联系、历史的联系而进行的孤立的个人活动，而是在社会联系中进行的并受社会历史条件制约的活动。这是数值实验的社会历史性。不论从哪方

① 参见肖前、李秀林、汪永祥主编：《辩证唯物主义和历史唯物主义》，第314–317页。

面看，数值计算正在发展成为社会实践的另一种重要形式。

在发明电子计算机之前，数值计算不可能成为大规模的经常进行的社会劳动，被当作一种理论活动是理所当然的。在恩格斯所处的时代更是如此。令人钦佩的是，恩格斯在100多年前已经发现计算活动具有与其他理论活动不同的重要特点。恩格斯很早就注意到计算活动的感性特点，指出："计算是摇摆于感性和思维之间的理智的第一种理论活动。"[①] 在写作《反杜林论》期间，恩格斯进一步比较了数学演算和逻辑演算，指出纯逻辑演算只适合于推理证明，数学演算则适合于物质的证明，适合于检验，具有实证的可靠性，因为它们是建立在物质直观（尽管抽象）的基础上的。[②] 在获得了现代化的计算手段及其他相关的社会条件之后，计算活动的上述特点被极大地强化，导致事物发生质的改变——数值计算本质上不再是理论活动，已转化为一种新的实践活动了。

理论活动与实践活动也是一对矛盾范畴，两者相互渗透和贯通。最典型的理论活动中包含实践活动的因素。数学研究和文艺创作是典型的理论活动，但其中包含数学家的研究实践和文艺家的创作实践，而且无法把它们从理论活动中严格划分出来。最典型的实践活动中也包含理论活动。生产劳动是典型的实践活动，但即使体力劳动者的生产活动中也渗透着劳动者的理性思维活动。不同形式的实践活动中包含的理论活动可能不同。与其他实践形式相比，数值计算中的理论活动可能更明显，但从本质上看，它是实践活动而非理论活动。对于这一实践新形式做深入的哲学分析，是一个有意义的课题。

§8.5 浑沌研究对美学的启示

科学和艺术是文化大系统中两个相互远离的分系统，代表人类认识世界的两种不同方式。艺术为人们提供形象美。迄今为止的科学不负有提供形象美的任务。科学研究也讲美，但它追求的是数学美、逻辑美、形式化美。对于这后一种美，没有足够的科学素养是无法欣赏的。科学深刻地

① 《马克思恩格斯全集》第1卷，第36页。

② 参见《马克思恩格斯全集》第20卷，第663页。

改变着人类社会，却从来未能激起艺术的反响，没有直接导致美学观的改变。由于这种原因，如保尔所说，科学上的各项伟大进步，诸如相对论、量子论、超弦论、DNA 等，都“不可能使画家们急匆匆地跑向油画布”。科学与艺术之间没有多少关联，这似乎已成定论。

浑沌与分形开始改变这种情形。奇怪吸引子的“美学感染力”似乎不亚于许多艺术品。利用浑沌学和分形几何手段，可以产生出各种巧夺天工的图形，成功地模拟和创造出足以乱真的“实景”，获得意想不到的影视效果。浑沌与分形对于艺术家有内在的吸引力，诱使画家跑向油画布，诱使建筑家跑向设计板。艺术家们在热烈地谈论“浑沌激起的艺术”，欣赏“分形的美丽”，举办以浑沌为主题的艺术展览，学习浑沌，宣传浑沌，运用浑沌思想于艺术创作活动，用“艺术模仿浑沌”。浑沌研究第一次使人们看到，科学也可以直接提供形象美，提供美学的研究对象。艺术领域需要科学工作者参与进来，这里开始有了他们的用武之地。几何学家曼德勃罗出任好莱坞的科学顾问，物理学家派根特、里希特、哈伯德等承担起向市场提供浑沌艺术品的工作，并非偶然现象。浑沌研究促进了科学与艺术的接近、沟通和合作，这两个领域没有关联的时代一去不复返了。

浑沌探索带来了审美标准的改变。审美观与科学观的演进表现出某种平行性。古代人欣赏大自然的浑沌美，在文学艺术中追求浑沌的美学境界，与他们的原始浑沌科学观一致。由于艺术的特殊性及艺术与科学没有直接的关联，追求浑沌美的传统在自古至今的艺术中从未中断，与科学观的演进有明显的不同。但是，作为文化大系统的两个分系统，近代科学排除浑沌的观点，科学自身追求简单、有序、和谐、确定及形式美的倾向，通过文化大系统的整体对艺术分系统产生了影响，追求简单有序性美的审美观在一定程度上取代了古代的浑沌审美观。最明显的是建筑艺术，追求简单形状和几何化的倾向曾风行一时，集中体现于包豪斯建筑风格所推崇的那种单调的方框结构。西方的绘画、装饰等观赏艺术也受到影响，艺术作品中大量运用几何学的直线方法，排除内容和意义而单纯追求形式化美。今天，这种风格正在迅速衰落，时髦已经过去。这是审美观上的否定之否定。长期以来，人们在大自然中只看到粗犷的野性，把那些头绪纷呈、自我缠绕的复杂事物贬称为“肮脏系统”，完全不承认它们有美可言。但今天，人们又重新推崇大自然的粗犷野性和天然情趣，为奇怪吸引子“由于自我缠绕形成的美”赞叹不已。长满嫩芽、卷须、荆棘的分形图案不但不再是肮脏系统，反而被当作高档的艺术品用于书刊封面。[①] 对简单、纯一、和谐的有序性美和静态美的追求消逝了，代之而起的是追求多样性美、奇异性美、复杂性美和动态美，也就是浑沌美。转向浑沌研究的德国物理学家爱伦堡（G.Eilenberger）考察了这种审美标准的变化，认为在现代生活中，“我们的美感是由有序和无序的和谐配置诱发的”，美的东西“是有序和无序的特定组合”。[30P117] 这正是现代浑沌美。审美标准的这种变化，亦如爱伦堡所说，“来自对动力学系统的新的看法”。

艺术创作活动向来被说成是完全由灵感、顿悟、直觉支配的过程，不可能用科学方法来描述。但一个不懂艺术的科学工作者，可以从几条确定的简单规则出发，通过计算机的运行，作出连著名画家都自叹不如的美丽彩图。这个事实启示人们，画家作画也是一种客观过程，存在一定的规律性，可以用科学原理来阐明。大自然中美丽分形体的形成过程，画家的作画过程，必定有某些共同的规律，可以成为科学研究的对象。浑沌学家相信，用科学语言阐明艺术创作的某些机理是可能的，浑沌学和分形几何已提供了初步的工具。在费根鲍姆看来，画家的作画过程就是一种迭代过程：有那么一层东西，上面又画了些东西，然后再加以修正。为什么好的艺术品包含有极大的信息量？费根鲍姆认为，这是艺术家在创作过程中运用了尺度思想的某些东西，利用分形的层次嵌套的结构，力求放进去无穷多的细节。曼德勃罗也有类似的看法。在他看来，令人满足的艺术没有特定尺度，亦即包含一切尺度的要素，使欣赏者从不同尺度望去都可发现某些赏心悦目的东西。这些论述难免有些粗浅，但无疑含有新意，深化了人们对艺术的认识。我们相信，随着复杂性科学的建立和发展，科学一定能提供更有效的工具，揭示艺术创作过程的规律和机理。

“一览无余则不成艺术”。法国大画家雷诺阿的这句名言，也是古今中外艺术家的共同心声。如何才能使文艺作品免于一览无余呢？诗圣杜甫

① 国际期刊《非线性》杂志的封面差不多每一期都是浑沌吸引子相图。有趣的是，李泽厚、刘纲纪主编的两卷本《中国美学史》的封面，用的也是一种类似于浑沌吸引子的图案。是偶然的巧合，还是美学家的洞见与现代科学深刻一致？后者大概更有道理。

的名句“意惬若飞动，篇终接混茫”，道出个中真谛。一部优秀的文艺作品，能使欣赏者逐步进入朦胧恍惚的心理境界，在恍惚中可以觉察有形象、事物、精微，悠悠心会，意韵无穷，这就是“篇终接混茫”的状态。这种混茫状态令人回味，催人亢奋，在美感的享受中情操得以陶冶，心灵得以净化。这种浑沌的美学境界的奇特效应，是文艺作品的创作者和欣赏者能够通过自己的切身经验感受到的。现代浑沌学能使这种感性的体验上升为理性的理解。浑沌具有无穷的自相似层次嵌套结构，每一层次都包含丰富的信息，不论从哪种尺度去欣赏，都不能把一切尺度的信息一览无余。

小说、戏剧、影视文学等艺术形式，描述的是人类生活中的动态过程。文艺家调动各种艺术手段，努力造成种种戏剧性效果，以求引人入胜。今天来看，诸如巧合、夸张、比兴等艺术手段，都是动力学系统的非线性变换。运用这些手段去加工原始生活信息，能够滤掉真实生活中的平庸细节，浓缩信息，把矛盾集中起来，形成典型形象。分叉、敏感依赖性、指数放大与分离、层次嵌套、自我缠绕等，浑沌学中的这些新概念，都可以在文艺创作中找到它们的原型，它们都是信息处理过程中的非线性变换。靠着这些变换，文艺家才能把生活真实上升为艺术真实。平铺直叙的作品常被观众批评为“没有戏”，因为平铺直叙是一种线性变换，不能滤掉真实生活中的平庸信息，便无法提炼出那些戏剧性的情节来。曾在中国引起轰动的电视连续剧《渴望》，就是由于较好地利用了这些手段，设计一连串的误会和巧合，使一些原本不大的分歧和矛盾不断放大，感情的距离指数分离变化，终于导致这个由不到20个角色组成的人物形象系统演化为一种浑沌状态，获得始料不及的艺术效果。我们认为，文艺界的朋友们不妨了解点浑沌和分形，这会对他们的艺术创造有所裨益。浑沌对科学与艺术的沟通是双向的。艺术家处理的对象是一类复杂系统。对于研究复杂系统的科学家，艺术创造过程有许多可资借鉴的东西。艺术家观察世界的方法，正是现代科学津津乐道的整体论方法，而不是科学家几百年来惯用的还原方法。研究复杂系统，需要更多地运用形象思维，善于利用图形思考。科学家甚至需要点浪漫主义，才能抓住那些容易为传统思想忽略的重要线索，理解某些令人迷惑的现象。在这方面，费根鲍姆的体会能给我们以启示。

第9章　浑沌与统计物理学的奠基

天体力学专家有充分的理由对KAM定理表示高兴，〔因为〕证明行星运动稳定性（一个仍然未解决的问题！）的工作被大大推进了。……另一方面，搞统计力学的人对KAM定理感到沮丧，〔因为〕他们最盼望的事情是最大的无序。所以，近年来许多工作做的是，要确定对于统计力学所感兴趣的系统，KAM定理的条件可能如何受到破坏。①

——R. 巴勒斯库

统计物理学是理论物理学中比较成熟的一支，从诞生至今已有百余年的历史，但它的基础一直没有严格奠定。这件事几乎折磨了三代人。到20世纪70年代末，统计物理学理论本身一再有所突破，取得了举世瞩目的进展。遍历理论、非线性化学物理、随机理论、量子流体、临界现象、流体力学以及输运理论等方面的新结果，使这门学科发生了革命性的变化。②但是，随着统计物理具体化、专门化的发展，除了少数大科学家外，越来越少有人关心它所使用的基本假设的正确与否，甚至一些从事统计物理工作的人竟然不知道奠基是怎样一个问题。但这毕竟是一个悬而未决的基本问题。当浑沌理论从70年代中期在全世界范围内广泛兴起时，统计物理学的基础问题又被提了出来，并且似乎已有了解决的希望。

表面上看，统计物理学奠基纯属自然科学和数学的问题，但本质上它

① R. 巴勒斯库：《平衡与非平衡统计力学》，美国约翰·威利父子出版公司1975年版，第705页。

② 参见L.E. 雷克：《统计物理现代教程》上册，北京大学出版社1983年版，第1页。

又与哲学和逻辑学有关。目前有人认为这个问题永远也解决不了，有人认为业已解决，也有人认为这根本就不算一个问题。其实，这确实是个尚未真正解决的重要难题，不过并不单纯与科学有关，奠基问题的彻底阐明，需要综合当代最新物理学和数学的成果，并以正确的哲学为指导。离开了哲学，奠基问题不可能解决。

§9.1　遍历假设与统计物理学的基础

这里先回顾一下何为奠基问题，然后考察什么叫遍历假设，以及把它用于统计物理学奠基时面临的困难。

顾名思义，统计物理学是概率统计理论加上物理学（力学），也称之为统计力学或物理统计学（physical statistics）。它研究的对象是大量粒子组成的系统，目的是以物质微观结构的动力学行为为依据，应用统计方法，解释物体在宏观整体上所表现出来的物理性质。统计物理学认为，系统的宏观量是相应的微观量在一定宏观条件下对一切可能微观运动状态的统计平均值。在统计物理学中讨论的不是单个系统，而是与给定系统处于相同宏观条件下的、性质完全相同的、大量的、“设想”的系统复制品。这些相互独立并各处于某一动力学状态的系统的集合，叫作统计系综。

具体讲，为统计物理学奠基就是要考察这门科学使用的最基本的假设的合理性。这里的讨论一般不涉及非平衡态统计力学和量子统计力学。应用系综理论讨论处于平衡态的系统的宏观性质，必须引入等概率假设：孤立系统达到平衡态时相空间中代表系综动力学状态的相点的分布，在整个能量壳层内是均匀且稳定的，即系统处于任一可能微观运动状态的概率相等。由于对能量面上哪些区域是“可能的微观运动状态”不清楚，长期以来一直假设等能面都是可能的微观运动状态。通常把这种看法叫作等概率假设。它是先验的（a priori）假定，本身已包含了某种统计思想，不可能由微观动力学直接推导出来。初看起来等概率假设是相当合理的，但毕竟没有严格的根据。进一步分析发现，暗藏的理由是“无差别原理”或“不充足理由律”：如果没有理由认为概率不相等，就应该认为概率是相等的。

这是概率论哲学一再讨论过的老问题。等概率假设本身有问题，许多科学家、科学哲学家指出过这一点。就统计物理学而言，没有理由认为等能面上任一点都能“实现”。玻尔兹曼在建立统计物理学时不自觉地使用过与等概率假设类似的概率性假设，遭到一些科学家的攻击。玻尔兹曼遂潜心思索，设法绕过这一假设，后来提出了遍历（ergodic）理论，设法为统计物理学奠定基础。“ergodic”这个词是由德文“Ergoden”译过来的。应当指出，玻尔兹曼当初使用“Ergoden”指系统的一种集体或系综，即后来吉布斯（J.W.Gibbs）讲的微正则系综。而现在人们对“ergodic”的用法源自1911年艾伦费斯特（P.&T.Ehrenfest）的“误用”，不同于玻尔兹曼当年的用法。[①] 归纳来看，有如下对应关系：

玻尔兹曼的用法	艾伦费斯特以及今日的用法
Ergoden （遍历）	microcanomical ensemble 或 ergodic distribution （微正则系综）（遍历分布）
isodic system （均匀系统）	ergodic system（遍历系统）

以下讨论皆以现在的用法为准。玻尔兹曼的遍历理论实际上并不能回避假设，只不过用遍历假设代替了等概率假设而已。玻氏为统计物理学的奠基作出了巨大贡献，但他确实没有彻底解决这一问题。

也可以换个角度看奠基问题。经典力学创立在先，统计力学创立在后，人们对前者的信任远大于后者，物理学家们几乎都相信微观层次上粒子的运动仍然服从经典牛顿力学。这样就出现了两种理论，一个是可逆的，一个是不可逆的；一个是“基本的”，一个是非基本的。奠基自然是要在微观力学与宏观统计力学之间建立联系，就是从微观力学出发，推导出统计物理学的全部实验事实，并为统计学对给定力学系统的可应用性提供一个判据。当然这里不全是奠基问题，已把统计物理学本身的内容包括在内了。设法把统计规律还原为经典力学规律是长期以来奠基努力的实质所在，这种认识有片面之处，我们在后面要专门评述。

① 参见L.玻尔兹曼：气体理论讲座，美国加利福尼亚大学出版社1964年版，第1-17、83、297页。

统计物理学的重要内容是引进“系综”和“系综平均”概念，并认为宏观量是相应的微观量的统计平均值。与动力学函数 f 相应的宏观量 F 等于微观量 f 的平均。至此还没有引出困难，f 有两种平均，即时间平均和空间平均（相平均或叫系综平均）。统计物理学一直假设时间平均等于相平均，F 等于 f 的系综平均，并可以表示成概率密度函数 ρ 的积分。通常认为这种做法的可靠性由实验加以验证，并不是严格推导出来的。但久而久之，许多人视此做法为当然，引起人们的不满，于是提出了奠基问题。仔细分析会发现，统计物理学奠基问题可以从不同角度看，但本质上是一个问题。

为统计物理学奠基涉及两个难题：

（1）经典力学中引入概率的问题。[①] 牛顿力学原是不讲概率的，而统计物理学中一些重要命题本质上都是概率性命题。现在看来可以在经典力学中引入概率，牛顿力学客观上可以容纳随机性，只是在那个时代人们不可能认识到，甚至 N.S. 克雷洛夫也认为把概率概念引入经典力学必然引起矛盾。这个问题涉及自然科学两大描述体系之间的关系，深入思索它必将引出随机性的来源问题。在浑沌理论出现之前，人们普遍认为随机性是一种大数现象，随机性只有这一种来源。浑沌理论明确指出随机性还有另外一种起源，甚至是更重要的一种起源。

（2）真实物理系统中微观动力学的流的类型问题。这涉及的是遍历理论和动力系统理论。遍历理论作为一种数学理论，直到20世纪60年代才成熟起来，而且理论与实际物理问题难以挂钩。实际统计系统的流的类型搞不清楚，必然为统计学方法的应用带来困难。遍历理论是物理学家首先提出来的，但深入发展是由数学家完成的，伯克霍夫、库普曼（B.O.Koopman）、冯·诺伊曼、柯尔莫果洛夫、西奈、鲍恩（R.E.Bowen）、阿诺德等人都作出重要贡献。目前遍历理论已发展成为现代数学中一个重要分支，有着丰富、艰深而抽象的内容。可是，遍历理论反过来应用到其起源之处的物理学时，遇到了实际困难，人们还是无法区分实际系统中流的类型，只对个别例子给出过严格证明。因此，单凭数学

① 这涉及随机性的严格定义，可参见柯尔莫果洛夫、蔡廷、索尔莫诺夫等人的著作。

理论不可能解决物理问题，必须考虑实在系统的微观行为。这方面的工作确实有，但其研究动机并非出自统计物理学，而是天体力学。这就是著名的 KAM 定理，由此可以分析哈密顿系统相空间流的类型，讨论典型系统的通有行为。从破坏 KAM 条件出发，可以定性分析统计物理系统的一般行为，这是在现代条件下进行统计物理奠基讨论的最深刻、最严格的部分。不过只有这个还不够。

上面已把有关问题和思路粗略讲了一遍，那么从哪里入手进行奠基讨论呢？这里准备按时间顺序从遍历假设切入。

玻尔兹曼提出了遍历假设，认为系统能到达等能面上任何一点，即等能面上每一相点都可以实现。很快就有人指出这根本不可能。后来人们用准遍历（quasi-ergodic）的提法代替了遍历的提法，用测度论语言重新定义遍历性（为方便，一般仍把准遍历称为遍历）。1931年伯克霍夫和史密斯（P.A.Smith）引入度规传递性（metric transitivity），并证明遍历性等价于度规传递性。30年代人们证明了两个重要定理，平均遍历定理和个体（pointwise）遍历定理。下面我们较严格地叙述遍历假设。对于 N 个自由度的保守系统（假设就是哈密顿系统），一般只有唯一的运动积分，即总能量。相空间轨道的运动被限制在等能面上，能量面是系统 $2N$ 维相空间的一个 $2N-1$ 维超曲面。如果能量面上几乎所有点的运动都能穿过能量面上每一个小的有限邻域，则能量面上状态点的流可称为遍历的。"几乎所有"表示测度为0的集合可以除外。伯克霍夫1931年证明，对于几乎所有相点，若所有相函数存在时间平均且等于相平均，则系统是遍历的。若系统遍历，则其状态在能量面上一个给定区域中度过的时间与该区域占整个等能面的大小成正比。或者说，遍历系统轨道在能量面上相等面积中度过的时间相同。这样就可以近似导出（因为测度为0的集合可以除外）能量面上归一化的概率密度是均一分布的，吉布斯称之为微正则系综，辛钦（A.Ya.Khinchin）称之为基本分布定律。这一分布蕴含着能量面上所有可能状态都是等概率的。它构成了平衡态统计力学及大部分非平衡统计力学的基础，是至关重要的假设。由此看来，玻尔兹曼提出的遍历假设又转化成为等概率假设，不过经过了细微的转化：

玻氏的遍历假设 ≈ 准遍历假设 = 现在所称的遍历假设

= “时间平均等于相平均” ≈ 等概率假设

其中“≈”表示近似等价关系，“=”表示等价关系。

但是，遍历假设（指现在的用法，下同）并没有如所期望的那么好，对它的疑问并不少于对等概率假设的疑问，只是因为遍历性比等概率性更复杂、精致，人们一时难以弄清它究竟说了些什么，在当时科学发展水平上既不能证明它也不能证伪它，所以大家暂时接受了它。40年代，苏联年轻的物理学家克雷洛夫仔细研究过统计物理学的基础，对遍历假设提出深刻的批评。我们综合前人的成果，结合奠基问题，概括一下遍历假设面临的挑战。

（1）遍历假设对于统计方法是否足够强？即遍历假设对于统计物理学是否充分？这是一个致命的问题，克雷洛夫认真讨论过，他的结论是，单纯遍历性的系统并不能演化出平衡态，遍历性无法解释有限弛豫时间的存在这一事实，要演化出平衡态至少需要系统有某种“混合的”（mixing）性质，即比遍历性更强的条件。[①] 巴勒斯库1975年进一步指出，对于理解统计力学来说，力学系统的混合性质比仅仅遍历性要重要得多。但是，单独由混合性仍不能为统计力学方法的正确性提供一个必要且充分的条件，因为它并不能保证，系综平均给出多数实验的观测值以及任何离开平均值的偏差和涨落都是可忽略的小概率事件。[②] 因此，若考虑非平衡过程，遍历假设肯定不充分，如果局限于平衡态，遍历假设还勉强充分。明确这一事实非常重要，以前的许多奠基讨论的弱点一下子就暴露出来了。

（2）实际的物理系统能否实现遍历性？这又是一个致命问题。既然已经说明了遍历性对于统计物理学的要求还不够，为何还研究现实系统能否实现遍历性呢？理由之一是，如果遍历性也实现不了，那么遍历假设与统计物理学奠基的要求必然有很多不一致之处。显然，人们喜欢火上浇油，把矛盾充分展示出来。我们将在下一节阐述这个问题。

---

① 参见N.S. 克雷洛夫：《关于统计物理学基础的论著》，美国普林斯顿大学出版社1979年版，第16–30页。

② 参见R. 巴勒斯库：《平衡与非平衡统计力学》，第727页。

（3）实际的统计物理系统到底有怎样程度的随机性？这部分涉及遍历理论随机性等级层次的划分，以及浑沌理论对确定论描述与概率论描述的沟通。但这个问题还涉及一个重要的科学基础问题，即模型与实在的关系。奠基问题的深入讨论必然迫使人们追问随机性的所有起源，这时就不能局限于科学层次，必须从方法论、科学哲学的角度进行分析。

§9.2 典型系统的通有行为

第3章已经指出保守系统有可积与不可积之分，可积系统的运动是规则的。可积系统一般与统计物理学的基础不符，奠基应当从不可积系统进行考虑。近可积系统是不可积系统的一小部分，可用可积系统的扰动近似描述。近可积系统不能严格求出解析解，这种系统的运动行为直到KAM定理出现才搞清楚。

KAM定理是经典摄动理论的一项重大突破，对于统计物理学的奠基产生了决定性的影响。它沟通了规则与不规则、稳定性与不稳定性、确定性与随机性，是定性地阐明与统计物理有关系统的微观动力学行为的基础。表面上看来，KAM定理令天体物理学家高兴，而令统计物理学家失望，因为KAM定理首先是关于稳定性、确定性、规则性的一个定理。但这也只能是“表面上看来”。实际上，KAM定理给出的直接结论只是关于近可积时的情形，还有许多潜在的含义，这正是它的深刻之处。天体力学家不必高兴过早，天体系统的长期行为仍然可以是浑沌的[①]；统计力学家也不必“失望”，实际的统计系统可能有很随机的行为。不过，KAM定理的功劳是首先值得肯定的，它一举澄清了过去的许多模糊、错误的认识，明确指出过去的理解显得粗糙、肤浅。一般地讲，KAM定理对统计物理学奠基的影响是双重的，一方面它说随机性整体上不易实现；另一方面它说随机性在局部上很强，并且当KAM条件破坏时随机性显著增强。

世界是多样性的，系统也是多样性的。仅就统计物理所及的系统而言，系统的种类也很多，我们不可能逐一详细考察所有个别系统。人们最

① 长期与短期是非常相对的概念，对于天体系统1000年也是短期，对于电子系统1秒已是长期。

关心的是典型系统的一般行为。20世纪数学的发展中提出了结构和通有性（genericity）这两个重要概念，改变了数学的面貌。在这一节中我们试图把结构与通有性结合起来，讨论统计系统的通有行为，判别统计物理学所使用的基本假设是否有根据。

什么叫典型系统？“典型”一词并不比一个哲学名词更容易定义，人们对它有多种理解。大致上说，除了不感兴趣的例外，所有的系统都是典型的。这里又出现了一个更模糊的概念“感兴趣”。随着科学的进步，人们感兴趣的系统种类逐渐增多，个人兴趣的变迁当然不计入其内。“典型”一词有相对性，使用时只有明确定义才不会引起歧义。前面已指出，可积系统与统计物理学奠基无关，典型系统显然不包括可积系统。统计物理学处理的是不可积系统。但弱不可积（即近可积）系统满足 KAM 条件，运动图像与不可积系统基本相同，随机性很弱，与统计力学的要求相去甚远。巴勒斯库认为统计物理学的适用性应从 KAM 定理的不适用处开始寻找。郝柏林也有类似的论述。〔96P336〕典型统计系统不包括近可积系统（不过在一定条件下某些近可积系统仍然可以采用统计力学方法，原因很复杂）。一些用数学方法定义的系统，它们包含强烈的随机性，但在现实的物理世界中找不到，我们称之为极端不可积系统，也不应当包括在典型系统中。于是不可积系统可分出如下类型：

近可积 →A 不可积 → B 不可积→ ……→极端不可积

从左到右不可积程度递增。A 不可积、B 不可积等究竟代表什么系统现在还难以阐明，二者的界限也不清楚，也许这是留给科学家的一个“难题”。我们称 A 不可积与 B 不可积系统为典型的统计物理系统。这种规定有一定的任意性。

KAM 定理要求哈密顿函数解析（实际上可比这个条件弱）；小扰动足够小；系统离开共振一定距离，即频率比充分无理化。我们分别以 A、B、C 称呼这三个条件。KAM 定理中提到“多数”或“几乎所有”（参见第3章），暗含有例外。事实上只要有小扰动存在，即不可积因素存在，系统相空间中就有很小的随机层，不变环面的形状就有变化。如果初条件落在随机层中，则轨道的演化就是随机的，可以在随机层内四处游荡。在

扰动 V 特别小时随机层很薄，且被 KAM 环面包围着，这时随机层的测度极小，可忽略不计。现在尝试破坏 KAM 条件中的 B 条件，让 V 逐渐增大。随着不可积因素 V 的增大，随机层也不断加厚，相对于规则运动区的测度也增加了，测度由 0 变为非 0 正数。对于多自由度系统，KAM 环面不能将相空间分成内外不连通的区域，由于著名的"阿诺德扩散"，原来被 KAM 环面束缚的、分隔开的、独立的随机层相互汇合，连成随机网，系统由随机网中任何一点都可以演化到其他任何一点的邻域。这时规则运动被不规则运动大大破坏了，迷走的轨道进一步变成单连通的浑沌层。V 足够小时，阿诺德扩散进行得很慢，当 V 增大时，扩散作用也不断增强。当不可积因素进一步增大时，随机网中的随机层可以相互融合，KAM 环面的个数逐渐减小，小的随机层变成了大的随机层，再变成随机"海洋"，最后 KAM 环面只围成在随机海洋中飘浮的孤立小岛（代表残存的规则运动）。这时局面已发生定性的变化，随机运动占据支配地位，规则运动反而是次要的。上述过程可以说成是由量变导致质变。要注意，刚才只分析了 KAM 条件中 B 改变时的情景。条件 C 改变时系统容易出现浑沌，共振导致 KAM 环面破坏，同时创生一系列双曲点和椭圆点。哈密顿系统的浑沌通常与共振和共振重叠有关。

典型统计物理系统基本上都可以出现浑沌，其相空间具有复杂的分形结构，规则区与浑沌区交织在一起，并有不同的层次。对于典型系统中充分不可积的一类系统，在相空间多数区域上，任意邻近的两个初始相点都可能演化出定性上不同的行为。设相空间有一初始系综 M，它是一小的邻域，在随后的演化中 M 的体积保持不变，但此系综的形状可以千变万化，用不了多久系综中的点几乎均匀地分布到相空间等能超曲面的任何地方。用概率统计方法处理这种系统显然是近似可行的，观测到的宏观量是微观量的时间平均，显而易见等于相平均（空间平均）。这是经典统计物理学以及量子统计物理学在实践中普遍有效的一种直观、定性的解释。在统计物理学中，宏观动力学量 B 与微观动力学量 b 的关系为

$$B = \int d\mu_0 b = \int dx F_0(x) b(x) \equiv \langle b \rangle \tag{9.1}$$

其中 b 被视为一个随机变量，$F(x)$ 为概率密度。在相空间中某一点

附近发现系统的概率为 $F(x)\,dx$。(9.1) 式可以解释为宏观量 B 是随机变量 b 的期望值。(9.1) 式也可以看作宏观动力学函数的"基本定义"，B 和 b 都可以是时间的函数。

我们定义的典型系统都可以依据 KAM 定理作出某种刻画。在典型的系统中，相空间行为并不是完全规则或完全随机的。相空间中存在一系列不变环面，也存在随机层、随机海洋，二者的比例可在很大范围内变动。因此，典型系统的行为不可能是遍历的，椭圆周期轨道的存在必然破坏流的遍历性。这是从整体相空间来看的。从部分上看相空间的子空间，流可以混合得很强烈，但由于不变环面的测度一般不为0，所以流在整个相空间上不可能完全随机。不过，有一点需要明确，前面考虑系统行为时一直未考虑光滑条件，即 KAM 条件中的条件 A。如果 A 遭到破坏，哈密顿系统的行为会更随机一些。实际上条件 A 本来就难以满足。从这一角度看，典型系统的随机性程度又会有所加强。这只是定性的分析，究竟加强了多少，要想得到定量估计还很困难，而且 KAM 定理对哈密顿函数光滑性的要求并不太严格。

现在讨论通有行为或性质。"通有"是测度理论的概念，在20世纪数学和物理学中都有重要应用，浑沌理论也经常涉及它。简单地讲，通有行为或性质就是系统具有的一般性而不是特殊性的行为或性质。严格点说，在剩余集（residual set）上成立的性质称通有性质。在惠特尼（Whitney）拓扑空间中，若一个集合的闭包不包含任何内点，称它为处处不稠的。若哈密顿动力系统相空间中例外点的集合处处不稠，则非例外点的集合是稠开集（每点都是内点的稠集）。在开集上成立的某种性质具有一定的稳定性。若非例外点是开且稠的，则它的邻域内每一点也都是非例外点。例外点集可以是可数个处处不稠集的并，称为瘦集（megger set）；非例外点集可以是可数个稠开集的交，称为剩余集。

哈密顿系统的通有性质未必任何特殊的哈密顿系统都有，因为测度理论并不对个别事件负责。于是，要想确认某一特殊系统是否具有某一通有性质则比较麻烦。但从物理角度看，通常关心的并不是观测到的某一性质是否适用于所有系统，而是此性质对于典型系统是否成立。所以，我们将考虑典型系统的通有行为。

前已述及哈密顿系统的行为很大程度上与其光滑程度有关，可以概括出这样一句话：粗糙的（rough）系统更容易出现随机性和浑沌。光滑性也存在不同的等级（这里把光滑作为一般用语使用，不同于数学上严格定义的无歧义的“光滑”），连续性比不连续性自然要光滑，可微比连续更光滑。n 阶可微函数比 $n-1$ 阶可微函数要光滑。解析性是相当苛刻的光滑条件，它要求函数无穷阶可微，并且要求函数的级数展开式收敛。如果改变 KAM 条件中的条件 A，降低光滑程度，系统行为应当更随机些。不过，问题还很复杂，后来表述的 KAM 定理其解析条件已弱化为存在333阶导数，又进一步弱化为存在4阶导数。对于不同的光滑条件，系统可以有不同的通有性质。在数学中用 C^r 表示光滑程度，r 表示连续可微的阶数。在某种 C^r 拓扑中，若一种性质对于动力系统的剩余集成立，则它是 C^r 通有的（这种思想可以推广到耗散系统中去）。已知哈密顿系统的一些性质是 C^r（其中 $r \geqslant 2$）通有的，但不是 C^1 通有的。另一方面，也知道有些性质是 C^1 通有的，而不是 C^r（其中 $r \geqslant 2$）通有的。例如，周期轨的稠性是 C^1 通有的，但是否为 C^r（其中 $r \geqslant 2$）通有还不清楚。

上面提到，椭圆周期轨及其相关的不变环面的出现破坏了遍历性，那么椭圆周期轨的出现是哈顿系统的通有行为吗？这里有必要引用几个重要的科学结果。马库斯（L.Markus）和迈尔（K.R.Meyer）1974年证明，对于紧致相空间上 C^∞ 的哈密顿系统，椭圆周期轨的确通有，因而对于此类系统遍历性不是通有的。关于双曲周期轨，普夫（C.Pugh）和罗宾逊（R.C.Robinson）1978年证明，对于 C^1 通有的哈密顿流，双曲周期轨稠，不过不清楚用 C^r（其中 $r \geqslant 2$）代替 C^1 时，结论是否正确。于是对于一给定的哈密顿系统（都属于我们定义的典型系统），可能出现两种情况：

（1）能量面上流是遍历的，甚至更严格地是阿诺索夫系统。近可积系统不可能是这种情形，A 不可积系统有一部分可以是这种情形，但测度为多少无法估计，因为一方面研究结果很少，另一方面 A 不可积系统的界定还是个问题。

（2）存在椭圆周期轨的稠集，系统整体上不可能是遍历的。这与统计方法的要求相抵触。

结论很明显：遍历性对统计物理学是最低要求，但对物理系统实际流的类型而言却是很高的要求。近可积系统与可积系统差不多，都不能实现遍历性，A 不可积系统有一部分可以实现遍历性，甚至实现比遍历性更强的随机性。这些事实给统计物理学家以很大的震动。这里出现了一个矛盾，统计物理学家把遍历性作为合理的工作假设来使用，而且统计学居然获得了巨大的成功。现在发现遍历性可能是一个不合理的假设（至少从数学角度看如此），迫使我们跳出科学的圈子，从多重角度考察随机性的种种起源。

§9.3　随机性的等级层次及其种种起源

随机性也有不同的层次，这方面的研究属于遍历理论。遍历理论从数学角度看是研究保测变换的渐近性态的数学分支，它与动力系统理论、概率论、泛函分析、信息论、数论等数学分支都有联系。1931年伯克霍夫证明了个体遍历定理，1932年冯·诺伊曼证明了平均遍历定理，后来这些结果推广到巴拿赫空间、马尔可夫过程、单参数半群等领域。比遍历性更强的条件是混合性。混合性的含义是，在充分长的时间以后，能量面一个区域中的状态变到另一区域中去的可能性接近于这两个区域概率测度的乘积。设 μ 表示测度，A、B 为任意可测集，则混合性意味着

$$\lim_{n\to\infty}\mu(A\cap\varphi^{-n}B)=\mu(A)\mu(B) \tag{9.2}$$

其中 μ 为保测变换。混合性还可以通俗地解释为，从相空间等能面上每一区域出发的轨道，最终可以相当均匀地散布于能量面的各区域之中，从各区域出发的轨道最终在能量面上相当均匀地混合起来。1958年柯尔莫果洛夫在保测变换中引入测度熵概念，取得突破性进展。测度熵为研究同构问题提供了重要工具，借此分辨了许多长期无法区分的系统。这一思想被苏联学派和美国的奥恩斯坦（D.S.Ornstein）（1970）所发展。1965年阿德勒（R.L.Adler）、康海姆（A.G.Konheim）、麦克安德鲁（M.H.McAndrew）类比于测度熵提出拓扑熵概念。到70年代已能够就保测变换分出如下层次的随机行为：

准遍历性系统

遍历性系统

弱混合系统

混合系统

n 阶混合系统

K 系统或 K 流

C 系统以及伯努利移位系统

从上至下，系统的随机性逐渐增强。比如，混合性包含了遍历性，反过来则不对。也就是说，混合性比遍历性更随机。遍历性严格说来还算不上随机性，在遍历系统中邻近轨道在演化中保持接近。混合系统对初始条件有敏感依赖性，可以算作浑沌系统。K 系统比混合系统更随机，它具有正的 KS 熵。这里 K 指 N.S. 克雷洛夫和柯尔莫果洛夫，S 指西奈。阿诺索夫（D.V.Anosov）研究了比 K 系统更随机的一类系统，称为 C 系统，也叫阿诺索夫系统。C 系统只可能有双曲周期轨，不可能有椭圆周期轨。阿诺德构造的猫映射就是一种 C 系统。有定理指出，每一阿诺索夫系统都是伯努利移位系统。

看起来动力系统相空间流的类型问题已解决了，但以上的明晰分类仅仅是数学分类。虽然在数学上有明确的判据可以指出各类系统的异同，但拿来一个实际的物理系统，要想知道流的类型却相当困难。西奈严格证明了一个定理，指出由 N 个硬球（$N \geq 2$）组成的系统可以是遍历的。不过西奈定理只表明遍历定理对于统计力学的基础是必要的，不可能是充分的。在西奈定理出现之前，人们认为只有很大的系统才会出现遍历性。上节已表明用遍历假设为统计物理学奠基是有问题的。早在 20 世纪 60 年代福特就提出，如果世界是决定论的，那么统计物理学所要求的随机性来自哪里？在浑沌理论出现之前，人们只能把随机性解释为大数现象。浑沌理论突破了这种认识，指出即使在简单的、低自由度的系统中也会出现随机行为。这是系统的内在随机性，是确定性非线性系统的内秉随机性。除了依据 KAM 定理进行讨论外，还可以依据其他浑沌理论一般地讨论不确定性、随机性的来源。

在物理系统中，对某一系统初条件的测量总有误差。假设某一时刻系统的状态有一精确值 A，测量得到结果为 $A \pm \varepsilon$，ε 可以任意小，可以为0，但通常不为0。在许多情况下，A 就是概率论中讲的"期望"。既然初值的测量误差对任何系统都存在，为什么直观上随机性并不处处存在呢？事实上随机性仍然存在，只是由于系统稳定而显露得不够强烈，看起来过程近似确定的，随机性不存在。如果系统演化对初条件不敏感，则误差不会被大幅度放大，通常保持在可控范围内，称为误差稳定。如果不是处处，而仅在个别奇点上对初条件敏感，这样的系统仍然很简单，挖去个别点，系统行为完全可预测，不含随机性，初值有小误差仍不能演化出定性上不同的行为。但自然界有大量复杂的浑沌系统，其演化对几乎所有初始值都表现出极端敏感依赖性，也称指数不稳定性。浑沌系统的长期行为不可预测，要追踪一条轨道需要无穷量的信息。如果从数学角度看过程中没有信息损失（物理上不可能），把所需信息都归结为初条件的信息，则初条件一般必须拥有无穷多的信息，即初条件无限精确，含有无穷多位有效数字。这是物理上实现不了的，事实上也没有必要把所需的信息都归结为初条件包含的信息。从物理角度看，浑沌轨道演化中不断创造新信息，浑沌系统产生不可预测性、随机性的根本原因，在于系统的非线性所引起的指数不稳定性。下面举两个例子。第一个为

$$X_{n+1} = X_n + b \quad (\mathrm{mod} 1) \tag{9.3}$$

它的解为

$$X_n = nb + X_0 \quad (\mathrm{mod} 1) \tag{9.4}$$

设测量初条件 X_0 时有 δ 大小的误差，系统演化到第 n 步时，误差并没放大，仍等于 δ，这样的系统最多有遍历性行为，不可能有混合行为或真正随机的行为。

第二个例子为

$$X_{n+1} = 2X_n \quad (\mathrm{mod} 1) \tag{9.5}$$

这是第3章中讨论过的一个例子。此系统的行为对初条件极端敏感，

可用“蝴蝶效应”来形容误差的放大速度。设测量初值时误差仍为δ，则演化到第n步时误差等于$2^n\delta$（modl）。这个值虽有界，但非常随机，误差值的大小取决于初条件中数值小数展开式中0和1的分布情况（用二进制表示的）。这种方程得出的轨道虽然每步都是确定的，但系统整体上、长时间演化行为是不确定的，“轨道”概念在这里实际上不适用。换个角度看，此类系统初条件中的不确定性、随机性会淋漓尽致地显露出来，展开为随机的时间序列。系统（9.5）每迭代一步就消耗1比特的信息，如果初条件有100位有效数字，则迭代100次，初始信息全部消耗掉了。类似于（9.5）的浑沌系统实际上占多数，因此原则上讲统计物理系统当不缺少随机性。从科学的一般方法、过程的各个环节上也可以找出随机性来。设初条件完全确立，演化规律完全确定，外界扰动为0，这三个因素分别用A、B、C称之，系统的演化行为用D表示，则科学工作者都坚信下述命题成立：

$$A \wedge B \wedge C \rightarrow D \tag{9.6}$$

这里A、B、C都可以分别或组合起来取假真值，因而很容易使D取假真值。A、B、C三个环节本来都有随机性，在科学的一般工作过程中很少全面考虑到，故意舍弃了随机性。

本节的讨论都是定性的，有助于从观念上确立随机性的客观性和普遍性。但靠这种论述为统计物理学奠基是不严格的，还必须回到KAM定理的推论，以及大数过程来讨论随机性。由9.2节知，统计物理学的基础不能建立在单纯遍历性假设上，对于概率统计而言，遍历性是最弱的要求，而对于物理系统而言它已是相当强的要求了。但许多人还是相信统计物理系统实际上可以出现比遍历性强的随机性，如莱布维茨（J.Lebowitz）1972年仍然说：“我相信几乎所有真实的物理系统‘本质上，是遍历的’。”[66P139]当然这不是什么新观点，早期的物理学家都是这么相信的，只不过他们所依据的理论背景发生了变化，占有的材料、事实增多了。

依据浑沌理论可以更好地理解统计物理学的基础，但浑沌理论既给出了有利的论据，也给出了不利的证据。我们认为“内在随机性”并不能代替“大数随机性”，也许在理解统计物理学基础时后者仍然是关键的。但是也不能无视现代数理科学的重大进展，现在有必要清算遍历假设了。事实上，遍历假设对于统计物理学奠基既不是充分的，也不是必要的。现实的物理系统与各种数学理论描述的系统可能都不相同，在实践中可以用统计方法有效处理许多问题，但在理论上又难以具体阐明微观流的类型。最后我们做几点猜测：

（1）椭圆周期轨及与其相伴随的不变环面虽然在许多系统中都存在，但它们在相空间中占据等能超曲面上区域的测度在热力学极限条件下，相对于整个超曲面的测度而言很小，因而不起很大作用。不过，贝内特（G.Benettin）及韦恩（C.E.Wayne）等人的工作暗示这种解释有缺陷。

（2）标准的统计力学所关心的宏观变量本身对于不变环面的有无不敏感，特别是当粒子数 $N \to \infty$ 时。

（3）实际的统计物理系统多少都有耗散性、非平衡性，如果计入这些效应，讨论将十分复杂，这样的统计力学的奠基根本不能严格地进行。正如斯梅尔所讲："我们认为理论物理和统计力学不应该像过去那样绝对局限于哈密顿方程。基于物理学的考虑，完全有理由认为物理系统由于摩擦及从外部吸收能量而引起的驱动效应而具有非哈密顿的摄动。"[66P141] 在耗散系统中关于遍历性有茹勒—鲍恩定理，斯梅尔的公理A系统一般不可能是遍历的。

关于浑沌与统计力学基础的关系，康贝尔在一篇综述报告中也提出一系列问题，并认为它们是科学家面临的最有挑战性的、最深奥的几个问题。这里列举如下：

（1）由KAM环面占据的相空间的测度如何依赖于粒子数 N? 是否有这种测度趋于0的具有现实相互作用的一类模型？是否有KAM区域保持有限测度的不可积模型？如果有，产生这种行为的特征是什么？

（2）在很宽泛的一类模型中，阿诺德扩散率如何依赖于 N? 当 N 趋于无穷大时，相空间中的重要性质（如阿诺德网）的结构是什么？

（3）如果趋于平衡，这种趋势的时间尺度如何依赖于N？它比宇宙的年龄小吗？

（4）对于大多数我们认为与统计力学有关的特性，遍历性是必要的（或只是充分的）吗？能否表达出一个与解析哈密顿系统中观察到的行为一致的不太紧迫的要求？

以上猜测和设想都不自觉地把统计物理学当作目标，力图从微观力学机制上阐明统计规律性，这样做是必要的、合理的。但决不能因此而忽视从根本上修正经典统计物理学基本原理的可能性。如今动力系统理论成果丰富，正在飞速发展，有理由认为宏观统计原理也应为协调动力学事实作些让步，这样就有可能要修改统计力学的一些基本原理，至少在叙述上要做些变动。

§9.4 统计物理学奠基的相对性

在经典力学的框架内不可能由基本原理和二值逻辑严格推出等概率原理，长期以来统计力学中使用等概率假设依据的只是大数定理。正如托尔曼（R.C.Tolman）1938年所讲，一般时间的观察表明过程是随机的，抛掷的“硬币”并不是不均匀的。不过托尔曼也承认，等概率原理是一个统计假设，而不是物理定律。根据经验，我们可以在一定程度上“证明”这个假设是合理的、可行的。当量子力学从基本方法上引进概率概念并取得巨大成功之时，人们满怀希望它能为统计物理学奠定基础，因为直觉上人们觉得量子方法更接近于统计力学方法。量子力学与统计方法相结合诞生了量子统计物理学，在实践中非常有效。但仔细考虑后发现，量子统计物理学的基础与经典统计物理学的基础同样没有很好地建立起来，归根结底量子统计物理学的基础目前也建立在微正则系综的等概率分布假设之上。

这样一来，就要假设量子统计系统微观上存在浑沌一类随机行为，但有关量子系统是否有浑沌，一直是个有争议的问题。量子系统的状态由波函数描述，由于叠加原理，波函数满足的薛定谔方程必为线性方程，而线性波动方程不可能有临界不稳定性，因此典型的量子系统不可能有严格定义的浑沌。弗尔斯（W.Firth）等工作小组的报告指出，量子浑沌（quantum chaos）不存在，但存在量子化浑沌（quantised chaos），即量子系统（其经典对应物显示浑沌）的非经典或半经典行为。在量子系统中，$2N$维相空间可以离散化为体积为h^N的许多普朗克胞室（cells）。这必然抹掉比

h小的内部结构特征。从动力学角度看，当“邻近的”只意味着“不同的普朗克胞室的邻近”而不是经典的“点的邻近”时，邻近轨道的指数发散性才是可能的。系统只有演化了足够长的时间，量子化浑沌才能出现。与常识相反，正是经典力学，而不是量子力学，表现出不确定性和不可逆性。当然，量子不可逆也可在测量过程中出现。一个值得研究的问题是，$t\to\infty$和$h\to 0$两个极限不可交换：

$$\lim_{t\to\infty}\lim_{h\to 0}\neq\lim_{h\to 0}\lim_{t\to\infty} \tag{9.7}$$

关于量子浑沌，奇瑞克夫（B.V.Chirikov）与福特之间有过争论。前者认为，既然经典系统有浑沌，而量子力学又把经典力学作为一种特殊情形包括在内，想必量子系统应该有浑沌。不过，经过20多年的寻找，科学家们并未发现真正的量子浑沌。奇瑞克夫构造了一个量子浑沌模型，但受到福特的质疑。福特也认为概率、随机性首先在经典力学中而不是在量子力学中表现出来，量子系统不可能有浑沌。①

量子力学广泛采用波函数描述手段，系统具有离散谱，回复定理必然成立，即一段时间后波函数与初始波函数可以相差任意小，量子系统的典型行为接近于准周期运动。量子系统一般说来比经典系统更为确定，更为有序。但统计物理系统并不遵从回复定理，对于一定的初始状态，不久后整个单值运动积分面上应该会建立起一种均匀的概率分布，这种分布不显示初始状态的任何痕迹，即统计物理系统有“等终极性”。平衡态分布回复到初始分布原则上不是不可以，但是概率极小，发现系统处于某一状态的概率由涨落公式确定。在量子力学中，知道了态矢量，就知道了系统的全部信息，但需要解多粒子系统的薛定谔方程，这时又遇到与经典统计力学中同样的困难。通常的做法是并不企图从薛定谔方程出发求严格解，而是引进统计系综和系综平均值的概念，与经典统计力学方法大同小异；不同之处仅在于，这时考虑的“状态”是量子态，并由态矢量描述。量子力学使用的波函数描述类似于经典描述，仍然体现了时间反演的不变性，表明它们都是可逆的，而统计定律是不可逆的。因此，虽然量子力学使用概

① 根据伯瑞（M.V.Berry）的定义，量子浑沌学研究那些能展示经典浑沌运动的系统的半经典但非经典的行为特征，半经典指“当$h\to 0$时”。

率论的语言，但它并未消除决定论与概率论两大描述体系的对立，不能为统计物理学提供可靠的基础。

鉴于目前科学上不能为统计物理提供一个无可挑剔的基础，有必要从整体上思索一下奠基本质上是怎么回事。综合其他学科的奠基过程，可以认为一切科学理论的奠基过程原则上都是相对的。统计物理学的基础也应相对地看待。这里简单回顾一下19世纪末、20世纪初数学界规模宏大的奠基运动。按照克莱因的说法，20世纪数学中最为深入的活动之一是关于数学基础的探讨。强加于数学家的问题，以及他们自愿承担的问题，不仅牵涉到数学的本性，也牵涉到演绎数学的正确性。数学的基础被归约为集合论的无矛盾性，复数、有理数、整数的理论统统被归约为自然数的理论。在逻辑主义学派看来，数学的基础应建立在逻辑的基础上，数学体系的无矛盾性可以归结为自然数理论的无矛盾性。罗素等人的工作就是这个路子，但是他们并未获得成功。哥德尔的不完全性定理提醒大家，数学的所有奠基努力都是相对的，数学不单纯是演绎，它的新思想来自独特的创造，归纳、经验、直觉在其中起重要作用。“对基础的根本问题所提出的解答（集合论的公理化，逻辑主义，直觉主义或形式主义）都没有达到目的，没有对数学提供一个可以普遍接受的 [奠基] 途径。”[①] 数学体系的总信息量在增大，所有数学的内容不可能都还原为一个简单的基础上去，无论设想的基础是什么。数学奠基运动可作为统计物理学奠基的借鉴。不过，物理学经验的成分大些，并不像数学那么纯粹、严格，统计物理学奠基并没有像数学奠基运动那样，吸引那么多追求理性完满的人。统计物理学奠基问题更为复杂，它涉及许多子问题，而这些子问题同样十分艰难。

从研究对象的尺度上看，统计物理学是热力学的基础，而微观动力学又是统计物理学的基础，它们分属三个不同的层次。三个层次物理理论的侧重点不同，方法也不同。它们都是正确的，都有真理性，在一定程度上都能与实际很好地符合，作出有效的预测，不能简单地说谁比谁更强、更深刻。

从系统论的角度看，以上三种理论的对象是同一系统的三个不同层次。微观力学、统计力学和热力学是关于同一系统的不同理论，是从不同

① M. 克莱因:《古今数学思想》第4册，上海科学技术出版社1981年版，第322-323页。

标度看问题的结果。根据系统的最基本原理，每个层次都有自己的特有质，总系统相对于分系统至少有一种性质是专有的，即由低层次向高层次过渡必有新质出现，展现“涌现性”的质。从动力学到统计物理学，处理的对象发生了变化，前者是单个或小数目的个体，自由度低；后者是大数目的群体，而且数目大得惊人，为阿佛加德罗常数级（10^{23}），自由度极高。因此，由微观到宏观不单纯是量变过程，还有重要的质变，统计力学当不同于微观动力学。正是由于这种涌现质，即系统的整体效应，系统上一层次的质不可能完全还原为下一层次系统的质（当然并不是任何性质都不可还原）。这样讲起来虽然抽象，但不承认这一点，就无法搞清奠基是什么含义，无法正确理解概率论方法在处理自然界事物发生、发展中所具有的基础性质，必然盲目地试图还原它，把它归结为完全决定论的一种表现或者科学的无能。大数现象本质上是一种系统现象，大数定律刻画的就是系统的整体效应，在一定程度上可以用微观过程加以解释，但不可能完全推导出来。随机性可以用决定论方程说明，随机性有起源，但随机性并不因此而丧失独立存在的权利，随机性是客观存在的。

统计物理学规律给出的是概率性预言，虽然任何规律都必然涉及某种决定论成分，但统计规律只对群体事件的分布负责，而不断言个别事件的个别结果。阐明统计规律的本质将涉及概率的本质，必然又要引出概率的频率解释、倾向解释、逻辑解释等复杂的科学哲学问题。我们认为概率事件是客观存在的，概率值的技术性、操作性确定与主客观都有关系，一般尽可能以客观情况为基础。同样，统计规律本质上是客观规律，反映了客观事物内在的本质的联系，与动力学规律一样都是基本的。这一命题虽然一时还难以从实证科学上完全证明，但在哲学上可以这样思考。否认统计规律的基本性，实质在于否定偶然性、概率性、随机性的客观性。

著名物理学家朗道关于统计物理学奠基的观点值得注意。他认为，不能根据统计物理学基本原理的状况而认为它是基础最不牢靠的一门理论物理学。有些困难是人为造成的，并且问题通常表述得不够合理。如果一开始就考虑一个系统的许多小的部分（分系统）的统计分布，而不是把闭系作为整体考虑，就可以避免对统计物理学实际上并非必要的有关遍历假设或类似的所有问题。[①]在研究微正则分布时，朗道等人还明确指出，必须再次强调微正则分布不是闭系的真正的统计分布。遍历假设一般来说必定是不真实的。[②]托尔曼和朗道都坚信，遍历定理是动力系统的一种有趣的性质，但与统计力学的基础无关。[③]可以看出，朗道等人的观点是“实用”的物理学观点，他们暗示奠基是相对的，并且没有必要由简入繁牵涉复杂的遍历理论，他们的看法有一定道理，被多数科学工作者所接受，实际上统计物理学的发展遵循了朗道的道路。

因此，我们认为统计物理学的奠基是相对的。在一定意义上讲，奠基本身既是一个问题又不算一个问题，对不同人来说奠基问题的重要性显然不同。多数物理学家不关心奠基问题，他们的工作的正确性靠实践来检验，可以放心大胆地进行进一步的探索、猜想，只要理论作出的预测可以被实验所证实。但是对于一些杰出的大物理学家以及科学哲学家而言，奠基仍然是个大问题。一方面这可以满足理性追求和谐、一致、完满的需要，另一方面可以通过奠基问题而引出一系列新问题，进而开发通过其他思考方式不能发现的新领域。奠基探讨促进了统计物理学的发展，也促进了20世纪数学的发展。遍历理论的丰硕成果之意义远远超出了为统计物理奠基这样狭窄的领域。所以，统计物理学奠基的深入讨论仍然是有意义的，不能认为这是没事找事。

§9.5　可逆与不可逆：再谈奠基问题

统计物理学基础建设碰到的一个重要问题是，宏观统计力学方程在时间反演下变号，而微观动力学方程在时间反演下不变，这就是所谓的不可逆与可逆相互关系的难题。它像一个幽灵，以各种方式出现在现代科学的各种讨论之中。有关不可逆性，普利高津做了深入研究，但也做了几乎是过分的强调，并试图在哲学上做进一步引申。

不可逆性可以从物理学上定义。物理系统从某一时刻 t 开始演化，经

① 参见朗道、利夫希茨：《统计物理学》，美国革纸出版公司1958年版，前言第9页。
② 同上书，第12页。
③ 参见巴勒斯库：《平衡与非平衡统计力学》，第725–726页。

过一段时间 T 后，看看系统能否仅仅通过加外部约束条件，就会重新返回 t 时刻的状态。如果能，则系统可逆；如果不能，则系统不可逆。不可逆并不玄，自然界发生的过程多数是不可逆的。在科学上不可逆也是常识。比如，有非线性一般就有不可逆。我们看逻辑斯蒂方程（2.5），由 x_{n+1} 求 x_n，必有两个等可能的值，同样由 x_n 求 x_{n-1}，每个又都有两个等可能的值。这样逆推下去，线段 [0，1] 上几乎所有点都可以达到任意给定的 x_{n+1}，而且具有等可能性。这是一种不可逆性。伯努利移位映射（3.20）更能展示不可逆性，比如初值为0.1101101001（二进制小数），根据方程（3.20），经过10次迭代系统状态变为0；反过来，由状态0无论如何不易再确定初始状态为0.1101101001。伯努利系统每一步演化都是不可逆的，都在损失初始信息。

不可逆性在热力学（特别是第二定律）出现之前早有人注意并讨论过。热力学和统计物理中的熵增加定律突出了不可逆性的重大意义，表明科学能描述实在演化的更普遍的现象。在非线性复杂性科学中，不可逆与微观组织行为联系起来，获得了新的含义。在浑沌系统中，从初值的角度看，系统在不断损失信息；从轨道在相空间中不可预测地、“有探索性地”游走行为看，系统在不断创生信息。这并不矛盾，正因为有信息不断创生，初条件的信息才总显得不够，按传统的思维便是系统在损失信息。从这个角度看，浑沌身兼二任，浑沌系统有消极的一面，也有积极的一面。不可逆的起源问题曾是困扰科学家的大问题，在新的时代背景下，可借助于系统的内在随机性阐明不可逆的本质。

热力学第二定律曾长期制约着可逆、不可逆的讨论，它的功劳不可磨灭，因为它结束了关于不可逆仅仅是科学不发达甚至主观看法造成的这样一种谬见。但仅凭第二定律不能说服人。正如普利高津所言：“批判关于不可逆的主观主义解释并指出它的弱点，这是容易的；而超出它的范围之外，表述一种不可逆过程的‘客观’理论，就不那么容易了。”[113P305] 我们高兴地指出，正是浑沌理论阐明了不可逆的根本机制，因而浑沌理论填补了可逆与不可逆之间的鸿沟，有关概念可做如下排列：

非线性→ 指数不稳定性 →内在随机性 → 不可逆性

不可逆性本质上与不可预测性有关，二者是互逆问题。往回返是可逆与不可逆问题，往前去是可预测与不可预测问题。不可逆与不可预测性都根源于非线性的非加和作用。浑沌理论对不可预测性已阐述得相当清楚，原则上它也阐明了反向的不可逆性，看一下斯梅尔马蹄变换过程就清楚了。由于不可预测性，想知道系统演化某一时刻的分布就遇到了困难，在系统实际产生那一分布之前，一般没有办法事先预测到它，于是诞生了时间的方向性。也正因为如此，系统的最终状态又是不可预测的，平衡态是一种吸引子。严格的不可逆性与“不可判定性”“随机性”本质上都是一回事。

统计物理学奠基的难点，换种讲法，在于用可逆说明不可逆（无疑这种看法仅说明了一个方面）。许多人反对这种提法，因为从逻辑上讲，可逆永远推不出不可逆。玻尔兹曼曾定义了一个瞬态分子速度分布函数，称为 H 函数，用以说明熵 S 增大的过程。他证明，对于任意分布 f，H 将单调地减小，即 $dH/dt \leqslant 0$。于是有如下关系

$$S=-kH+\text{常数} \tag{9.8}$$

玻尔兹曼用 H 函数解释不可逆的方法受到洛喜密特（Loschmidt）和策梅洛（E.F.F.Zermelo）的反驳。这里简单介绍后者的反驳。设系统由状态 S_0 开始演化，经过如下过程

$$S_0 \to S_1 \to \cdots \to S_n \tag{9.9}$$

根据玻尔兹曼的理论，应有如下关系

$$H(S_0) \geqslant H(S_1) \geqslant \cdots \geqslant H(S_n) \tag{9.10}$$

但是根据彭加勒的回复定理，系统在演化过程中将是准周期的，经过有限时间后，系统的状态可以任意接近地返回初始状态。于是在继续 S_n 的演化中至少存在一个状态 S_m 非常接近于 S_0，可以有

$$H(S_0) \approx H(S_m) \tag{9.11}$$

按照玻尔兹曼的理论，必同时有

$$H(S_0) > H(S_n) \tag{9.12}$$

现在只看由 S_n 到 S_m 这一段的演化，由上两式可以推出

$$H(S_0) < H(S_n) \tag{9.13}$$

这与玻尔兹曼的 H 函数只由高值向低值演化相矛盾。

实际上，策梅洛是基于微观动力学反驳宏观统计物理学的一条经验定律。我们认为，对于复杂的系统（如浑沌系统），回复定理可以不成立，因为轨道这个概念已失去了原来的意义。H 单调减少这一命题给出的是统计预言，原则上可以找到反例，但概率非常小，可以认为是0。

可逆与不可逆的相对性及各自的客观存在性依靠经验、直观，人人都有所体会。如果把统计物理的奠基只理解为由可逆推出不可逆，这种奠基似乎是自己给自己设定不可解的问题，或者设定没有必要解决的问题。基于考察对象的复杂性程度不同，科学上完全可以有两类经验定律，一类可逆一类不可逆，二者都有作为基本定律存在的理由，不应单纯把可逆的力学作为基础，试图从中导出不可逆的统计力学、热力学定律。傅利叶的热传导定律是不可逆的，它本身既简明又符合实际，没有必要用一个复杂得多的理论再去解释如此明了的基本定律，这好比没有必要用复杂的理论去推导牛顿三定律一样，实际上也推不出来。比如作用力与反作用力大小相等方向相反分别作用于对方，这一定律实在没办法再还原它了。关于统计物理学奠基，我们应当设法搞清楚哪些东西可以还原，可用微观力学阐明机制；哪些东西始终不能还原，具有宏观统计性质，是系统的整体质。如果一味还原，则必然毫无收获。

再进一步，更可能的情况是，微观运动规律未必像牛顿力学公式那样具有时间反演不变性。牛顿定律最初也是在宏观物体层次上发现的，微观过程是否只能用牛顿定律描述？显然不是这样，量子力学就是一个反例。除量子力学外，是否还有其他可能的运动规律制约着微观过程，而至今尚未发现。也许微观上真有不可逆的力学。牛顿动力学本质上是对二体运动的刻画，在处理三体问题时就显得极为复杂，甚至无能为力。将来能否由三入手，而不是由二入手，尚有待科学的发展来下结论。

第10章　浑沌与科学革命

新科学的最热情的鼓吹者们竟然宣称，20世纪的科学只有三件事将被记住：相对论、量子力学和浑沌。他们主张，浑沌是本世纪物理科学中第三场大革命。就像前两场革命一样，浑沌割断了牛顿物理学的基本原则。如同一位物理学家所说："相对论排除了绝对空间和时间的牛顿幻觉；量子论排除了对可控测量过程的牛顿迷梦；浑沌则排除了拉普拉斯决定论的可预见性的狂想。"在这三大革命中，浑沌革命适用于我们看得见摸得着的世界，适用于和人自己同一尺度的对象。〔30P6〕

——J. 格莱克

关于浑沌学在科学史上的地位，存在不同的评价，大体分三个档次。低档的评价宣称，浑沌只是追求时髦的人的一种有趣思想，在未来的科学史著作中，人们只能在脚注中找到它。中档的评价承认浑沌代表现代科学的一项进展，但算不上一场革命。高档的评价则毫不犹豫地宣布浑沌代表一场新的科学革命。本章对这些评价做一点评论。

§10.1　科学革命与系统相变

在对浑沌学的学科地位和历史意义进行评论时，人们常常援引库恩有关科学革命的论述作为理论依据。20世纪60年代初，库恩发表了《科学革命的结构》一书，引起学术界的很大震动，至今仍对科学学、科学史和科学哲学的研究发挥着广泛的影响。但库恩的观点也受到学术界的质疑，招致长久的争论，他的基本概念至今没有统一的解释，一些基本问题在学术界仍未达成共识。本章的任务不是对库恩的观点作出评论，而是吸取他的观点中的一些有价值的东西，对浑沌是否代表一次科学革命进行讨论，回答一些基本的争论。为减少分析中的歧义，有必要从我们的课题任务和知识背景出发，对库恩的理论做一些说明和限定。

库恩的理论是为讨论科学发展模式问题而提出来的。在他之前，学术界在这个问题上占支配地位的观点认为，科学知识是按累积渐进方式发展的，没有突变，没有革命。库恩批判了这种观点，断言科学发展有两种不同的模式，一种是常态科学，一种是异常科学或科学革命。在常规条件下，从事科学研究的学者不是革新家，而是解难题的能手，他们专心致志研究的问题是那些他们确信可以在现有科学传统范围内提出和解决的问题，他们的工作是在已有的理论大厦上添砖加瓦。在革命条件下，从事科学研究的学者是革新家，他们致力于解决的难题是那些在既有科学传统范围内无法提出和解决的问题，为了解决这些难题，必须提出新思想，开创新风格，发明新方法。他们的工作成果带来的是科学范式（paradigm）的转换，新理论框架的建立，自然观和科学观的更新。这两种模式的交替出现构成了科学发展全过程的一幅动态图景：常态科学 →科学革命 →新的常态科学 →新的科学革命 → ……我们不难从科学史中找到大量的事例来支持库恩的观点。

从哲学上看，库恩的理论并非崭新的货色。辩证法从来就认为，一切事物的发展都采取质变和量变两种形式，整个发展过程的图景为：量变 → 质变 → 新的量变 → 新的质变 → ……把这个规律应用于科学发展，很自然地导致上述库恩的理论。科学知识的渐进累积，即量变阶段，就是库恩讲的常态科学；科学知识的跃进（科学理论体系的根本改造），即质变阶段，则是库恩讲的科学革命。熟悉恩格斯著作的人，很容易看到这一点。辩证法关于量变质变规律的论述是库恩科学革命学说的哲学基础。恩格斯甚至明确使用了“科学革命”的概念，把哥白尼的不朽著作《天体运行论》的出版视为“好象是重演路德焚毁教谕的革命行为”①。今天的科学

① 《马克思恩格斯选集》第3卷，第466页。

哲学家们在谈论科学革命时，无一不采取与恩格斯同样的观点，把哥白尼学说视为一场伟大的科学革命。非常不幸的是，恩格斯的这些极为重要的思想长期未受到科学界的注意，以至在80多年后把库恩的观点当作全新的创见大加赞扬。当然，我们无意贬低库恩理论的重要意义。恩格斯的论述基本上是一些哲学观点，库恩的论述则是科学学的完整理论，从哲学的原则性意见到一门具体科学的理论，毕竟是人类认识史上的一次进步。

值得注意的是，库恩的科学革命理论还有现代科学的根据。我们多次指出，科学事业本身也是一种动态系统，服从系统演化的一般规律。现代系统理论（一般系统论、耗散结构论、协同学、突变论、超循环论、浑沌学等）把系统演化看作一种自发的自组织过程，有两种不同的基本模式。在临界点上看到的是系统相变，相变是一种根本性改变，即系统由一种结构变为另一种结构，或由一种行为方式变为另一种行为方式。临界点上的相变是一种阈值行为，即在一定的阈值上以突变的方式完成由原结构向新结构的转变。在两个相邻的临界点之间看到的是同质的稳定定态，系统在不同点上只有量的（程度上的）差别，没有定性性质的改变。系统在两个临界点之间的变化，是按渐进方式逐步完成的。整个系统演化过程是由这两种方式（形态）交替出现而组成的无穷序列。自组织理论描述的是系统演化的一般规律，库恩理论描述的是科学发展这一特殊的演化过程，二者的基本精神是一致的。科学革命是科学事业这一系统演化中的临界相变，常态科学是两次相变（科学革命）之间的非临界演化。库恩把前科学时期作为科学发展序列的起点，自组织理论把热平衡态作为物理系统演化的起点，两者之间也有某种可比性。库恩的理论与多种自组织理论（一般系统论除外）都产生于20世纪60年代，这决非偶然，因为它们都是在同一文化背景中孕育、在同一科学潮流推动下产生的，并且具有相同的哲学基础。

现代系统理论的内容相当丰富，它的许多概念、原理和方法可以应用于考察科学发展，揭示出更深刻的规律性。我们期待着这种理论问世。但也应当指出，目前的系统理论应用于社会历史问题还很不够。系统理论中真正达到现代科学水平的，即对系统存续、演化作出精确定量化描述的内容，仍限于物理化学系统，对它们可以写出运动方程来。社会巨系统一般非常复杂，无法建立有科学根据的基本运动方程，不能用数学工具作出严格而精确的描述。系统方法在这里的应用基本上是定性描述。科学发展是一种社会历史现象，目前还看不到运用数学方法严格描述其发展规律的可能性，合适的办法是借用系统自组织原理作出定性的描述。

复杂巨系统的显著特点之一是具有模糊性，像科学发展这类社会现象尤其具有模糊性。在考察科学发展问题时，避免不切合实际地追求精确性，自觉地应用模糊系统原理和方法是适宜的。常态科学与科学革命之间不存在截然分明的界限，不可苛求制定精确的判别标准。科学革命有不同水平和层次的区分。在物理学领域，许多人常把麦克斯韦的电磁理论和相对论、量子力学都称为科学革命，但分属于不同水平的革命。这种水平或层次划分也是相对的。科学革命必定意味着在科学发展的许多方面带来质的改变，即急剧的、深刻的、根本的改变。所谓“急剧的”“深刻的”“根本的”都是模糊词语，用来描述科学革命颇为贴切。肯定或否定浑沌是一场科学革命的人喜欢用“完全”“所有”“全面”“一切”等字眼刻画科学革命带来的变革，其实是不科学的。这些词都是精确描述的用语，不适于描述科学革命这种社会历史现象。任何革命对于革命之前状况的变革都不可能是“完全”“全面”“彻底”的，因为任何革命都是人类社会或它的分系统自身的演化，都是革新与继承的统一。即使社会革命，在革命时期人们（特别是革命的拥护者）喜欢用“彻底打垮”“全面改变”之类的形容词，他们真诚地相信革命使社会与过去完全彻底划分开了。但随着历史的向前推移，人们逐渐发现革命后与革命前仍有种种联系和承续，一些看来“彻底”的变革，原来是对过去状况的“矫枉”所带来的“过正”，到头来还得再“矫枉”回去。科学革命、文化革命也有类似之处。哥白尼学说是对托勒密学说的一次大革命，但仍有继承性。而且，当排除宗教因素以后，以地球为中心，还是以太阳为中心，原则上是等价的，只是后者在研究天体运行时方便而已。量子力学是相对于牛顿理论的深刻革命，但并非把牛顿理论的一切都改变了。例如，薛定谔方程与牛顿方程一样都是可逆过程的方程、确定论的方程，而且量子力学理论把经典理论作为近似情况包括在内了，在一定条件下，两种理论又是一回事。以彻底改变了科学世界图景、完全革新了科学方法论为根据，断言浑沌学为革命，是过高估计了浑沌学。以浑沌没有彻底改变科学世界图景、没有完全革新科学方法论为根据，断言浑沌学不是革命，是对浑沌学不切实际的苛求，不但否定了浑沌学是革命，也否定了历史上的任何科学革命。在考察科学革命问题时，我们应当自觉采用辩证观点，不要以浑沌学是否改变了一切原有的自然观、科学观、方法论为标准。浑沌学的确为科学事业带来许多深刻而根本的变革，但浑沌学没有也不可能完全彻底改变原有的自然观、科学观和方法论。

§10.2　浑沌与科学危机

在库恩的理论中，常态科学与科学革命是通过科学危机而相互联系和转化的，基本图式为：常态科学—科学危机—科学革命。在科学的常规发展时期，随着研究领域的扩大和层次的深入，总会冒出这样那样的反例或异常现象，它们同当时的传统研究风格和思维方式不协调，难于在既有理论框架内获得解决。这种反例或异常现象不断积累和深化，有可能形成一些对既有理论合理性的严重挑战，导致科学理论的危机。“危机是新理论出现的必要先决条件”[①]。当危机发展到一定程度，就会危及既有理论的根本基础，并且不容许搁置起来不予理睬。这时，科学革命就会到来。

系统演化理论也有类似的描述。系统在某种有序定态下缓慢演化，不可避免要出现某些差异、冲突、不适应；一旦到达某个临界点附近，就发展成危及原有结构的巨涨落，导致原结构失稳。原结构的失稳是系统发生相变、出现新结构的先决条件。系统演化的一般图式为：稳定的原结构—原结构失稳—稳定的新结构。库恩的科学革命图式是系统演化一般图式的一种特例。系统原结构的失稳与既有科学理论的危机是相对应的概念，危机正是原有理论存在的合理性受到根本动摇所导致的系统失稳。

按照库恩的理论，常态科学是解决难题的活动，科学革命是消解由反例导致的科学危机的活动。但实际的情形很复杂。任何科学都有难题，也有反例。难题不一定是反例，反例不一定导致危机，危机不一定触发革

① 库恩:《科学革命的结构》，台湾允晨文化实业股份有限公司1986年版，第143页。

命。许多反例起先是作为难题而出现的，经过科研高手的努力，最后弄清它们不是能够在现有理论框架内解决的难题，而是反例。有些反例不会影响既有理论的安全性。只有反例积累多了，并且严重危及既有理论的根基，科学共同体有了不解决不行的紧迫感，才会形成危机。有些危机是表面性的，经过努力在现有框架内获得解决，结果是虚惊一场。有些危机虽然相当尖锐，但尚未构成对既有理论基础全面的威胁，又有更紧迫的问题等待解决，这种危机就会被科学共同体搁置起来。

浑沌学是不是科学危机导致的新理论？它与哪些危机有关？这些危机如何形成和发展？它们导致怎样的结果？下面来讨论这些问题。需要说明，浑沌不是相对于相对论和量子力学的革命，而是相对于经典牛顿理论的革命，在这一点上它与相对论、量子力学是一致的。牛顿理论是物理学，但牛顿理论所发展的自然观、科学观、方法论和思维方式、研究风格等，极大地影响了物理学以外的一切科学。考察浑沌革命要着眼于整个经典理论。从这一观点看问题，就会发现导致浑沌革命的危机是多方面的，这里只提几个较为典型的例子。

（1）三体或 N 体问题　库恩指出，导致科学危机的反例可能在革命之前很久就已存在，只是未被科学共同体认为是反例。对于浑沌革命，三体问题就是典型。早在牛顿时代就已提出并研究过这个问题，但在彭加勒之前的所有人都视之为难题，相信在经典牛顿力学框架内可以解决。即使在19世纪认识到三体问题是不可积的，人们仍然相信三体系统的运动图像与二体系统一样是规则的，可以近似地预见其未来。彭加勒第一个领悟到三体和多体问题不是难题，而是经典牛顿力学的反例，因为他发现三体问题的解异常复杂，与二体问题的解有定性性质上的区别，它的未来即使在近似的意义下也不可能预见。这就引发了宏观层次上经典牛顿力学的第一次危机。

（2）小分母问题　这是从 N 体问题求解中派生出来的一个问题。忽略小质量之间的相互作用，在零级近似意义下，可把 N 体问题简化为 $N-1$ 个二体问题。二体问题只有规则周期解。如果某些二体问题的周期解的频率之比为有理数，即

$$a\omega_1 - b\omega_2 = 0 \quad (10.1)$$

a、b 为整数，将会发生共振现象。实际上，只要上式近似成立，即

$$a\omega_1 - b\omega_2 = 0 \quad (10.2)$$

就会出现接近共振的现象，破坏系统的稳定性。19世纪80年代，维尔斯特拉斯创造了N体问题的级数解法，级数展开式中的分母出现（10.2）那样的接近共振的项，称为小分母。彭加勒指出，由于展开式中出现小分母，级数解可能发散。直到发现KAM定理之前，这始终是经典力学的一个难题，通称“基本问题”。KAM定理成立维护了经典力学的正确性，KAM条件的破坏则使经典力学失效。由于绝大多数系统不满足KAM条件，由彭加勒的发现所引发的危机的严重性就全面暴露出来了。

（3）湍流问题　湍流是物理学的一个悠久的难题。不同学者提出过不同的解决方案，基础都是经典力学，因而他们把湍流当作难题而非反例。得到相当普遍认可的朗道湍流理论同样建立在经典框架之上，尽管物理学家从未发现一个实在的流体按朗道数学模型的方式进入湍流，仍然不认为湍流是经典力学的反例。直到20世纪70年代初，茹勒和泰肯斯从理论上揭露了朗道模型的错误，发现湍流与奇怪吸引子有关，才体认到湍流是经典科学的反例。斯文尼等人在实验中发现朗道序列中断、流体突然“变成浑沌的”，进一步深化了这种认识。由于湍流不是流体特有的现象，而是固体、声学、光学等众多领域共有的问题，茹勒等人的发现导致经典理论在耗散系统方面的危机。

（4）天气预报问题　大气系统是一种纯粹的物理系统，遵循流体力学的运动定律，原则上应当是可以预测的。但长期天气预报一直是一大难题。电子计算机的出现一度为解决这一难题带来了曙光，但很快就表明这种乐观是没有根据的。人们仍寄希望于创立更好的理论，发明更有效的工具，没有把它当作反例。洛伦兹的发现扭转了这一局面，从理论上证明经典力学不适用于长期天气预报。一些确定性动力学系统的长期行为不可预测，这一理论发现直接向牛顿理论的可预测性假设提出挑战，构成了经典理论的危机。

对于经典牛顿力学，类似上述从难题到反例并导致危机的问题不止这些。一般非线性问题长期被当作没有普适解法的难题，不同问题用不同的招数去对付，或者因无法处理而放在一边。当发现绝大多数非线性系统，包括简单的逻辑斯蒂迭代，都可以表现出经典科学不能解释的浑沌运动时，它们就都成为经典科学的反例，并汇集形成经典科学的严重危机，不解决是不行了。

既然彭加勒的发现已经引发了经典力学的危机，为什么当时没有爆发科学革命呢？这是许多人不同意说浑沌是一场革命的重要根据之一。哈佛大学的马丁就是如此。他不仅不承认现代浑沌研究是革命，甚至不承认是一个新发现，因为一个世纪以前的彭加勒已经发现了浑沌，今天的浑沌研究只能算是其进展。我们完全不能赞同马丁先生的观点。毫无疑问，彭加勒早就有所发现，但他的发现仅仅危及保守系统中天体力学领域的牛顿力学的安全性，完全不涉及更重要、更普遍的耗散系统，经典理论当时毫无不安全性（按照库恩的观点，只有原理论失去安全感，才会出现革命）。这就是说，彭加勒当年引发的只是一个局部性危机。按照库恩的说法，有时候已经出现的危机可能被暂时搁置起来。如我们在第2章所说，彭加勒的发现在当时的形势下是一个可以搁置起来的危机，并且事实上也被搁置了几十年。为了支持自己的观点，强调浑沌不可预测性并非新闻，马丁先生补充说："气象员30年前就知道了它，而且在更多的领域中有更多的人已经认识了它。"[59]这种论证是荒谬的。气象员的直觉和经验，怎么能同浑沌学家严格的科学发现相提并论呢？如果马丁的论证成立，我们也可以说相对论也不是革命，甚至不是新闻，因为古代中国人早已知道时空的相对性。传说中的"天上一日，地上一年"，不就是时间相对性概念吗？武侠小说中的缩地术，不也包含某种空间相对性思想吗？

19世纪与20世纪之交爆发的那场科学危机，在科学界引起的震动极为强烈。相比之下，现代浑沌危机所引起的震动明显地不那么强烈。这是许多人怀疑浑沌为科学革命的又一个理由。考察这个问题需要历史观点。19世纪末的科学代表人物很少有发展的观点，他们的哲学思想中形而上学味很浓，盲目地以为科学大厦已近乎建成。相对论和量子力学的新发现，一下子把他们推入矛盾的漩涡，他们极度苦闷和绝望，大有科学末日到来之感。他们不懂得危机是革命的前兆，不是站在前沿解决危机以创造新理论，而是被危机吓昏了头，有人甚至后悔自己不该选择物理学这个方向。与此同时，各种庸俗哲学也纷纷出笼。危机前后思想反差过大，因而危机给那个时代的人的震撼也过于强烈。今天，浑沌引发的危机处于完全不同的文化氛围之中。科学在20世纪高速发展，学科日益分化，很少有人能对当今科学各个领域都有很好的了解。上次危机及其解决提供了极好的经验，帮助科学家树立了发展观，懂得危机并非科学的末日，心理承受能力大大提高了。70年代是浑沌引发的危机全面展开的时期。触发这场危机的浑沌探索者们，懂得科学革命的规律，首先想到可能有场革命就要来临，在危机面前不但不困惑、害怕和绝望，反而庆幸自己时来运转，赶上了科学革命的历史机缘，全身心地投入克服危机、创立新科学的斗争之中。70年代以来，对反例和危机的体认与建立新科学的努力同时发生，使局外人也难以产生上次革命那样的强烈震撼。对于浑沌奇异现象的第二手或第三手的宣传、介绍材料随处可见，雅俗共赏，一批一批的人一点一点地领悟到浑沌理论的独到之处。这样，对这场革命的心理障碍就在大众传播中被化解了许多，19世纪与20世纪之交的那次革命相比，浑沌革命显得平静顺当得多了。可以预料，未来的科学革命都不会造成过强的震撼，轰动效应难以产生。

由浑沌引发的危机和革命正在发展中，人们的认识也在发展中。我们相信，表明浑沌是科学革命的更深刻的发现还会出现，让我们拭目以待吧。最后应当指出，科学上的进展能否称得上革命完全取决于科学进展本身的内容，与我们用什么理论分析无关，库恩的理论不过是科学史的概括总结，它不可能完全适合于在它之后的浑沌理论。

§10.3 浑沌与范式转换

按照库恩的理论，科学危机就是常态科学的范式的危机，危机的解决即革命，意味着范式的转换。这在系统演化理论中也有对应的表述。自组织理论认为，相变前后的系统具有两种性质不同的有序结构，相变是由前一种有序结构向后一种有序结构的转变。有时也称为系统行为方式的转变。协同学用序参量的转换来描述系统的结构演化。在一定意义上讲，范式就是科学发展的序参量。或者说，范式转换意味着科学发展这种特殊系统的结构转换。

什么是范式？库恩始终未给出一个令科学界普遍满意的的定义。有人统计，在他的《科学革命的结构》一书中，范式一词有21种用法。该书第一次提出范式概念时，指的是具有以下两个特征的科学成就：（1）作者的成就实属空前；（2）著作中留有许多问题让归附者们来解决。[①] 浑沌学无疑具有这两个特征。但是，符合这一规定的理论成就太多了，显然无法有效地区分开革命前后的两种不同科学。不过，通观他的著作中对范式概念的应用，其基本精神还是可取的。我们不打算讨论范式的定义，只是从本书的需要出发吸取库恩的合理思想，对范式做如下界定：一个科学领域的范式是指该领域的根本概念及它所表现出来的自然观、科学观、方法论及思维方式的总体。范式的转换意味着这些本质要素的根本性革新。

在第6章中，我们阐明浑沌改变了科学世界图景，在第7章中阐明浑沌革新了科学观和方法论，第5、8两章说明浑沌对科学的影响以及浑沌科学给思维方式带来的变化。这样，我们就在几个根本点上展示了我们把浑沌视为新科学范式的主要论据。不过，还有一些问题有进一步讨论的必要。

谈论范式转换的著作常常引用库恩的如下论断："通过一种新范式的引导，科学家采用新的工具并观察新地方。更重要的是，在革命时期，科学家们用熟悉的工具在他们以前观察过的地方看到新的和不同的东西。"[②] 有了浑沌，科学的触角已开始大规模地进入经典科学未曾问津的新领域，许多过去无法用科学方法处理的现象、资料等，今天逐一得到解释，成为科学研究的合法对象。浑沌改变了科学家的眼力，过去被扔进科学垃圾桶的"废物"，今天成为时髦的抢手货。浑沌尤其使物理学家在他们观察了数百年的地方看到了新的和不同的东西。我们多次提到彭加勒在牛顿力学中的新发现，是著名的一例，但绝非仅此一例。在注视摆动的石头时，亚里士多德看到的是受约束的落体，伽利略却看到了单摆。摆是物理学中伽

① 库恩：《科学革命的结构》，第7页。

② 库恩：《科学革命的结构》，第89页。

利略革命带来的新范式。从那时以来，摆被物理学家研究了几百年，被当作周期运动的理想模型。物理学家乐观地认为，他们对这个模型有了彻底的了解。但今天，浑沌学的新范式使物理学家看到，摆的支点如果加上振动，这个模型便存在异常复杂的行为，完全出乎人们的意料。从摆到浑沌是科学范式的新转换。人们从摆这个动力学行为中看到支配湍流、化学反应、心脏跳动、精神分裂症、经济危机、社会动荡等不同现象中的共同规律，浑沌摆代替了周期摆，现代科学观代替了传统的简单有序性科学观。用库恩的话来说，范式一改变，这个世界也跟着改变了，革命之前科学世界中的鸭子，在革命之后竟可以成为兔子。

每次科学革命之后建立起来的新范式，都将通过教科书的形式固定下来，以便去影响科学共同体之外的人，特别是教育培养新科学的继承者。反过来，每当新的科学革命来临时，革命的鼓吹者们都把来自传统思想的障碍归咎于流行的教科书，因而总要提出修改教科书的任务。我们从浑沌探索中再次看到这种现象。有的人抱怨说，人们之所以对非线性革命缺乏必要的思想准备，是因为典型的教科书只讲线性系统。有的人批评说，现行的大学课本讲的牛顿力学基本内容，竟然只适用于极为稀少的特例，力学系统的典型行为在教科书中根本没提到，给人们留下一个牛顿力学是完完全全决定论的错误形象。生态学家R.梅在这方面觉悟得最早，主张也最明确。早在1976年的那篇“救世箴言”式的文章中，他就大声疾呼要在学校讲授非线性，讲授浑沌，以消除那些来自标准科学教育的关于世界各种可能性的曲解。这种主张在力学界引起强烈反响。考虑到这一背景，我们就可以理解，为什么J.莱菲尔要以广大力学科学家的全球名义请求原谅了（见第5章）。

在科学革命前沿阵地上拼搏的学者或许更容易感觉到范式的转换。由于他们亲手破坏旧范式的权威，不得不同旧范式的维护者做短兵相接的争论；由于他们亲手建立新范式，不得不为新范式宣传、辩护。这使他们对新旧范式的区别和对立具有特别深刻的体认。在浑沌学的创立者中，许多人直接援引库恩的理论来论证浑沌代表新的范式。R.肖在1978年冬（很大程度上是偶然获得的机会）的讲演中，明确地用范式转换总结他的讲演，以加强浑沌对听众的吸引力。亚伯拉罕杜撰了“范式转换的范式转换”的说法，以示强调。福特惊呼：“我们现在朦胧地领悟到一种范式转换出现了。”一些对浑沌稍有接触的局外人，声称在自己的职业生涯中第一次目击了科学范式的转换。就是那些生怕抬高浑沌的人，也不得不参与争论，以否定的形式承认浑沌已成为一个需要与科学范式联系起来进行讨论的重要概念了。

§10.4 浑沌革命的浪漫形象

提起革命，人们立即会联想到街头暴动的混乱恐怖，或逐鹿中原的激烈壮阔。科学革命不同于社会政治革命，不见刀光剑影，没有血雨腥风。然而，科学革命同样“不是请客吃饭，不是写文章，不是绘画绣花，不能那样雅致，那样从容不迫，文质彬彬，那样温良恭俭让”[①]。作为一种急剧而根本的变革，科学革命时期矛盾丛生错杂，意外事件迭起，冲突之激烈，道路之曲折，是科学常规发展时期绝然见不到的。格莱克把这种情景称为“革命的浪漫形象”。它虽然不是科学革命的本质特征，却是科学革命必然带有的胎记。库恩的那本经典著作也谈到过这一点。

浑沌探索史颇具传奇色彩。浑沌事业的开拓者们都有一段不平常的、有时是辛酸的经历。意大利诗人露纳（F.Luna）颇为熟悉有关掌故，在一首题为“双重的西部”的小诗中，描绘了浑沌探索史上的一个片段：

双重的西部

有个叫费根鲍姆的人，

脚踏双轮欲逛新城。

路面坑洼，车体振荡，

直颠得两轮劈叉成四轮。

地方警察斯梅尔，

逮住小费投进牢笼。

① 《毛泽东选集》第2版第1卷，第17页。

霍姆斯法官把案断：

违章行车该罚款。

法官警告米切尔：

“不装上斯梅尔马蹄，

休得骑车再踏征程！”

借问新城何许名，

惹得小费这般痴心？

斯梅尔道：

此乃西部浑沌城。

诗中的米切尔即费根鲍姆，斯梅尔和霍姆斯都是严格的数学家，斯梅尔马蹄是研究浑沌的严格数学工具，车轮劈叉相当于倍周期分叉。露纳的小诗用尽了双关语，了解内情的人读起来别有滋味。为满足某些读者的需要，现将英文原诗照录如下：

A Double Western

There was a man named Feigenbaum,

Who rode a bi-cycle into town.

The rutted road was so periodic,

His bike changed to a 4-cycle while on it.

The local sheriff，a man named Smale,

Threw poor Feigenbaum into jail:

Judge Holmes then fined him for his trouble,

And warned him to Mitchell ‘we’re gonna force you,

To ride your bi-cycle with proper Horse shoes.,

What is this town said the physicist so famous,

Said Smale it's called by the name of Chaos.[①]

---

① 原诗见《浑沌振动》(Chaotic Vibrations)，1987年英文版，第204页。

的确，浑沌是新近发现的一大片神奇的“西部世界”。浑沌城里故事多，种种遗闻轶事为浑沌革命的浪漫形象增添了不少光彩。美国纽约时报科技部主任格莱克，访问了大约200位与浑沌革命有关的人物，写成畅销世界的名作《浑沌——开创新科学》。书中对浑沌探索者的风云际遇有详尽而生动的记述，读来惊人心魄，感人肺腑。不过，对于浑沌学作出重大贡献的苏联学派，该书没有花功夫去调查和描述，实乃美中不足，令人遗憾。

在20世纪60—70年代，从大多数科学工作者的观点看，浑沌探索是一小批性格古怪的人在研究一些稀奇古怪的问题。这些怪人感兴趣的问题，要么是一些早就被扔进“科学垃圾桶”中的怪物，要么是一些谁都知道没有希望获得成果的艰深难题。一个头脑健全、精明干练的人，怎么会像浑沌探索者们那样放弃容易出成果的问题，把自己的聪明才智耗费在一些显然得不到回报的怪问题上呢？这被公认为是正常人的见解和反思方式。但正常人的见解只能获得平常的报偿。在大浪淘沙的年代，“正常”也许就等于“平庸”。浑沌现象太反常于经典科学惯见的现象了，不被一般人视为古怪的问题才是不正常的。但如果大家都循规蹈矩，没有一批与众不同的奇人异士，发现浑沌倒成了难于理解的天方夜谭。性格古怪可能意味着思维独特，眼界不凡，不循传统，不随大流，敢于离经叛道，善于标新立异。只有这样的人才能从难题中识别出反常问题，最先体认出科学危机，突破现有科学的框架，创造新的招数去解决原有招数无法解决的问题，把危机引向革命。革命时期的科学探索是前途未卜的事业，它的长期行为不可预测，失败的可能性随时存在。最初选择方向稍有不慎，就可能招致“一技无成，穷困潦倒”的结局。只有那些不追求近期的成功、能忍受周围的冷眼和讥讽甚至于甘愿冒失败危险的“怪人”，才能成为革命者。社会革命也是这样。科学革命是人干出来的，当革命条件成熟时，只有造就出这样一批“怪人”，革命才能实现。浑沌事业的开山大师们都是这样一批奇人异士，凭借他们不同凡响的怪异想法和做法，终于演出了浑沌探索这幕生动雄壮、引人入胜的活剧来，而这些杰出的演员自己也获得了常人不可企及的喝彩和报偿。

然而，与传统抗衡的革命者必定要经受常人想象不到的磨难。浑沌革命的带头人都有过成果得不到承认的苦恼。许多今天被公认为浑沌学经典文献的论著，都有过被退稿的“不光彩”历史。我们提到过的李—约克那篇轰动一时的奇文，是著名的一例。费根鲍姆那篇已成为“整个领域转折点”的论文，也曾以诸如“不适宜本杂志的读者”之类的理由被拒绝，长期不能问世。在一定意义上，各学科专业期刊的编辑掌握着科学家的命运。慧眼独具的编辑能够在支持、保护重大科学发现方面建立不朽的功绩。但有些编辑并不了解读者，更未必了解科学的动向，他们习惯以传统的观点审视稿件。历史上有多少优秀论文、名著被以“不拟采用”“没有多大价值”的批文加以否定，又有多少粗制滥造、冒充科学的文章轻而易举地赢得了不着边际的褒扬之词。一篇论文由于具有独创性和突破性而不能发表，大量的平庸之作却适销对路，岂非咄咄怪事！为使成果得以发表，作者们不得不花很多时间考虑科学以外的问题，甚至把最有创见的观点想方设法用隐蔽的方式委婉地表述出来。还有的文章被以“看不懂”之类毫无道理的措词给否定了。由此想来，爱因斯坦真是幸运，在1905年，德国的《物理学杂志》编辑未必能看懂爱因斯坦的《论运动物体的电动力学》，但还是把这篇划时代的长篇论文发表了。

麻烦还不止这一点，浑沌学家在科学共同体中的归属竟然成了问题。研究浑沌与分形的人被视为科学界的赶时髦者，或称为怪诞派。如果某人原是一位数学家，当他转向浑沌以后，就可能不再为数学同行所认同。如果他原是一位物理学家，当他转向浑沌之后，就可能不再为物理学界所接纳。因为他们的浑沌论著既不符合公认的数学标准，也不符合公认的物理学标准。“某人可能是别的什么家，但不是数学家”，数学家如是说。“某人可以是别的什么家，但不是物理学家”，物理学家如是说。这给从事浑沌研究的人造成不小的心理压力。迫于这种压力，有些人看到了浑沌的前景，并且小有成就，却不敢让同事们知道，只得当作“地下活动”偷偷地进行。但浑沌探索者们是勇敢的乐观主义者。论文发表不了怎么办？他们到处讲演，在科学报告会上宣传自己的工作。浑沌实验无人关心怎么办？他们把实验过程拍成录像，一有机会就放它一遍。为使浑沌事业能生存下去，为改变自己在同行中的印象和地位，他们使尽浑身解数，克服了无数一般科学家不会碰到的困难。如此执着的科学追求终于改变了局面，学术刊物主动登门邀稿了，实验获得支持了。但回首往事，历历在目，说来虽近荒唐，仔细玩味却颇有教益。

由于新科学的前景不明，是否值得支持往往难以判断，加上问题艰深难以拿出成果，新科学的创立者们在社会上的谋职成了问题。科学家毕竟要有人"养活"自己（人们似乎忘记了科学家的伟大奉献）。他们常常被从一个地方赶到另一个地方，沦为科学的流浪汉。曼德勃罗几乎是打一枪就换一个地方，他戏称自己为"被挑选出来的流浪汉"，几经周折，最后为IBM公司收留。熟悉费根鲍姆的人都承认他知识渊博，才思过人。但由于他研究的尽是一些看不到用处的怪问题（更不能直接产生利润），又长期拿不出论文，被从一流大学赶到二流大学，又被从二流大学赶到三流大学，最后连三流大学也呆不下去了。幸好得到洛斯阿拉莫斯国家实验室主任阿格纽（H.Agnew）的庇护，才算有个着落。但他们不屈不挠，一往无前，终于锤炼成为创立新科学的"被逼出来的先锋"。然而，假定他们始终得不到庇护，生活的重担就可能迫使他们流落街头，钉鞋子、卖冰棍……可以想象，至今还有一大批有才之士被踢来踢去，或被安排在不适当的位置上耗尽才华。历史上常常有这样的事，科学上的平庸之辈占据了学术要职，真正称职的人才却得不到发挥其才能的条件。一些短于创造、长于钻营之徒（如李森科），连交好运，倍受恩宠。大笔的资助，廉价的吹捧，使他们享尽一切优惠，拿出来的往往是抄袭之作，或老掉牙的陈渣。真正作出贡献的，大多是那些屡受冷遇仍能在恶劣条件下奋斗不息的人。古人云："千里马常有，而伯乐不常有，故虽有名马，祗辱于奴隶人之手，骈死于槽枥之间，不以千里称也。"又云："执策而临之曰：天下无马。其真无马耶？其真不知马也。"科学界的伯乐啊！你对科学发展的贡献并不亚于天才的科学家。玻尔之辈胸怀若谷的人物，永远被人们颂扬。当然，有志之士也不应一切寄希望于伯乐，要靠自己，努力奋进，创造环境，为自己的研究赢得一席之地。真正有创造性的成绩，终究是掩埋不了的，浑沌学创立者们的成功是极好的例证。

恰好在革命时期走上科学舞台的年轻人，又有自己特殊的经历。他们知识功底不厚，没有科学研究的经验，没有名人的指点，欲在新科学的创立中占有一席之地就特别困难。然而，也正因为如此，他们就较少受传统观点的束缚，容易接受新鲜事物，可以独立地进行探索。在建立新科学的征途上与有经验的学者处于同一起跑线上，又是难得的优势。美国加州大学圣克鲁兹分校的四个年轻学子就是典型。20世纪70年代的圣克鲁兹，没有浑沌课程，没有浑沌导师，学校不支持研究浑沌的课题，搞浑沌的人甚至有拿不到学位的危险。他们选定了浑沌的研究方向，眼前却没有通向成功的道路。然而，鲁迅先生说得好：世上本没有路，走的人多了，便也就成了路。他们敢想敢干，没有名人的包袱，能够不耻下问，寻找一切机会吸取科学新知识，丰富自己的思想，调动一切手段创造必要的条件，发挥集体智慧的优势，硬是闯出一条通往浑沌的独特道路，同其他年长科学家一道成为新科学的创立者。

浑沌探索既然是科学观和方法论的革命，它的研究方法和风格就会与经典科学惯用的一套在许多方面格格不入，受到权威们的反对是不可避免的。这些权威往往以维护科学发展秩序上的警察自居，不时向那些革新者提出警告，呵斥他们违反了“交通规则”。费根鲍姆等人主要是通过数值实验得到他们的新发现的。从经典科学的方法论标准看，严格的数学证明和严密的实验观测才算得上真正的科学，通过数值计算发现新原理，有违于科学发现的规则。在经典科学权威看来，如果把传统的科学工作比作乘高级轿车在高速公路上行驶，那么，浑沌学家用数值计算所做的工作，不过是骑着自行车在崎岖的山路上乱闯乱碰，批评与制止他们违章行驶是自己义不容辞的责任。即使同是搞浑沌的，也有人贬低费根鲍姆的工作。有一次费根鲍姆在报告他的理论时，著名数学家卡茨（M.Kac）当场毫不客气地质问他：“是提供数字，还是提供证明？”其实，就是那些浑沌界的知名数学家，如斯梅尔、霍姆斯（P.Holmes）等，对费根鲍姆的做法也有微词，他们承认浑沌城里宝物多，但警告拓荒者必须使用严格精确的数学方法，如斯梅尔马蹄方法，否则便是违章行驶。露纳的诗描绘的就是这一纷争。费根鲍姆对卡茨的回答也颇幽默，他说他所提供的比数字多，比证明少。双方的意见都有合理之处。浑沌学应尽力使用严格的理论分析方法，建立不亚于现代科学中其他学科的理论体系。但费根鲍姆等人看到，在数字与证明之间还有中间环节，这就是数值实验，它也是发展浑沌学及其他复杂性科学的锐利武器。

既然范式转换是世界观、科学观的根本转变，新范式及其提出者受到冷漠、攻击和敌视便在所难免。浑沌开拓者们都有切身体会。茹勒和泰肯斯用奇怪吸引子解释湍流发生机制的文章发表后，科学界反应十分冷淡，不少物理学家甚至视之为异端邪说，不予接纳。在一次讲演中，当福特说到杜芬方程中有浑沌行为时，听众便暴跳起来，挖苦讽刺之词一股脑儿向他袭来。这种敌意，大出当时浑沌学家们的意料。今天看来，这正是浑沌的革命性的真实写照，毫不奇怪。托尔斯泰（L.Tolstoy）说过："我知道多数人，包括那些能轻易处理极复杂问题的人们，很少能够接受最简单、最显然的真理，如果这会强使他们承认那些平日乐于向同事们解释的结论的虚假性，因为他们曾经用这些结论骄傲地教于他人，一针一线地织就他们生活的锦衣。"我们在这里引用托翁的话或许过激了点，许多人当初反对浑沌主要由于思想保守，情不自禁地站到了浑沌革命的反对派立场上去了。

库恩讲过科学革命引起的特殊心理反应，浑沌革命也不例外。从彭加勒到洛伦兹、R. 梅、埃农、R. 肖等人，都在第一次发现浑沌时被惊呆了。当他们后来回顾当初的情景时，常常用"奇迹""不敢想象""不知所措"来形容自己的感受和反应。福特回忆说："浑沌像一场梦。"戴森（F.Dyson）则说，他第一次听到浑沌的消息时就"像一次电击"。那些后来皈依浑沌的人的反应更是"别有一番滋味在心头"。他们后悔自己错过了机会，感叹自己的落伍是"命中注定"。凡此种种心态，都表现了浑沌革命的深刻性和尖锐性。

§10.5　浑沌：一场怎样的革命?

浑沌是一场革命，我们的主要论据已经给出了。现在的问题是：这是哪个领域的革命？又是什么水平上的革命？在这个问题上也存在不同见解。

浑沌首先是物理学革命，这是没有疑问的。但物理学有过不同水平的革命。从物理学看，20世纪已经发生了两场革命，即相对论和量子力学。人们公认，这两场革命属于最高水平的革命，例如，它们是电磁理论革命不可比拟的。芝加哥西北大学的科学哲学家托尔敏（S.Toulmin）认为，量子力学或相对论是革命，在这个意义上浑沌研究不是革命。他的理由是，量子力学迈向了物理世界行为的全新高度，而浑沌只不过纠正了一个沿用了200年之久的假设：假设牛顿世界是可预测的。我们不能接受托尔敏的观点，反驳他的根据恰好是他的这些论据。可预测性是牛顿力学的基本假定之一，纠正了这个假定当然是革命性的进步。相对论与量子力学的革命性也正是它们分别纠正了牛顿力学的另外两个基本假定，本章开头引用的那位物理学家的话讲的便是这一点。浑沌学代表与相对论、量子力学同一水平的另一场革命，三者之间有明显的可比性。三者都是相对于牛顿理论的革命。相对论是关于高速及很大很大对象的革命，量子论是关于很小很小对象的革命，浑沌学则是关于介于两者之间尺度的对象的革命。它们分别从宇观、微观、宏观三大层次上修正或更新了经典科学的根本观点。只有相对论和量子力学，对牛顿理论的革命是不完全的。有了宏观层次的浑沌革命，就可以说从经典物理学全面过渡到现代科学了。因此浑沌理论的地位是这样的：

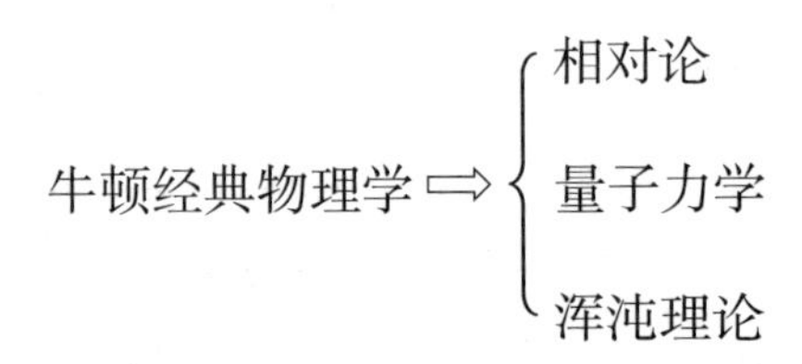

但是，仅仅把浑沌革命作为物理学革命来看，不能全面评价它的全部意义。相对论和量子力学完全是物理学革命，倡导、推动和发展这两个学科的人都是物理学家，理论的直接应用范围也属于物理领域。与它们相比，浑沌革命有个显著的特点是，倡导和推动这一革命的不只是物理学家，气象学家、生态学家、数学家、生理学家、计算机专家在其中起了重大作用。浑沌学的应用远不限于物理学，从第5章看到，它几乎广及一切科学领域。浑沌代表着一场波及一切研究领域的十分广泛的科学革命。凡是受到牛顿力学确定性可预见性思想影响的学科领域，都会受到浑沌革命大潮的冲击。

在前面各章中，我们曾多方面论述了浑沌在世界观、科学观、方法论、哲学思想等方面促成的革命性转变。但我们在这里必须提出一个重要的补充：所有这些革命性转变都不是仅仅由浑沌学引起的。首先，各种系统理论对这种变革作出了不可磨灭的贡献。从还原论到整体论的转变，是全部系统科学共同推动的结果，功劳不能都记在浑沌学的账上。从线性观到非线性观的转变，也不是浑沌学一家的贡献，非线性运筹、非线性控制，特别是自组织理论有很大贡献；系统科学之外的非线性研究，如孤立子研究，同样功不可没。对于不确定性及非精确、非解析方法的新认识，还得力于像模糊理论这样一些学科的推动。关于世界演化性、自组织性的新思想，宇宙学等学科也有贡献。总之，人们现在经常谈论的科学重新定向，即世界观、科学观、方法论及思维方式的革命性转变，是一大批新兴科学共同推动的结果，浑沌只是其中的一个方面，或者说是一个相对更突出、更有代表性的方面。

进入20世纪后半叶以来，许多著名科学家都在谈论本世纪的第三场革命。英雄所见略同，大家都把握了新的科学革命的命脉。但对于这场革命的认识，又各持异议。维纳在50年代提出，统计物理是相当于量子力学和相对论的另一次革命。贝塔朗菲在60年代宣称，一般系统论标志着科学的重新定向。钱学森在70年代末指出，控制论代表意义不亚于相对论和量子力学的第三场革命，80年代又改提以系统学为代表。大约在同一时期，普利高津认为非平衡态系统理论是第三场革命的代表。浑沌学家则声称浑沌学是这场革命的代表。本书作者之一在《系统科学原理》一书的最后一章中对上述各家的议论作过评论。我们认为，这些著名学者的见解表面看来分歧很大，本质上又是深刻一致的。他们各从自己的领域出发，但观察的是同一场科学革命。这场革命是相对于牛顿力学的革命，是一场与相对论、量子力学处于同一水平的革命，是以宏观复杂性为对象的革命，是整个现代科学知识体系的革命，而不只是物理学的革命。这场革命的成果是建立关于宏观复杂性的科学，或者说，这场革命的代表是将要建立的复杂性科学。所谓复杂性科学，实质上就是系统科学。

如果从更大历史尺度来看，相对论、量子力学、浑沌理论等可能是同一次科学大革命的不同战役，它们共同构成人类科学史上的第二次大革命。第一次科学革命产生了以牛顿理论为标志的经典科学，研究的是简单系统，哲学基础本质上是机械唯物论，基本的方法是分析的、还原的方法，逻辑基础是二值的形式逻辑。正在进行中的第二次革命要全面结束科学发展的经典阶段，它所研究的是复杂系统，哲学基础是辩证唯物论，基本方法是系统方法，逻辑基础是非标准逻辑、辩证逻辑。复杂性科学正处在孕育之中，21 世纪的人们将看到它的真实容貌。愿更多的有志者关心、支持、加入这场伟大的科学革命吧，它给中国人民以及整个人类带来的进步是不可估量的。

结束语　浑沌有用吗?

未加控制的浑沌很可能是一种可怕的、有破坏性的东西。一旦等得到控制，邪恶的浑沌也就变得温和、有用甚至迷人。

——J. 福特

追求功利是人类的本性。随着浑沌淘金热的掀起，“浑沌有什么用”的问题也提出来了。一些学者声称，除了思想观点方面有新的启发之外，浑沌没有什么实际用途。相当多的人持完全相反的观点，他们正以很高的热情努力把浑沌学应用于同人类生活有关的各种领域，探讨如何利用浑沌学解决许多长期悬而未决的老课题，或新冒出来的困难问题。成功的或有希望获得成功的事例自然有，但牵强附会的工作也时有所见。有人根据浑沌理论建立模型，试图预测美苏军备竞赛导致新的世界战争这种大问题，曾引起五角大楼的关注，但明眼人看去实在有点不伦不类。冷战体制的骤然解体便是明证。面对多少有些急功近利、急于求成的浑沌应用热，理论浑沌学家以冷峻、谨慎的态度提出忠告说：“对于基础课题研究，过早地提出应用要求，只会起到扼杀科学发展的作用。这里最重要的是鼓励人们去认识未知的现象和规律。”[100] 郝柏林的这一见解有一定代表性，确有道理。理论上有了充分的认识，才能真正有效地应用。但此话不能说过头，关心浑沌应用也应当肯定。任何理论都是为了应用，及早把理论成功地转化为技术成果，符合科学研究面向经济建设的大方针。与相对论和量子力学不同，浑沌主要是我们生活的宏观层次的问题，人们关心它的应用是自然而合理的。在尝试应用浑沌中学会如何应用浑沌，符合人的认识规律。关于应用的探索反过来也会推动浑沌理论研究。因此，在结束本书之前，我们就浑沌的实际应用问题做些原则性的讨论。探讨浑沌的实际应用，前提是回答三个问题：

浑沌是客观的、普遍的吗？

浑沌有建设性作用吗？

浑沌是可认识、可控制的吗？

一种仅仅是数学或理论思维上有趣的东西，谈不上实际应用。一种虽为客观存在但极为少见的、只会在现实世界某些偏僻旮旯才可能遇到的东西，也可以不讨论它的实际应用。但今天我们已确凿无疑地知道，浑沌是客观的、在人类生活的各个领域都普遍存在的东西。既然如此，浑沌就会在这里或那里、此时或彼时、这样或那样与人的生存发展发生联系。浑沌有什么用的问题是不能回避的。

经典科学一直把浑沌当作反面角色，人们看到的只是浑沌的破坏性。狂风恶浪，心脏纤维性颤动，等等，给人留下的都是可怕的形象。尽力避免出现浑沌，是经典科学的一个信条，即使现代浑沌学家有时也抱有这种成见。哈肯对浑沌学有许多贡献，但他所谓“生物系统显然能避免混沌性”〔95P419〕值得商榷。生物系统真的不需要任何浑沌性吗？恐怕未必。在辩证法看来，一切实际存在的事物都有两重性，既有积极的一面，也有消极的一面。浑沌也不能例外。在一定条件下浑沌必有建设性的作用和有利于人类的后果，这一点在哲学上应当没有疑问。我们不必无条件地为生物能够避免浑沌而庆幸，有时候倒应当为出现浑沌而庆幸。健康人的脑电波呈现浑沌性，难道不值得庆幸吗？如果有朝一日某位医学家能找到一种办法，使癫痫病患者的脑电波恢复浑沌性，他很可能会成为诺贝尔医学奖得主。由此可以引出一个一般性的结论：人类需要浑沌。从人类生存发展的需要出发，弄清哪些浑沌是有益的，哪些浑沌是有害的，利用或有意造成前者（哈肯提出了“有计划的浑沌”概念），消除或削弱后者，方为对待浑沌的正确态度。

然而，这一切取决于浑沌是否可以认识，是否可以控制。前一个问题已没有疑问，浑沌学的建立是最好的证明。浑沌也应当是（至少在一定程度上）可控制的。“人定胜天”是自古以来的信念。我们相信，至少在我们生活的宏观世界中，没有一种过程是绝对不可控制的。事实上，浑沌既然出现在确定的控制参数阈值（如逻辑斯蒂映射的 a_∞）处，就意味着有可控性。需要浑沌时，使参数在浑沌区取值；不需要浑沌时，使参数在周期区取值。这就是一种控制。还可以设想，如果一个确定性系统由于内在非线性出现了浑沌，这种浑沌又是不利的，那么，给系统加上一个适当的外作用项，即可消除浑沌。随着浑沌研究走向成熟，我们对浑沌发生与消除的规律性有了真正的了解，一定会找到各种控制浑沌的有效手段。

从科学史看，一种科学总是适应人类社会对它的需要而产生的。浑沌学正产生于我们对它迫切需要之时。"人类与日俱增地面对一些不可能有任何确定性的异常复杂的问题。唯一知道的期望在于套住浑沌之马。……让受控制的浑沌动作起来，人就可以出奇制胜地解决复杂问题。"[20]浑沌在科学理论方面的意义，已在第5章中讨论过。浑沌在工程技术上的价值，也应予以充分关注。这里只提一提控制工程。浑沌的发现早已引起控制论学者的注意。控制系统是动力学系统，现代控制论越来越重视研究非线性系统的控制。既然浑沌是非线性系统的通有行为，控制过程出现浑沌就是难免的。（本书作者之一在20世纪60年代曾参加过某控制系统的研究工作，回忆起来，当时的实验中有过一些不规则的、无法做理论解释的振荡现象，现在看来很可能是浑沌。）现代控制论应当研究与控制过程有关的浑沌。朱照宣教授在一次讲演中提出，控制论工作者对于浑沌"不可不知，不可多知"。寥寥八个字，表现了这位学者思考问题特有的冷静和幽默。他认为，即使控制过程中出现浑沌，控制工程师也有办法对付它。的确，控制专家不必为可能出现浑沌而惶惶然。但朱先生的观点多少有些过分谨慎。浑沌现象的规律性还远未认识清楚，对控制论的影响目前很难作出确切估计。控制专家更多地了解浑沌，还是必要的。或许有朝一日会发现，利用浑沌可以发明非常有效的控制技术呢！利用敏感依赖性于控制，用小的激励或扰动引起巨大的后果，以达到某种功能目标，这也并非完全不可想象的。

大自然本身需要浑沌。浑沌是信息自创生的过程。浑沌是摆脱了简单有序性和确定性可预见性束缚的动力学过程。因此，浑沌（以及分形）可能是各种自组织过程的内在机制。大自然可能是借助于浑沌与分形随机地探索各种可能性，产生多样性、丰富性、奇异性、复杂性，从而形成我们现在面对的这个丰富多彩、不断进化的真实世界。

参考文献

[1]Arneodo A., et al(1983).On the Observation of an Uncompleted Cascade in a Rayleigh–Bénard experiment.Physica 6D, 385 –392.

[2]Arnold,V.1.(1964).Instability of Dynamical Systems with Several Degrees of Freedom.Soviet Mathematics –Doklady.5 , 581 –585.

[3]Arnold , V.I.(1989) .Mathematical Methods of Classical Mechanics.Springer Verlag.

[4] Bailey, M.E.(1990).Comet Orbits and Chaos.Nature, 345, 3 May, 21–22.

[5]Chaitin, G.J.(1990).A Random Walk in Arithmetic.New Scientist, 24 Ma–rch, 44–46.

[6]Chaitin, G.J.(1987).Algorithmic Information Theory.Cambridge Univ.Press.

[7]Chaitin, G.J, (1987) .Information , Randomness and Incompleteness.World Scientific.

[8]Chaitin, G.J.(1975).Randomness and mathematical proof.Sci.Am, May 47–52.

[9]Chernikov, A.A., et al(1988).Stochastic Webs.Physica 33D, 65 –76.

[10] Chirikov, B.V., et al(1988).Quantum chaos: localization vs.ergodicity.Ph–ysica 33D,77–88.

[11] Collet, P. and Eckmann, J.P.(1980).Iterated Maps on the Interval as Dynamical Systems.Birkhäuser.

[12] Cvitannovi, P.(ed.) (1989).Universality in Chaos.Second Edition.Adam Hilger.

[13]Davies, P.(1988).A new science of complexity.New Scientist, 26 November, 48–50.

[14]Davies,P.(1988).Law and order in the universe.New Scientist, 15 October, 58–60.

[15]Derrida,B., Gervois, A.,and Pomeau, Y.(1978).Iteration of endomorphisms on the real axis and representation of numbers.Ann. Inst. Heri Po–incar, Section A, Vol xx I x.No.3, 305–356.

[16]Dermott, S.F., and Murray, C.D.(1983).Nature of the Kirkwood gaps in the asteroid belt.Nature, 301, 201–205.

[17]Devaney, R., and Nitecki, Z.(1979).Shift automorphisms in the Hénon mapping.Commun.Math.Phys., 67, 137–146.

[18]Feigenbaum, M.J.(1978).Quantitative universality for a class of nonlinear transformation.J.Stat.Phys, 19: I, 25–52.

[19]Feigenbaum, M. J.(1979).The universal metric properties of nonlinear transformations. J. Stat.Phys. 21:6, 669–706.

[20]Ford, J.(1990). Chaos: its past, its present, but mostly its future. Reprint.

[21]Ford,J.(1986).Chaos : solving the unsolvable, predicting the unpredictable. In chaotic Dynamics and Fractals, M.F.Barnsley and S. G. Demko(eds.).

[22]Ford, J.(1987).Directions in classical chaos.In Directions in Chaos, Vol.1, Hao Bai–Lin(ed.), 1–26.

[23]Ford , J.(1983).How random is a coin toss? Phys. Today, 36:4 (July), 40–48.

[24]Ford, J.(1988).Quantum chaos, is there any? In Directions in Chaos, Vol.2,Hao Bai–Lin(ed.)， 129–147.

[25]Ford, J.(1989).What is chaos, that we should be mindful of it? In The New Physics, P. Davies (ed.).

[26]Ford,J.,et al(1990).The Arnold cat : failure of the corresponednce principle. Reprint.

[27]Ford,J.,et al(1990).The Arnold cat :failure of the correspondence principle.In chaos:Soviet–American Perspectives on Nonlinear Science, D.K.Campbell (ed.)

[28]Froehling,H.,et al(1981).On determining the dimension of chaotic flows. Physica 3D, 605–617.

[29] Glatzmaier, G.A.et al (1990).Chaotic, subduction–like down flows in a

spherical model of convection in the Earth's mantle.Nature, 347, 20 September, 274 –277.

[30] Gleick,J.(1987).Chaos:making a new science.Viking Peguin Inc.

[31]Gollub, J.P., and Benson, S.V.(1980).many routes to turbulent convec tion J.Fluid Mech.,100, 449–470.

[32] Gollub, J.P., and Swinney, H.L.(1975), Onset of turbulence in a rotating fluid.Phys.Rev.Letts., 35, 927–930.

[33] Guckenheimer,J.(1979).Sensitive dependence on initial conditions for onedimensional maps.Commun.Math.Phys., 70,133–160.

[34] Guckenheimer, J., and Holmes , P.(1983).Nonlinear Oscillations, Dynamical Systems, and Bifurcations of Vector Fields,Springer–Verlag.

[35] Halmos, P.(1990).Has progress in mathematics slowed down? Am.Math. Monthly, 97:7,561–588.

[36] Hao Bai–Lin (1984) .Chaos.World scientific.

[37] Hao Bai–Lin (1990).Chaos Ⅱ .world scientific.

[38] Hénon,M.(1976).A two–dimensional mapping with a strange attraction. Commun .Math.Phys.m50,69–77.

[39] Holden,A.V.(ed.) (1986).Chaos.Manchester Univ.Press.

[40] Jackson, E.A.(1989).Perspectives of Nonlinear Dynamics.Cambridge U–niv.Press.

[41] Kolmogorov, A.N.(1954).Preservation of conditionally periodic movements with small change in the Hamiltonian function.Russian Original Akad. Nauk.SSSR Doklady,98,527(1954).Los Alamos Sci.Lab.translation by H.Dahlby, reprinted in Lect.Notes in Phys., 93 , 51–56 (1979) .

[42]Lesurf , J.(1990).Chaos on the circuit board.New Scientist, 30 June , 37–40.

[43] Li, T.Y.and Yorke, J.A.(1975).Period three implies chaos.Am.Math. Monthly, 82 , 985–992.

[44] Lichtenberg, A.J., and Lieberman, M.A.(1982).Regular and Stochastic Motion.Springer –Verlag.

[45] Lorenz, E.N.(1963).Deterministic nonperiodic flow.J.Atmos.Sci., 20: 2,130–141.

[46] Mackay , R.S., and Meiss , J.D.(1987).Hamiltonian Dynamical Systems. IOP Publ.

[47] Mandelbrot,B.(1983).The Fractal Geometry of Nature.W.H.Freeman.

[48] May , R.(1989).The chaotic rhythms of life.New Scientist, 18 November , 37 –41.

[49] May ,R.(1976).Simple mathematical models with very complicated dynamics.Nature, 261 , 459–467.

[50] McRobie, A., and Thompson , M.(1990) .Chaos , catastrophes and engineering.New Scientist.7 June, 21–26.

[51] Metropolis , N., Stein , M.L., and Stein , P.R.(1973).On finite limit sets for transformations on the unit interval.J.Combin.Theor.A15, 25–44.

[52] Misra , B., Prigogine, I., and Courbage, M.(1979) .From deterministic dynamics to probabilistic descriptions.Proc.Natl.Acad.Sci.USA , 76 : 8 , 3607 –3611.

[53] Moser , J.(1978).Is the solar system stable? In Hamiltonian Dynamical Systems , R.S.Mackay and J.D.Meiss (eds.) , 20–26.

[54] Mullin , T.(1989).Turbulent times for fluids.New Scientist, 11 November, 52–55.

[55] Ornstein , D.S.(1989).Ergodic theory , randomness , and “chaos” . Science, 243 ,182–187.

[56] Palmer, T.(1989).A weather eye on unpredictability.New Scientist, 11 November, 56 –59.

[57]Percival,l.(1989).Chaos: a science for the real world.New Scientist,21 October, 42 –47.

[58]Pomeau, Y., and Manneville, P.(1980).Imtermittent transition to turbulence in dissipative dynamical systems.Commun.Math.Phys., 74, 189 –197.

[59]Pool, R.(1989).Chaos theory: how big an advance? Science, 245, 26–28.

[60]Roux , J.–C., et al (1983).Observation of a strange attractor.Physica 8D,257–266.

[61]Ruelle,D.,and Takens,F.(1971).On the nature of turbulence.Commun.Math. Phys., 20, 167–192; 23, 343–344.

[62]Russell, D.A., et al (1980).Dimension of strange attractors.Phys.Rew.Letts., 45,1175–1178.

[63]Saar, D.G.(1990).A visit to the Newtonian N –body problem via elementary complex complex variables.Am Math.Monthly, 97: 1, February, 105–119.

[64]Schuster , H.G.(1988) .Deterministic Chaos.Second rerised edition. Physik–Verlag.

[65]Scott,S.(1989).Clocks and chaos in chemistry.New Scientist, 2 December, 53–59.

[66]Smale , S.(1980) .The Mathematics of Time.Springer –Verlag.

[67]Stewart,l.(1989).Does God Play Dice? : the mathematics of chaos.Basil Blakwell.

[68] Stewart,1.(1989).Portraits of chaos.New Scientist, 4 November, 42–47.

[69] Svozil, K.(1990) .The quantum coin toss : testing microphysical undecidability.Phys.Letts.A, 143P : 9, 433–437.

[70] Testa , J., et al (1982) .Evidence for universal chaotic behaviour of a driven nonlinear oscillator.Phys.Rev. Letts., 48 , 714 –717.

[71] Thompson , J.M.T., Stewart , H.B.(1986) .Nonlineat Dynamics and chaos. John Wiley & Sons Ltd..

[72] Thompson, M., and Bishop, A.(1988).From Newton to chaos.Phys.Bull., 39,232–234.

[73] Walker, G.H., and Ford , J.(1969).Amplitude instability and ergodic behaviour for conservative nonlinear oscillator systems.Phys.Rev., 188, 416–432.

[74] Wightman, A.S.(1985).Introduction to the problems.In Regular and Chaotic Motions in Dynamical Systems.Plenum Press.

[75] Wightman,A.S.(1981).The mechanisms of stochasticity in classical dynamical systems.In Hamiltonian Dynamical Systems,R.S.Mackay and J.D. Meiss (eds.), 54–72 .

[76] Wisdom,J ., and Peale,S.J.(1984).The chaotic rotation of Hyperion. Icarus, 58, 137–152.

[77]D.K.Campbell，非线性科学——从范例到实用，I、II 、III，分别见《力

学进展》1989年19卷2、3、4期。

[78]J.Guckenheimer，浑沌动力系统引论，《数学译林》1988年第7卷4期。

[79]H.Haken，自然界中的浑沌和有序性，《数学译林》1987年6卷2期。

[80]C.Murray，太阳系是稳定的吗？《世界科学》1990年6期。

[81]I.Stewart，紊乱动力学的算术，《世界科学》1990年2期。

[82]S.Zdravkovska，阿诺德访问记，《数学译林》1988年7卷1期。

[83]阿诺德，数学和力学中的分叉和奇异性，《力学进展》1989年19卷2期。

[84]阿诺德，数学科学与天体力学300年，《数学译林》1988年9卷4期。

[85]陈忠，混沌的哲学启示初探，《百科知识》1986年10期。

[86]陈忠，混沌运动的哲学启示，《中国社会科学》1987年6期。

[87]陈式刚，一维映象的混沌运动，《自然杂志》6卷9期。

[88]程极泰，浑混理论的发展和实际，《自然杂志》12卷9期。

[89]方兆炷，浑混的心律，《世界科学》1990年5期。

[90]福特，经典浑沌的方向，《哲学译丛》1991年2期。

[91]高铦，混乱学，《国外社会科学》1988年5期。

[92]格莱克，混沌——开创新科学，上海译文出版社1990年版。

[93]郭志椿，混沌运动中的奇异吸引子，《自然杂志》6卷8期。

[94]郭仲衡主编，近代数学与力学，北京大学出版社1987年版。

[95]哈肯，协同学导论，原子能出版社1986年版。

[96]郝柏林，分岔、混沌、奇怪吸引子、湍流及其他，《物理学进展》1983年3卷3期。

[97]郝柏林，牛顿力学三百年，《科学》1987年39卷3期。

[98]郝柏林，分形与分维，《科学》1986年38卷1期。

[99]郝柏林，自然界中的有序和混沌，《百科知识》1984年1期。

[100]郝柏林，混沌现象的研究，《中国科学院院刊》1988年1期。

[101]黄永念，分叉与混沌现象和湍流之间的关系，《中国科学基金》1989年2期。

[102]J.P.Crutchfield 等，混沌现象，《科学》1987年4期。

[103]李继彬，浑沌与 Melnikov 方法，重庆大学出版社1989年版。

[104]李后强、黄立基，分形漫谈，《科学》42卷2期。

[105]李树菁,《周易》与自相似及分维理论,《大自然探索》1989年8卷28期。

[106]梁美灵，混沌理论和同伦算法趣话,《自然杂志》9卷2期。

[107]梁美灵、王则珂，浑沌与均衡纵横谈，中华书局（香港）有限公司，1990年版。

[108]刘式达，内波动力学中的浑沌和大气湍流的发生,《中国科学(B辑)》1986年5期。

[109]卢侃、孙建华等，混沌动力学，上海译文出版社1990年版。

[110]苗东升，系统科学原理，中国人民大学出版社1990年版。

[111]莫少林，KAM定理与拉普拉斯决定论的困境,《自然辩证法研究》1990年6期。

[112]尼科里斯、普利高津，探索复杂性，四川人民出版社1986年版。

[113]普里戈金、斯唐热，从混沌到有序，上海译文出版社1987年版。

[114]钱学森，基础科学研究应该接受马克思主义哲学的指导,《哲学研究》1989年10期。

[115]钱学森，1987年6月3日在中央党校的一次讲话，见1987年7月19日《自然辩证法报》。

[116]沈小峰、姜璐、王德胜，关于混沌的哲学问题,《哲学研究》1988年2期。

[117]谢和平、张永平，自仿射分形几何,《自然杂志》12卷9期。

[118]熊金诚，线段映射的动力体系：非游荡集、拓扑熵以及混乱,《数学进展》1988年17卷1期。

[119]颜泽贤，混沌及其理论发展,《华南师范大学学报》1990年1期。

[120]杨路、张景中、曾振炳，动力系统的分形集,《数学进展》19卷2期。

[121]张洪钧，混沌运动,《百科知识》1986年7期。

[122]张彦，混沌动力学和发展观,《南京大学学报》1988年2期。

[123]张筑生，廖山涛教授的微分动力系统研究工作,《数学进展》1989年18卷2期。

[124]朱照宣，非线性振动和浑沌,《科学》1986年38卷2期。

[125]朱照宣，非线性力学讲义，北京大学力学系1984年、1987年。